"十三五"职业教育国家规划教材
高等职业院校教学改革创新精品教材·软件开发系列

C语言实用教程（第3版）

刘 畅 主编

刘苗苗 叶 宾 胡艳梅 刘 辉 袁鸿雁 副主编

電子工業出版社
Publishing House of Electronics Industry
北京·BEIJING

内 容 简 介

本书主要介绍了C语言的数据类型、运算符和表达式、结构化程序设计语句、数组、函数、指针、复合数据类型、文件等各种典型内容。全书共9章，前8章分别介绍各种基础知识，通过大量案例和练习让读者掌握所学知识，第9章介绍了两个综合项目，分别是不带图形界面的管理信息系统和带图形界面的迷宫探险游戏。每章课后配有类型丰富的练习题，都是国家二级考试题，并提供了习题参考答案。

本书对C语言各知识的阐述通俗易懂，习题的选择难易适当，题型丰富；对于在Turbo C 2.0和Visual C++6.0不同环境下运行结果不同的程序，给出两种环境下的运行结果，方便读者理解。书中所有程序均已调试运行通过，运行结果为截屏显示。

本书既可作为高职高专院校计算机专业程序设计学科的教材，也可作为成人教育、自学考试和从事计算机应用的工程技术人员的参考书。本书配有视频讲解教程、配套教案、电子课件、源代码、习题参考答案等配套资源，可扫描二维码学习或登录电子工业出版社的华信教育资源网（www.hxedu.com.cn）注册后免费下载。

图书在版编目（CIP）数据

C语言实用教程 / 刘畅主编. —3版. —北京：电子工业出版社，2018.10
ISBN 978-7-121-34701-6

Ⅰ. ①C… Ⅱ. ①刘… Ⅲ. ①C语言－程序设计－高等学校－教材 Ⅳ. ①TP312.8

中国版本图书馆CIP数据核字（2018）第151674号

策划编辑：左　雅
责任编辑：左　雅　　特约编辑：俞凌娣　朱英兰
印　　刷：中煤（北京）印务有限公司
装　　订：中煤（北京）印务有限公司
出版发行：电子工业出版社
　　　　　北京市海淀区万寿路173信箱　邮编　100036
开　　本：787×1 092　1/16　印张：17.25　字数：463.7千字
版　　次：2009年2月第1版
　　　　　2018年10月第3版
印　　次：2021年8月第8次印刷
定　　价：45.00元

凡所购买电子工业出版社图书有缺损问题，请向购买书店调换。若书店售缺，请与本社发行部联系，联系及邮购电话：（010）88258888，88254888。

质量投诉请发邮件至zlts@phei.com.cn，盗版侵权举报请发邮件至dbqq@phei.com.cn。

本书咨询联系方式：（010）88254580，zuoya@phei.com.cn。

前　言

C 语言虽然已经诞生并使用了几十年，但因为其语法规则简洁紧凑、运算符丰富，依然是学习计算机编程知识的入门语言，各类高等学校中普遍开设 C 语言课程，全国计算机等级考试二级和三级中也包括 C 语言的考试。

本书作为 C 语言程序设计的入门与应用教材，共分 9 章。主要内容包括：第 1 章 C 语言概述，主要介绍程序设计的基本概念、C 语言简介等。第 2 章 程序中的数据，主要介绍 C 语言的基本数据类型、运算符与表达式、数据的输入和输出等。第 3 章 程序设计语句，主要介绍三种结构的语句格式及功能。第 4 章 数组，主要介绍一维数组、二维数组、字符数组及其应用。第 5 章 函数和编译预处理，主要介绍函数定义及调用、变量和函数的作用域，以及编译预处理。第 6 章 指针，主要介绍指针的概念，指针变量的定义、运算，指针与数组的关系，指针在函数中的应用。第 7 章 复合的数据类型，主要介绍 C 语言的构造数据类型，如结构体、共用体和枚举，以及 typedef 定义类型别名。第 8 章 文件，主要介绍文件的基本操作和使用规则。第 9 章 综合训练项目，分别介绍了两个实用的 C 语言综合项目，不带图形界面的管理信息系统和带图形界面的迷宫探险游戏。

本书资源中又加入了扩展知识——C 语言图形程序设计基础。这部分内容在本书上一版中是放在纸质书中的，但因为课时有限，大部分院校不一定能学习到本章，因此改为在配套资源及 PPT 中给出完整内容，方便软件专业的学生继续深入学习。扩展知识主要介绍了 C 语言屏幕设置和主要的图形函数，有兴趣的读者可自学相关知识并练习综合训练项目中第 2 个图形界面的程序。书中带“*”号的章节部分表示是本书的难点部分，不同院校教师可根据自己的授课情况选讲。

本书是针对高职高专学生的实际情况，加强学生对 C 语言程序设计课程的理论及实践的学习而编写的，本书的特点有以下几个。

第一，适合高职高专学生的特点。

本书在对每一理论知识要点进行总结概括时，均采用了简洁精练的语言，使学生易读易懂、易于记忆。书中重点语句用灰色框标出，内容清晰易读。

第二，内容丰富，结构合理。

通过一个个实用的小案例，深入浅出，讲解每一个知识点。本书配套资源中讲解了 C 语言图形程序设计的基础知识，并在书中提供了一个带图形界面的迷宫探险游戏，打破了一般教材只讲结构化语法，没有实用的图形函数，缺少实际项目的缺点。

第三，程序运行结果采用截屏方式，给出在 Turbo C 2.0 和 Visual C++ 6.0 两种环境下运行结果。

本书将各个源程序运行结果屏幕化，读者看起来更直观。因为有些程序在 Turbo C 2.0 和 Visual C++ 6.0 的环境中运行结果不同，本书对于不同环境运行结果、不同的程序都给出对应的运行结果截屏和相关讲解，方便读者理解。

第四，本书配有大量丰富的教学资源，配备了全书视频讲解教程，可以通过扫描二维码在线观看。

本书配套的教学资源包括：视频讲解教程、课程标准与授课计划、电子教案、电子课件、全部源程序、实训任务指导书及 Windows 10 平台下运行的调试软件“C/C++实验系统”，几十套历年国家二级考试的笔试原题及参考答案、国家二级考试上机考试的一百套模拟试题及参考答案。**视频讲解教程中包含知识点讲解和相关案例程序讲解**。学生在课后通过观看视频，同样可以自学掌握 C 语言编程技巧。

第五，采用举例说明、逐步讲解的方式介绍 C 语言的各知识点。

C 语言是编程入门语言，不适合采用难度很大的大型案例，所以，如何设计难度适中、令编程初学者容易理解的案例就非常重要。本书精心设计各知识点相关案例，先讲解一两个小知识点，再通过一个案例程序介绍相关知识点的使用方法，然后通过本章最后一节的典型案例来加深对本章主要知识点的印象。

第六，书中课后习题选用历年国家二级考试题，并在配套资源中给出答案。

本书的课后习题选用了一些典型的国家二级等级考试试题，方便读者加深所学重点知识的印象，又了解了国家二级试题的样式和难度。扫描书中二维码可看参考答案。

本书易教易学、注重能力，对初学者容易混淆的内容进行了重点提示和讲解。针对高职高专的教学目标，围绕提高读者的动手编程能力安排内容。本书适合作为高职高专、应用型本科各相关专业的程序设计教材，也适合编程开发人员培训、自学使用。

本书由刘畅、刘苗苗、叶宾、胡艳梅、刘辉、袁鸿雁老师编写，刘畅担任主编，刘苗苗、叶宾、胡艳梅、刘辉、袁鸿雁担任副主编，全书由刘畅统稿及校对。配套电子课件、源程序及教案等相关资源均可从电子工业出版社的华信教育资源网（http://www.hxedu.com.cn）下载，或通过邮件向刘畅老师索取，邮箱为：364413025@qq.com。

由于作者水平有限，书中疏漏或不足之处在所难免，恳请广大专家和读者给出宝贵意见。

编　者

目 录
CONTENTS

第 1 章

C 语言概述

本章简介 本章介绍了程序设计的基本概念，C 语言的发展和特点，C 语言的结构和组成，算法的概念和流程图，最后介绍了 C 语言上机操作步骤和三种编程环境，要学会调试简单的程序，为后面的编程内容打下良好基础。

知识点	
	1．计算机语言和程序设计概念　　2．C 语言的历史、发展和特点
	3．C 语言的基本结构和组成　　4．C 语言算法的概念和描述工具
	5．C 语言上机操作步骤和三种编程环境介绍

1.1　程序设计的基本概念

计算机系统分成两大部分：硬件系统和软件系统。其中硬件系统一般由 CPU、存储器、输入设备和输出设备构成；而软件系统则由各种程序组成，没有软件的计算机被称为裸机，什么也干不了。而软件开发（或程序开发）是使用各种计算机程序设计语言来编程实现的。

1.1.1　程序的概念

视频讲解

1．程序

计算机程序是指存储在计算机中可以被计算机识别并运行的一系列指令。为了完成某种任务而编写的一系列指令的过程就是程序设计。程序设计过程中还需要不断地修改和完善，这个过程称为调试和测试。

用计算机语言描述的算法称为计算机程序，简称**程序**。人们编写程序之前，为了直观或符合人的思维方式，常常先用其他方式描述算法，然后翻译成计算机程序。

2．程序设计语言

人和计算机通信需要通过计算机语言。计算机语言是面向计算机的人造语言，是进行程序设计的工具，因此也称为程序设计语言。

程序设计语言可以分为**机器语言、汇编语言、高级语言**。计算机硬件能直接执行的是机器语言程序，机器语言都是二进制代码。汇编语言也称符号语言，用汇编语言编写的程序称汇编语言程序。而高级语言因为代码与人类语言相近，容易理解，成为现在主流编程语言。汇编语言和高级语言都必须编译成机器语言才能执行。

高级语言程序设计经过多年的发展，分成两类：面向过程的程序设计和面向对象的程序设计。面向过程语言如 Pascal 和 C 等命令式语言；面向对象的程序设计语言如 C++、Java、Visual C++、Visual Basic、Visual C#.net 等。

1.1.2 程序设计的一般过程

程序设计过程一般包括以下五部分。

（1）问题分析与描述。分析具体任务，确定数据描述和功能描述，为编写代码提供依据。

（2）确定算法。根据数据描述和功能描述确定解决问题的方法，即完成任务的具体步骤。

（3）编写程序代码。根据确定的数据结构和算法，使用选定的计算机语言编写程序代码，简称“编程”。

（4）编译运行与调试。将编写完的程序输入到计算机中，对程序进行运行并验证，发现错误则需要修改，反复执行，直到程序符合任务要求。

（5）整理文档资料。根据数据结构和程序整理编写相关的文档资料。

1.1.3 程序设计的方法

程序设计方法主要包括**面向过程**的程序设计和**面向对象**的程序设计方法。

面向过程程序设计是指把代码的编写看成对数据加工的过程。采用的方法主要是自顶向下，逐步求精。程序按功能划分为若干模块，这些模块形成调用的层次树状结构；模块间的关联尽可能的简单，模块的功能相对独立；每个模块均由顺序、选择和循环三种基本结构组成。Pascal 语言、C 语言属于面向过程语言的代表。

面向对象程序设计是在吸取结构化程序设计的一切优点的基础上发展起来的一种新的程序设计方法。它的本质是把数据和处理数据的过程当成一个整体——对象。其不同于面向过程的主要特点在于“代码重用”问题的解决方案。用“对象”描述事物，用“属性”和“方法”描述对象的特征和行为，用“类”抽象化“对象”，所以更容易理解和应用。Java、Visual C#.net 属于面向对象语言的代表。

1.2 C 语言简介

视频讲解

1.2.1 C 语言的发展

C 语言是贝尔实验室于 20 世纪 70 年代初期研制出来的，并随着 UNIX 操作系统的日益广泛使用，迅速得到推广。后来，C 语言又被多次改进，并出现了多种版本。20 世纪 80 年代初（1983 年），美国国家标准化协会（ANSI，American National Standard Institute）根据 C 语言问世以来的各种版本对 C 语言进行了发展和扩充，制订了 ANSI C 标准（1989 年再次做了修订）。本书以 ANSI C 标准来介绍。

目前，在微机上广泛使用的 C 语言编译系统有 Microsoft C（简称 MSC）、Turbo C（简称 TC）、Borland C（简称 BC）等。虽然它们的基本部分都是相同的，但还是有一些差异，所以请读者注意自己所使用的 C 编译系统的特点和规定（可参阅相应的手册）。

本书以 Turbo C 2.0 和 Visual C++ 6.0 为学习平台，分别简称为 TC 和 VC。这两个平台在 C/C++学习与实验系统中能直接调用并运行，方便了在图形化操作系统下调试 C 语言的过程。因为部分程序在这两个平台运行结果不同，对于不同之处在后面章节中都进行了说明。

1.2.2 C 语言的特点

（1）简洁紧凑、灵活方便。C 语言一共只有 32 个关键字、9 种控制语句，程序书写自由，主要用小写字母表示。它把高级语言的基本结构和语句与低级语言的实用性结合起来。

（2）运算符丰富。C 的运算符包含的范围很广泛，共有 34 种运算符。C 语言把括号、赋值、强制类型转换等都作为运算符处理，从而使 C 的运算类型极其丰富，表达式类型多样化。灵活使用各种运算符可以实现在其他高级语言中难以实现的运算。

（3）数据结构丰富。C 的数据类型有整型、实型、字符型、数组类型、指针类型、结构体类型、共用体类型等。能用来实现各种复杂的数据类型的运算。并引入了指针概念，使程序效率更高。另外 C 语言具有强大的图形功能，支持多种显示器和驱动器。且计算功能、逻辑判断功能强大。

（4）C 是结构式语言。结构式语言的显著特点是代码及数据的分隔化，即程序的各个部分除了必要的信息交流外彼此独立。C 语言是以函数形式提供给用户的，这些函数可方便的调用，并具有多种循环、条件语句控制程序流向，从而使程序完全结构化。

（5）C 语法限制不太严格，程序设计自由度大。一般的高级语言语法检查比较严，能够检查出几乎所有的语法错误。而 C 语言允许程序编写者有较大的自由度。

（6）C 语言允许直接访问物理地址，可以直接对硬件进行操作。因此既具有高级语言的功能，又具有低级语言的许多功能，能够像汇编语言一样对位、字节和地址进行操作，而这三者是计算机最基本的工作单元，可以用来写系统软件。

（7）C 语言程序生成代码质量高，程序执行效率高。一般只比汇编程序生成的目标代码效率低 10%～20%。

（8）C 语言适用范围大，可移植性好。C 语言有一个突出的优点就是适合于多种操作系统，如 DOS、UNIX，也适用于多种机型。

1.2.3　C 语言的书写规则

从书写清晰，便于阅读、理解和维护的角度出发，在书写程序时应遵循以下规则。

（1）一个说明或一个语句占一行。

（2）用花括号{}括起来的部分，通常表示程序的某一层次结构。{}一般与该结构语句的第一个字母对齐，并单独占一行。

（3）低一层次的语句或说明可以比高一层次的语句或说明缩进若干字符后书写（一般缩进 2 个英文字符），以便看起来更加清晰，增加程序的可读性。

在编程时应力求遵循这些规则，以养成良好的编程风格。

1.2.4　C 程序的几种类型文件

因为 C 语言是高级语言，编写完的源程序（.c）并不能够直接在机器上运行，必须经过编译生成二进制的目标程序（.obj），然后将目标程序连接系统库函数文件，最终生成可执行程序（.exe）。

（1）源程序。用高级语言或汇编语言编写的程序称为源程序。源程序不能直接在计算机上执行，需要用编译程序将源程序翻译为二进制形式的代码。**C 语言源程序的扩展名为".c"。**

（2）目标程序。源程序经过编译程序翻译所得到的二进制代码称为目标程序，**目标程序的扩展名为".obj"。**目标代码尽管已经是机器指令，但是还不能运行，因为目标程序还没有解决函数调用问题，需要将各个目标程序与库函数连接，才能形成完整的可执行程序。

（3）可执行程序。目标程序与库函数连接，形成完整的可在操作系统下独立执行的程序称为可执行程序。**可执行程序的扩展名为“.exe”**（在 DOS/Windows 环境下）。

如表 1-1 所示是源程序、目标程序和可执行程序三者之间的对照关系表。

可执行程序的运行结果是否正确需要经过验证，如果结果不正确则需要进行调试。调试程序往往比编写程序更困难、更费时间。如图 1-1 所示为 C 程序编辑、编译、连接和运行的全过程。

表 1-1　源程序、目标程序和可执行程序之间的关系

	源程序	目标程序	可执行程序
内容	程序设计语言	机器语言	机器语言
是否可执行	不可以	不可以	可以
文件名后缀	.c	.obj	.exe

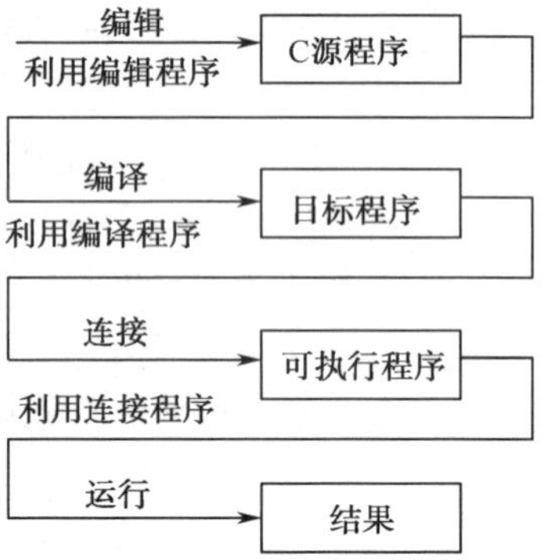

图 1-1　C 程序编辑、编译、连接和运行全过程

1.3　C 语言程序案例

视频讲解

1.3.1　第一个 C 语言程序

下面学习第一个 C 语言程序，通过这个程序可以初步了解 C 语言的简单语法特点和程序结构。

【案例 1-1】在计算机屏幕上输出“Welcome to C Program!”。

编写程序代码

```
/*  案例 1-1 源程序  */                          /*注释信息，运行时忽略*/
#include   "stdio.h"                            /*将库文件 stdio.h 包含到该文件中*/
void main()                                     /*主函数名*/
{                                               /*main 函数体开始*/
    printf("Welcome to C Program!\n");          /*在屏幕上输出字符串，\n 是换行符*/
}                                               /*main 函数体结束*/
```

程序运行结果

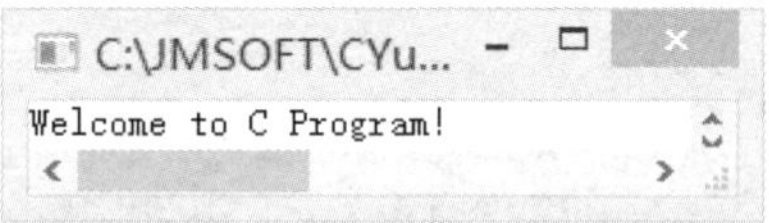

程序分析

程序中 main 是主函数名，C 语言规定必须用 main 作为主函数名，函数名后的一对圆括号不能省略，圆括号内容可以是空的。一个 C 语言源程序可以有多个函数，但有且只能有一个 main 函数，即主函数。一个 C 程序不管主函数在什么位置，都是从主函数开始执行的。函数体需用花括号括起来，左括号表示函数体的开始，右括号表示函数体的结束。左右括号之间可以有定义部分和执行语句部分；每条语句都必须用分号“;”结束，语句的数量不限。

main 前面的 void 表示主函数的类型是无返回值类型（或称空类型）。该类型不需要用 return 返回一个值。（注意：本书中所有程序都是在 C 语言编程软件“C 与 C++程序设计学习与实验系

统”中调试运行的，所以主函数的类型为 void 类型，如果在 TC 程序中可不加类型名 void，直接写 main 即可。）

“#include "stdio.h"”是一条预处理命令，用“#”开头，后面不能加“;”号，stdio.h 是 C 语言系统提供的头文件，文件内部包括输入/输出函数的信息。如果在 TC 环境下，此命令可以不写，但在 VC 环境中必须加上该文件包含命令。

1.3.2　定义符号常量的 C 语言程序

【案例 1-2】从键盘输入一个圆的半径 r，求该圆的面积和周长。

编写程序代码

```
1    /* 案例 1-2 输入半径 r 的值，求圆的周长和面积*/
2    #include "stdio.h"
3    #define  PI  3.1415                      /*定义一个符号常量 PI，在程序中代替 3.1415*/
4    void main()
5    {
6        double  r,s,l;                       /*定义三个主函数内部变量 r、s、l*/
7        printf("请输入圆的半径：");          /*在屏幕上输出提示信息*/
8        scanf("%lf",&r);                     /*从键盘输入一个实数，%lf 是格式控制符，用来输入实数*/
9        l=2*PI*r;                            /*求圆的周长*/
10       s=PI*r*r;                            /*求圆的面积*/
11       printf("该圆的周长为%5.2lf，该圆的面积为%5.2lf。",l,s);  /*输出圆的周长和面积值*/
12   }
```

程序运行结果

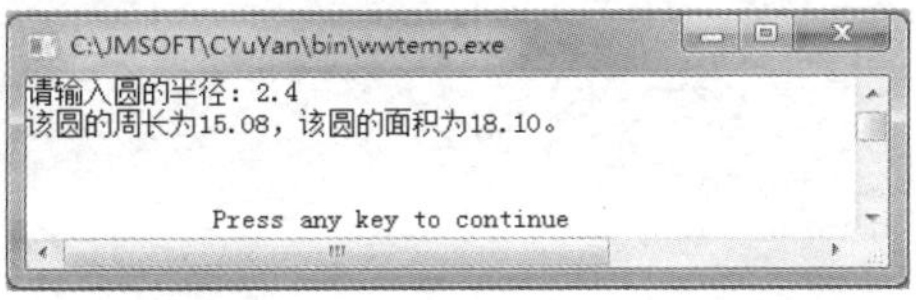

程序分析

有时 C 程序中需要使用在程序运行过程中不需要改变的值，如圆周率，此时可以将这些不变的值设为符号常量。

程序中的第 3 行就是一个符号常量定义，该定义是一个编译预处理命令，在命令后面不能加“;”，具体内容在后面章节有介绍。

一般 C 程序的主函数结构分为四部分：定义变量，输入各变量值（或直接赋值），进行运算，输出结果。

程序中第 6 行为定义变量，第 7 行为输出提示信息（在输入变量语句前一般要先输出提示信息，以方便用户），第 8 行为输入变量值，第 9～10 行为运算求得圆的周长和面积结果，第 11 行为输出结果。

其中，scanf 和 printf 为 C 语言提供的标准输入/输出函数，&r 中的“&”含义是“取地址”，程序中 scanf 函数的功能是从键盘上输入一个实数，输入到变量 r 所标志的内存单元中。如果不想从键盘中读入值，可将程序中第 7、8 行删去，改为如下语句：

```
r=2.4;                    /*直接为变量 r 赋初值为 2.4 */
```

也可以为 r 赋值，但 r 的值在程序运行过程中不可以改变。

从键盘输入值和直接赋值的区别在于每次运行程序时从键盘中输入的值可以不同，程序运行结果可以不同；而直接赋值的程序多次运行时变量赋值都为同一值，程序运行结果相同。

1.3.3 有多个函数的 C 语言程序

如果 C 程序中不止一个函数，则必须有一个函数为主函数，执行时主函数会调用子函数，我们通过下面程序来了解有多个函数的 C 程序的结构。

【案例 1-3】从键盘输入两个整数，求这两个整数的和。

编写程序代码

```
1   /*  案例 1-3  求两个整数的和    */
2   #include "stdio.h"
3   int sum(int a,int b)                    /*子函数 sum，其中 a、b 为参数，用来接收数据*/
4   {
5         return a+b;                       /*计算并返回 a 加 b 的和*/
6   }
7   void main()
8   {
9        int x,y,s;                         /*定义主函数内部变量 x、y、s*/
10       printf("请输入两个整数：");         /*在屏幕上输出提示信息*/
11       scanf("%d%d",&x,&y);               /*键盘输入 x 和 y 的值，%d 控制输入格式为十进制整数*/
12       s=sum(x,y);                        /*调用函数 sum，并将结果赋给变量 s*/
13       printf("%d 与%d 的和为：%d",x,y,s);  /*输出两个数的和，三个%d 位置各输出 x、y、s 的值*/
14  }
```

程序运行结果

程序分析

本程序由主函数 main 和子函数 sum 组成，程序从主函数开始执行。在主函数中输入两个整数 x、y，然后通过语句“s=sum(x,y);”调用函数 sum，x 将值赋给子函数中的变量 a，y 将值赋给子函数中的 b，在子函数中计算 a+b 的值，计算结果由 return 语句返回给主函数，并将结果赋给变量 s。然后主函数中第 13 行语句使用 printf 输出这两个数的和。这两个函数在位置上是独立的，可以把主函数放在前面，也可以把主函数放在后面，不影响程序运行结果。函数内容在后面章节中有详细介绍，此处只做简单了解。

1.4 算法

视频讲解

1.4.1 算法概述

计算机解决问题所依据的步骤称为计算机算法，简称算法。编写程序让计算机解决实际问题，是算法的实现。计算机语言只是一种工具，简单地掌握各种语言的语法规则是不够的，还必须学会针对各类问题提出解题方法和算法。正确的算法应具备以下四个基本特征。

（1）确定性。算法中每个操作步骤都应当是明确的，而不应是含糊的、模棱两可的。在计算机算法中不允许有歧义性，所谓“歧义性”是指可以被理解为两种或多种可能的含义。因为计算机至今还没有主动思维的能力，如果给定的条件不确定，计算机就无法执行。

（2）有效性。算法中的每一个步骤都应当有效地执行，并得到确定的结果。例如当 b=0 时，a/b 不能被有效执行。

（3）有穷性。有穷性是指一个算法的操作步骤必须是有限的、合理的，即在合理的范围之内结束算法。

（4）输入/输出。有 0 个或多个输入，有 1 个或多个输出（程序至少有一个输出结果）。

1.4.2　算法的图形表示

在程序设计过程中往往采用图形化设计方法进行概要设计。算法有多种表示方法，最常用的有流程图表示法和 N-S 图表示法。

1. 用流程图表示算法

流程图是用一组框图和符号来表示算法的各种操作，也称框图。用流程图表示算法直观形象，易于理解。美国国家标准化协会（ANSI）规定的一些常用流程图符号，如图 1-2 所示。

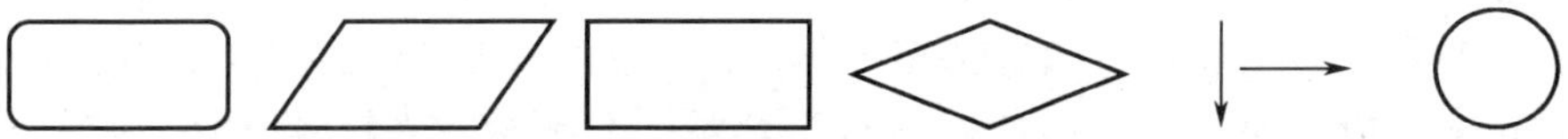

图 1-2　常用流程图符号

结构化程序设计有三种基本结构：顺序结构、选择结构和循环结构，循环结构又分为当型循环和直到型循环两种。三种基本结构流程图如图 1-3 所示。

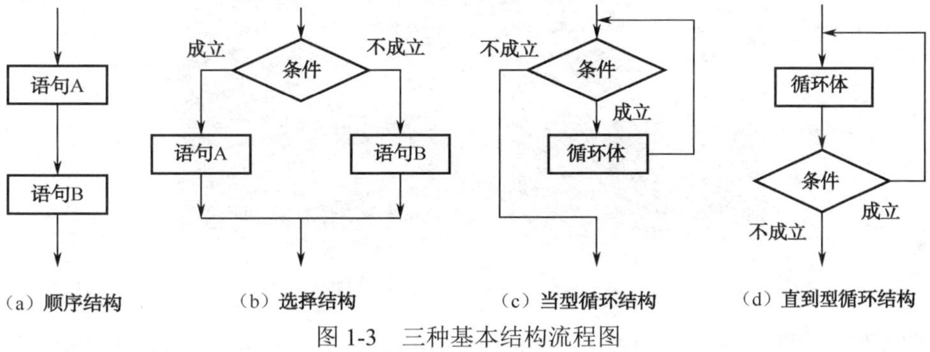

图 1-3　三种基本结构流程图

本书采用传统流程图讲解各程序。

2. 用 N-S 图表示算法

N-S 图是美国学者 I.Nassi 和 B.Shneiderman 提出的一种新的流程图形式（N 和 S 是两位学者的英文姓名的首字母）。在 N-S 图中完全去掉了流程线，全部算法写在一个矩形框内，在该框内还可以包含其他的从属于它的框，即由一些基本框组成一个大框。N-S 图用图 1-4 所示的符号表示三种基本结构。

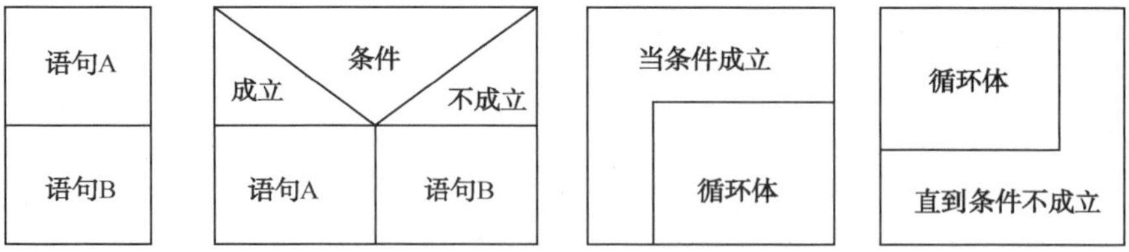

（a）顺序结构　（b）选择结构　（c）当型循环结构　（d）直到型循环结构

图 1-4　三种基本结构的 N-S 图符号

1.5　C 语言编程环境

视频讲解

1.5.1　Turbo C 2.0 编程环境

1. 安装

因为 Turbo C 2.0 为 DOS 应用程序，所以不用安装，直接复制到某磁盘上就可以直接使用。在磁盘上（例如 C 盘）建立一个 TC 子文件夹，将 TC 系统所有文件复制到该文件夹下即可，其中的 TC.exe 文件为 TC 的系统主程序。

2. 编程环境

在 Windows 的文件夹中双击 TC.exe 文件，进入 Turbo C 2.0 集成开发环境主界面，如图 1-5 所示。其中最上面一行为 Turbo C 2.0 主菜单，中间窗口为编辑区，再下面是信息窗口，最下面一行为参考行。这四个部分构成了 Turbo C 2.0 的主界面，编程、编译、调试及运行都在这个主界面中进行。除“Edit”项外，其他各项均有子菜单，只要按“Alt”键加上某项中的第一个字母，就可进入该项的子菜单。例如，按“Alt+F”组合键弹出“File”下拉菜单，按 “↑”“↓”“←”“→”键选择菜单项。

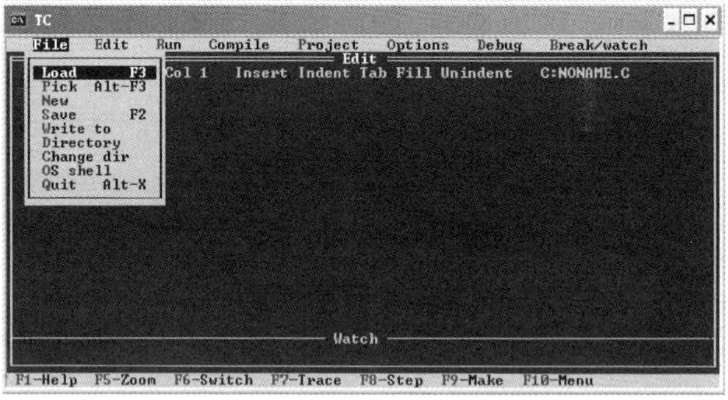

图 1-5　Turbo C 2.0 主界面

TC 环境下，功能键 F1～F10 都是热键，其功能如表 1-2 所示。

表 1-2　TC 环境下热键功能

热　键	功　能	热　键	功　能
F1	激活帮助窗口，显示与当前光标所在位置有关的操作提示信息	F2	将当前文件以指定的文件名存盘

续表

热　键	功　能	热　键	功　能
F3	装入指定文件	F7	调试程序，执行单步操作，可进入被调用函数
F4	将程序执行到光标所在行暂停	F8	调试程序，执行单步操作，不进入被调用函数
F5	缩放当前窗口	F9	编译、连接源程序，生成可执行文件
F6	切换活动窗口	F10	激活主菜单

还有几个常用的快捷组合键如下。

❖ Ctrl+F9——运行程序；

❖ Alt+F5——用户界面，查看运行结果；

❖ Alt+F9（等价于 Compile）——编译；

❖ Alt+X——退出 TC；

❖ Ctrl+Y——删除光标所在的一行；

❖ Alt+F3——选择一个最近打开的文件。

TC 环境中要进行一个重要的配置，选择菜单“Options”下的“Directories”子菜单，其中“Include directories”和“Library directories”所对应的文件夹必须是实际存在的文件夹，最好是 TC 系统所在的文件夹。设置完成后需要立即选择“Options”下的子菜单“Save options”子菜单进行保存操作。配置信息将保存在 TCONFIG.TC 文件中。

提示：TC 安装路径不同影响程序运行

如果开始安装时没有将 TC 系统安装在 C 盘根目录下，例如安装在 D 盘根目录下，这时就需要将“Directories”中的所有路径都改为“D:\TC\”才能正常运行调试程序。

3. 如何在 TC 中调试程序

首先了解与程序调试相关的菜单项和快捷键。

（1）设置断点（“Ctrl+F8”组合键或菜单“Break/watch”→“Add watch”）。断点就是要求程序暂停的一行，把光标移到这行，按“Ctrl+F8”组合键，出现红色横条的行就是断点所在行，一个程序中可以设置多个断点。当再次按“Ctrl+F8”组合键时，该断点被取消。

按“Ctrl+F9”组合键运行程序时，在断点处暂停，以便观察。如果在循环中设置断点，循环一次暂停一次。

（2）单步运行（F7 快捷键或菜单“Run”→“Trace into”）。按一次 F7 快捷键，程序执行一步，然后暂停。一般先运行到设置断点处，再从断点处开始单步运行。

提示：C 语言程序的调试

当有函数的调用时，F7 要跟踪到函数的内部；F8 不跟踪到函数的内部，只把函数当一句话。

（3）即时计算表达式的值（“Ctrl+F4”组合键或菜单“Debug”→“Evaluate”）。在程序暂停运行时，可以在对话框中输入感兴趣的表达式，看得到的值与预期的是否一致。

（4）全程监视表达式的值（“Ctrl+F7”组合键或菜单“Break/watch”→“Add watch”）。先按 F5 快捷键打开“监视”（Watch）窗口，再按“Ctrl+F7”组合键，输入要一直监视的表达式，可以在程序单步运行的过程中对每一步的结果进行监视。

如果要清除监视的表达式，选择“Break/watch”→“Clear all breakpoints”命令即可。

1.5.2 Visual C++ 6.0 编程环境

Visual C++ 6.0 是美国微软公司开发的 C++集成环境，它集源程序的编写、编译、连接、调试、运行，以及应用程序的文件管理于一体。

这里以 Visual C++ 6.0 为例，讲述 C 程序的上机运行步骤。假设【案例 1-1】源文件命名为 x1_1.c，工程命名为 x1_1（在 VC 中必须建立一个工程），该源文件保存路径为 E:\C\x1_1\。

1. 启动 Visual C++ 6.0 的集成开发环境

选择"开始"→"程序"→"Microsoft Visual Studio 6.0"→"Microsoft Visual C++ 6.0"命令，运行 Visual C++ 6.0，进入 Visual C++ 6.0 集成开发环境窗口。

2. 创建一个空的控制台应用程序

用 AppWizard 创建一个控制台应用程序。

（1）选择菜单中的"文件"（File）→"新建"（New）命令，打开"新建"对话框。

（2）单击"工程"（Project）标签，在"工程"选项卡中选择"Win32 Console Application"（Win32 控制台应用程序）项。在"工程"（Project Name）文本框中输入工程名字，如 x1_1。单击"C 位置"文本框后的 ... 按钮，将工程文件定位到"E:\C\x1_1"，如图 1-6 所示。

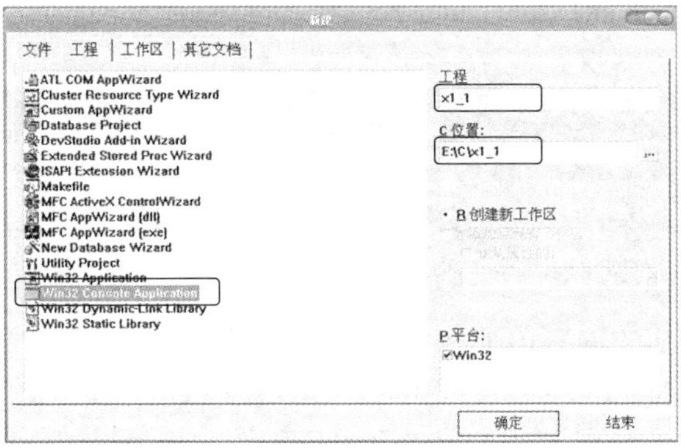

图 1-6 "新建"对话框

（3）单击"确定"按钮，在弹出的"Win32 Console Application-Step1 of 1"对话框中选择"An empty project"选项，如图 1-7 所示。

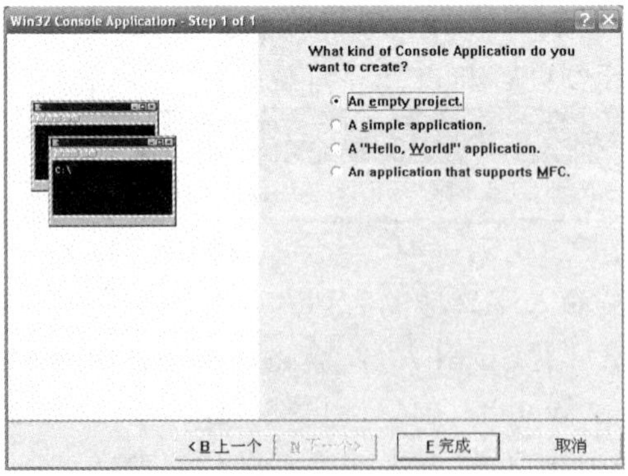

图 1-7 "Win32 Console Application-Step1 of 1"对话框

（4）单击"完成"按钮，系统将显示向导创建的信息。最后在"新建工程信息"对话框中单击"确定"按钮，完成工程创建过程。

此时为工程 x1_1 创建了 E:\C\x1_1 文件夹，并在其中生成了 **x1_1.dsp**、**x1_1.dsw**、**Debug 文件夹**。Debug 文件夹用于存放编译、连接过程中产生的文件。

3. 建立 C 源程序文件

在建立完工程之后，工程中没有任何文件，还需要在工程中添加新的源程序文件，步骤如下。

（1）选择菜单中的“文件”→“新建”命令，打开“新建”对话框，如图 1-8 所示。

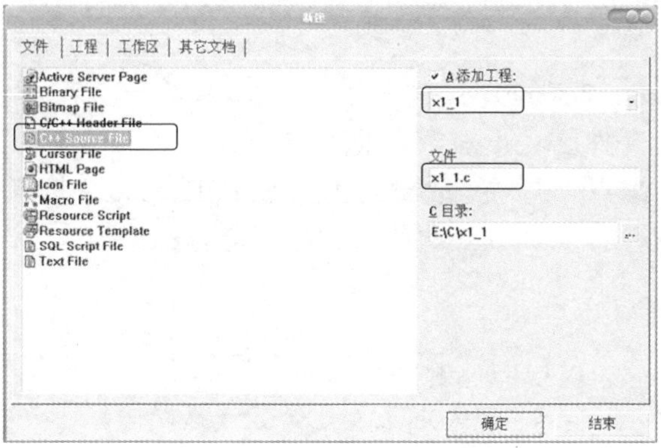

图 1-8　添加新的 C++源程序文件

（2）在“新建”对话框的“文件”选项卡中选择“C++ Source File”（C++源程序），并在右侧“文件”文本框中填入文件名“x1_1.c”，单击“确定”按钮，完成新建的 C 源程序文件。此时会弹出一个空白的名为“x1_1.c”的代码编辑窗口，允许用户输入程序代码。

4. 编辑 C 源程序文件

Visual C++ 6.0 集成开发环境包含四个主要区域：菜单和工具栏、工程工作区窗口、代码编辑窗口和输出窗口。

（1）在代码编辑窗口中输入源程序代码，如图 1-9 所示。

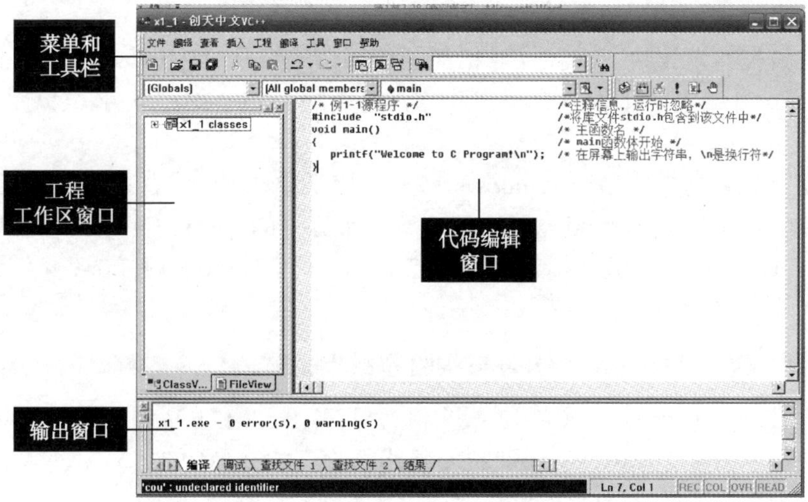

图 1-9　在文件编辑窗口中输入源程序代码

（2）单击主菜单中的“文件”→“保存”命令保存文件，或是单击工具栏上的保存按钮。

在代码编辑窗口中所有代码的颜色都会发生改变，这是 Visual C++ 6.0 的文本编辑器所具有的语法颜色功能，绿色表示注释，蓝色表示关键词等。

5．建立并运行可执行程序文件

（1）单击编译工具条上的生成工具按钮，可编译并运行程序。首先，单击工具栏中的“Compile”按钮（或按“Ctrl+F7”组合键）进行编译，同时在编译窗口中显示编译的有关信息，再单击“Build”按钮（或直接按快捷键“F7”）建立该应用程序，当出现：

```
x1_1.exe - 0 error(s), 0 warning(s)
```

表示程序 x1_1.exe 可执行文件已经正确无误地生成了。

（2）单击编译工具条上的“BuildExecute”按钮（或直接按“Ctrl+F5”组合键）即可运行刚才生成的 x1_1.exe 文件，并显示运行结果。

6．修正语法错误

当程序出现错误时，输出窗口的“编译”页面会显示错误和警告的程序行数。移动“编译”页面的滚动条，使窗口显示出第一条错误信息，双击该错误信息，光标会自动定位在发生错误的代码行上，该行前面标有蓝色箭头，可快速进行错误代码定位。

7．退出 Visual C++ 6.0

第一种方法是单击主窗口右上角的“关闭”按钮，第二种方法是选择菜单“文件”→“退出”命令，两种方法都可以退出 Visual C++ 6.0。

8．打开已存在工程

选择菜单“文件”→“打开”命令，在弹出的对话框中选定 E:\ C\x1_1\ x1_1.dsw，单击“打开”按钮，则可打开工作空间，对已建立的工程文件进行修改。

1.5.3 “C/C++程序设计学习与实验系统”编程环境

计算机技术发展得非常快，现在计算机的操作系统大多是 Windows 10，而 Visual C++ 6.0 不能在 Windows 10 中运行，下面就介绍一款非常好用的 C 语言编程软件“C/C++程序设计学习与实验系统”。

这个软件支持最新的操作系统 Windows 10，支持 TC2、TC3、VC6、GCC 四种编译器，支持单步调试，支持重新集成在 Windows 10 系统下正常运行的 Visual C++ 6.0 简化版，支持 Visual C++ 6.0 和 Turbo C 2.0 中英文编译错误信息同步显示功能、Turbo C++ 3.0 常见编译错误信息、C 语言专业词汇的中英文对照。

1．安装“C/C++程序设计学习与实验系统”

双击压缩文件 tkc20125.zip（以 2012 版为例），打开 tkc20125 文件夹，双击里面的 setup.exe 安装文件，单击“下一步”按钮，系统默认安装路径为“C:\JMSOFT\CYuYan\”，单击“下一步”按钮，快捷方式为“C 与 C++程序设计学习与实验系统”，单击“下一步”按钮，附加快捷方式，默认为选中“创建桌面快捷方式”，单击“下一步”按钮，开始安装。

安装完毕单击“完成”按钮。此时在桌面上会建立一个“C 与 C++程序设计学习与实验系统”快捷方式，软件安装完成。

2. “C/C++程序设计学习与实验系统”编程环境

在桌面上双击“C 与 C++程序设计学习与实验系统” 图标，打开实验系统界面，如图 1-10 所示。

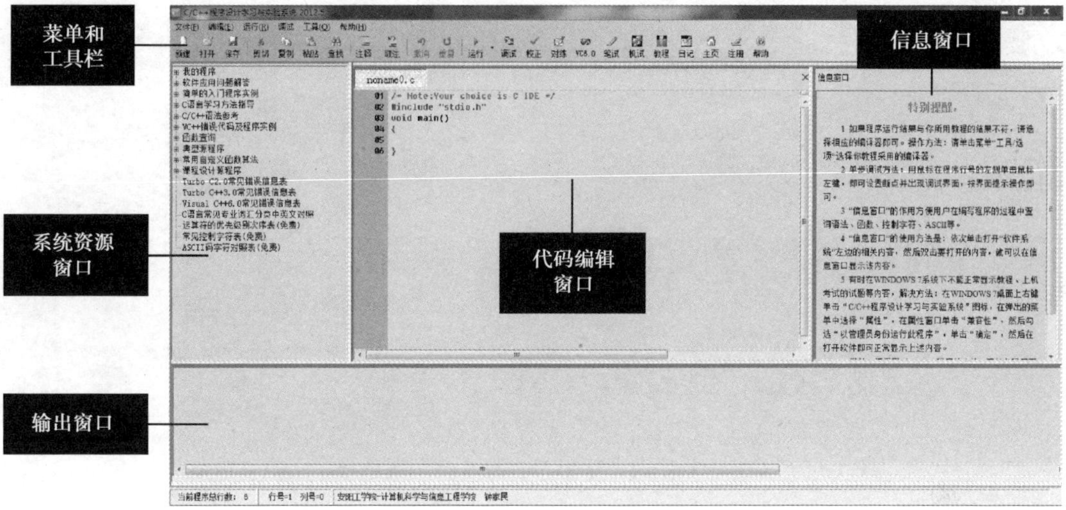

图 1-10 “C/C++程序设计学习与实验系统”界面

（1）菜单栏。菜单栏中包含了开发环境所有的命令，它为用户提供了代码操作、程序的编译、调试、窗口操作等一系列的功能。

（2）工具栏。通过工具栏，可以迅速地使用常用的菜单命令。

（3）代码编辑窗口。在此输入 C 或 C++源程序。在实验系统运行后，系统为用户自动生成一个 noname0.c 的源程序，里面已经自动写好了几行 C 语言代码。代码第一行为注释，第二行为文件包含命令，第三行为主函数头，左右花括号表示主函数体的开始和结束。一般简单程序只要在主函数花括号内部编写即可。

（4）输出窗口。用于显示程序调试、连接错误和提示信息。

（5）系统资源窗口和信息窗口。此开发环境中包含大量 C 语言资源，如“简单的入门程序实例”中就包含了 20 多个 C 和 C++的入门小程序。而“C/C++语法参考”中包含了 C 和 C++相关的语法知识点，方便用户在调试程序过程中遇到问题时查看。“函数查询”中提供了常用函数（免费）和大量 C 语言函数。当在资源窗口中双击相关函数名时，右侧的信息窗口中会显示相关的函数信息。

3. 调试运行 C 程序

打开实验系统，在代码编辑窗口中输入程序，单击工具栏中的“保存”按钮，弹出“保存”对话框，选择位置，输入源程序文件名，如 x1_2.c，单击“保存”按钮，完成保存。

在工具栏上单击“运行”按钮，则弹出“运行”窗口，允许用户输入数据并运行。如果程序有错误，则在输出窗口中会显示错误信息，并自动将光标停在错误行，让用户改正。例如图 1-11 中第 8 行中&r 前面缺少逗号，单击“运行”按钮时程序出现错误，该行为反显状态，下面输出窗口中有错误提示信息。

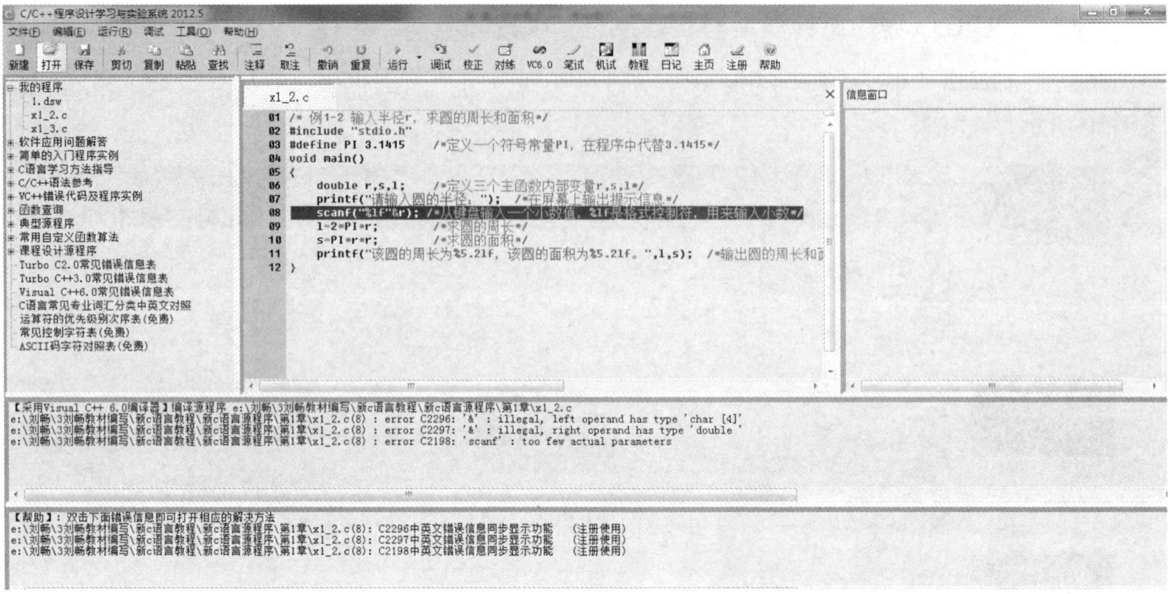

图 1-11 “C/C++程序设计学习与实验系统”调试程序出错时状态

4. 设置编译器选项

实验系统支持 TC2、TC3、VC6、GCC 四种编译器，常用的有 TC2 和 VC6 两种，如何改变编译器呢？下面介绍一下。

选择菜单“工具”→“选项”命令，弹出“选项”对话框，如图 1-12 所示。

在“编译器”中勾选“Turbo C 2.0”，即可以使用 TC 编译程序，若将该选项下面的复选框“TC 支持 WIN7 绘图”选中，则可以运行 TC 中的图形库文件应用程序；如果勾选“Visual C++6.0”，则编译器会选择 VC6。这两种编译器对绝大部分 C 语言程序运行结果是相同的，但有些地方不一样，我们在后面会进行分析讲解。

若在图 1-12 中单击“我的程序文件夹”文本框后面的“设置”按钮，则会弹出对话框，允许用户自定义每次打开的默认文件夹位置，如图 1-13 所示。

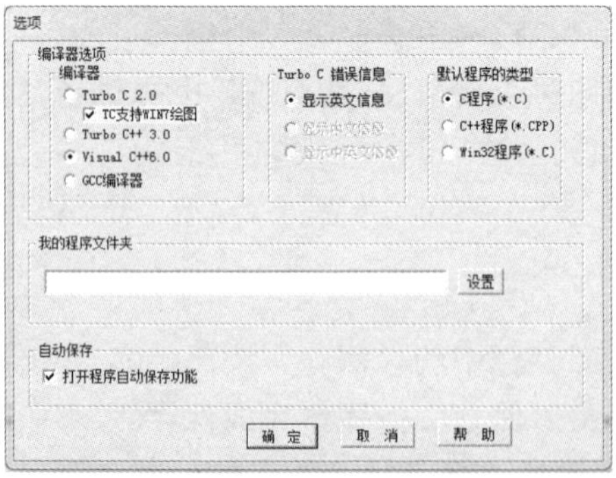

图 1-12 “选项”对话框设置编译器界面

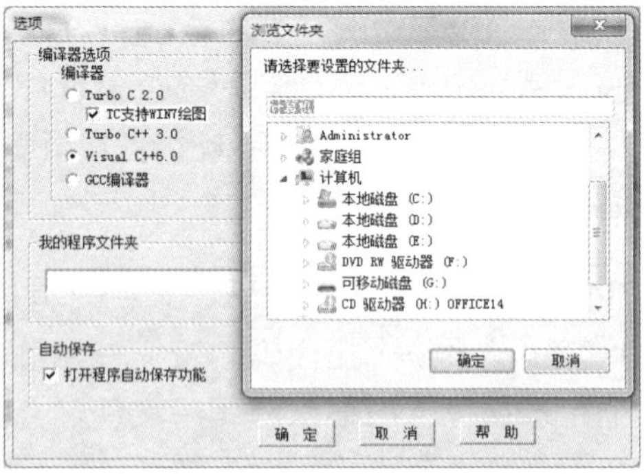

图 1-13 设置默认文件夹路径

提示：C 语言程序的调试

TC 中只能显示英文信息，不支持显示中文信息，如果输出信息有中文会显示为乱码；而 VC 中可以显示中文。所以本教材中有中文显示的程序可以用 VC 编译，默认选项也为 VC。而“TC 支持 WIN7 绘图”选项是为了在 WIN7 中使用 TC 的图形库函数，如果运行带图形函数的程序，则该项需要被选中，如果不带图形库函数程序则可不选中该项。

本章小结

本章主要介绍了 C 语言的基础知识，主要包括程序设计的概念、算法的特点、程序设计算法的图形表示法（包括流程图表示法和 N-S 图表示法两种）、C 语言的特点、Turbo C 2.0、Visual C++6.0、C/C++程序设计学习与实验系统三个集成开发环境、上机步骤和常用热键等，读者应熟练掌握各种集成开发环境。从学习角度来说，C/C++程序设计学习与实验系统使用起来更加简单、方便。

学生自我完善练习

【上机 1-1】将 Turbo C 2.0 文件夹放在 C 盘根目录下，看一看运行案例 1-1 是什么结果？如果把 Turbo C 2.0 文件夹存放在 D 盘根目录下，又会出现什么结果？

解：当 Turbo C 2.0 不是安装在 C 盘根目录下时，会出现错误，这是因为 C 语言默认的安装路径是在 C 盘根目录下（“C:\tc”），如果不是在这个路径下则找不到系统相关的文件，运行出错。可以将 Turbo C 2.0 系统的目录改为用户安装的目录，如 TC 安装在 D 盘时，可将 TC 的系统默认路径改为“D:\tc”。方法是：按“Alt+O”组合键（或选择“Options”菜单）后选择“Directories”选项，在弹出的窗口中将所有路径中的“C:\tc\”都改为当前 Turbo C 2.0 的安装路径（如“D:\tc\”），再次运行程序就不会出错了。

【上机 1-2】如果运行结果如下图所示，则该程序如何编写？

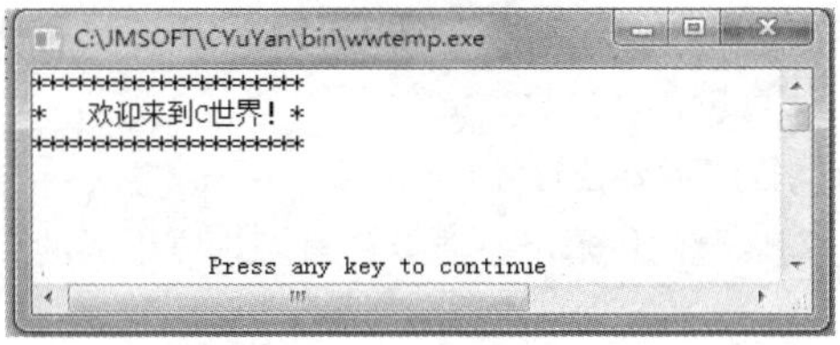

解：通过案例 1-1 可知该程序是在屏幕上输出三行字符串，应该使用输出函数 printf，又因为显示为三行字符串，所以输出字符串后应加换行符\n，源程序如下。

编写程序代码

```
#include "stdio.h"
void main()
{
      printf("********************\n");
      printf("*     欢迎来到 C 世界！   *\n");
      printf("********************\n");
}
```

习题一

一、选择题

1．以下________不是 C 语言的特点。

A）生成目标代码质量高　　B）语法限制严格

C）数据类型丰富　　D）控制流程结构化

2．以下________不是算法的特征之一。

A）有穷性　　B）确定性　　C）有效性　　D）复杂性

3. 以下________不是二进制代码文件。

A）标准库文件　　B）目标文件　　C）源程序文件　　D）可执行文件

4. C 语言程序的基本单位是________。

A）程序行　　B）语句　　C）函数　　D）字符

5. C 语言可执行程序的开始执行点是________。

A）程序中第一条可执行语句　　B）程序中第一个函数

C）程序中的 main 函数　　D）包含文件中的第一个函数

6. 一个完整的 C 源程序是________。

A）要由一个主函数或一个以上的非主函数构成

B）由一个且仅由一个主函数和零个以上（含零）的非主函数构成

C）要由一个主函数和一个以上的非主函数构成

D）由一个且只有一个主函数或多个非主函数构成

7. 以下________是流程图的判断框，以下________是流程图的起止框，以下________是流程图的处理框，以下________是流程图的输入/输出框。

A）　　B）　　C）　　D）

8. 以下叙述中错误的是__________。

A）C 语言的可执行程序是由一系列机器指令构成的

B）用 C 语言编写的源程序不能直接在计算机上运行

C）通过编译得到的二进制目标程序需要连接才可以运行

D）在没有安装 C 语言集成开发环境的机器上不能运行 C 源程序生成的.exe 文件

9. 以下叙述不正确的是__________。

A）一个 C 源程序可由一个或多个函数组成

B）一个 C 源程序必须包含一个 main 函数

C）C 程序的基本组成单位是函数

D）在 C 程序中，注释说明只能位于一条语句的后面

二、填空题

1. 函数体以符号________开始，以符号________结束。

2. 一个完整的 C 程序至少要有一个___________函数。

3. 程序设计语言可以分为_______________、________________、_______________。

4. C 程序是以________为基本单位的，整个程序由____________组成。

5. C 源程序文件的扩展名是_______，C 目标文件的扩展名是_______，C 可执行文件的扩展名是_______。

6. 程序连接过程是将目标程序、___________或其他目标程序连接装配成可执行文件。

7. 在一个 C 源程序中，注释部分两侧的分界符分别为______________和______________。

8. 一个函数是由两部分组成的，它们分别是______________和______________。

9. 在 C 语言中，一个函数的函数体一般包括______________和______________。

习题一参考答案

第2章

程序中的数据

本章简介 数据和操作是构成程序的两个要素。计算机处理的对象是数据，而数据是以某种特定形式存在的。为了能准确、方便地使用数据描述生活中的各种信息，C 语言将数据划分为不同的数据类型。C 语言提供了丰富的运算符，构成多种表达式，能实现多种基本操作。在本章中，主要介绍基本数据类型、运算符和表达式，以及基本的输入/输出函数的使用方法。

知识点		
	1．C 语言的基本数据类型	2．C 语言的标识符、关键字
	3．C 语言的变量和常量	4．C 语言的运算符和表达式
	5．数据的输入和输出	6．C 语言数据类型之间的转换

2.1 数据类型、变量与常量

视频讲解

2.1.1 数据类型概述

计算机程序在运行时需要存储和使用不同类型的数据。例如，有一个学生信息：

姓名：赵飞　　名次：3　　C 语言成绩：88.5

姓名是一串字符，不能进行加减等各种运算，成绩却可以。成绩有小数部分，而名次只能是整数。

不同的计算机在存储相同类型的数据时也不一样，如在 16 位和 32 位机器中，基本整型各占 2 字节和 4 字节。在 C 语言中，每个数据都属于唯一的一种数据类型，没有无类型的数据。C 语言的数据类型如图 2-1 所示。

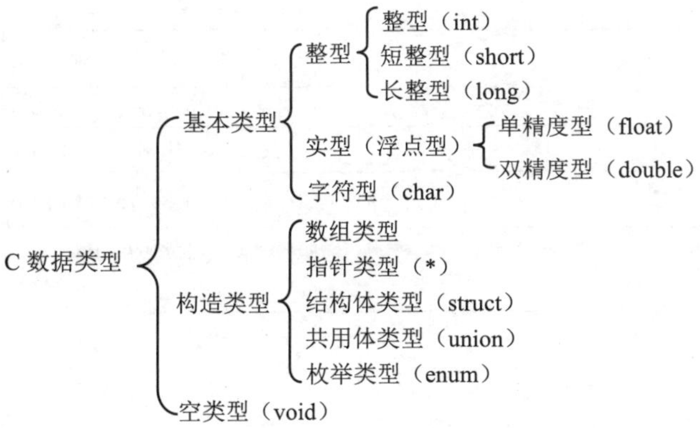

图 2-1　C 语言的数据类型

基本类型的数据不可再分解为其他类型的数据；构造类型的数据可以分解成若干个“成员”

或“元素”；指针类型可以描述内存单元的地址；空类型也称“无类型”，常用在函数定义的部分。

C 语言的基本类型有三种：**整型**、**实型**（浮点型）和**字符型**。C 语言的基本类型修饰符有四种：**signed**（有符号）、**unsigned**（无符号）、**long**（长型符）和 **short**（短型符），这些类型修饰符可以与字符型或整型数据配合使用。基本数据类型描述及取值范围如表 2-1 所示。

表 2-1　C 语言基本数据类型描述及取值范围

类　型	说　明	内存单元个数	取 值 范 围	
char	字符型	1（8 位）	-128～127	即-2^7～（2^7-1）
unsigned char	无符号字符型	1（8 位）	0～255	即 0～（2^8-1）
signed char	有符号字符型	1（8 位）	-128～127	即-2^7～（2^7-1）
int	整型	2（16 位）	-32768～32767	即-2^{15}～（$2^{15}-1$）
unsigned int	无符号整型	2（16 位）	0～65535	即 0～（$2^{16}-1$）
signed int	有符号整型	2（16 位）	-32768～32767	即-2^{15}～（$2^{15}-1$）
short int	短整型	2（16 位）	-32768～32767	即-2^{15}～（$2^{15}-1$）
unsigned short int	无符号短整型	2（16 位）	0～65535	即 0～（$2^{16}-1$）
signed short int	有符号短整型	2（16 位）	-32768～32767	即-2^{15}～（$2^{15}-1$）
long int	长整型	4（32 位）	-2147483648～2147483647	即-2^{31}～（$2^{31}-1$）
unsigned long int	无符号长整型	4（32 位）	0～4294967295	即 0～（$2^{32}-1$）
signed long int	有符号长整型	4（32 位）	-2147483648～2147483647	即-2^{31}～（$2^{31}-1$）
float	单精度浮点型	4（32 位）	-3.4E+38～3.4E+38	
double	双精度浮点型	8（64 位）	-1.7E+308～1.7E+308	

2.1.2　标识符

1. 标识符

所谓**标识符**，是指用来标识程序中用到的变量、函数、类型、数组、文件及符号常量等的有效字符序列。简言之，标识符就是一个名字。**在 C 语言中，标识符只能由字母、数字和下画线组成，第一个字符必须为字母或下画线。**标识符的命名规则如表 2-2 所示。

表 2-2　标识符命名规则

规　则	说　明
只能由下画线、数字与字母构成，第一个字符必须为字母或下画线，不能是数字或其他符号	如 sum、score、Area、_abc 都是正确的标识符 注意 C 语言中区别大小写字母
不能使用系统的关键字（保留字）	如不能使用 int、float、char、main 等系统关键字
不能使用系统预定义的标识符	如编译预处理命令（define、include）和系统函数名（scanf、printf、getchar、putchar）等系统预定义的标识符均不能使用
尽量使用易懂名字，做到“见名知义”	如可以使用 max、name 等，不使用 x1、y2 等作为标识符
避免使用易混字符	如避免使用 l（英文）、1（数字），0、o 等

2. 关键字

关键字又称**保留字**，是 C 语言规定的具有特定意义的标识符，它们有特定的含义，不能做其他用途使用。C 语言的关键字有 32 个，可分为以下四类。

（1）标识数据类型的关键字（14 个）：int，long，short，char，float，double，signed，unsigned，struct，union，enum，void，volatile，const。

（2）标识存储类型的关键字（5 个）：auto，static，register，extern，typedef。

（3）标识流程控制的关键字（12 个）：goto，return，break，continue，if，else，while，do，for，switch，case，default。

（4）标识运算符的关键字（1 个）：sizeof。

【练习 2-1】请判断下列哪些用户自定义的标识符是合法的？（　　）

A）a&b，1_xy，e5，a.b　　　　B）exam，x1，int，define

C）ram，_mn，3ep，x*y　　　　D）ch，x_3_1，z2，num

解：因为标识符只能由英文大小写字母、数字和下画线三种字符组成，且开头字母只能是字母或下画线，所以只有 B 和 D 符合要求。但是用户自定义的标识符不能是系统的保留字（关键字），而 C 语言中的 int 和 define 是关键字，不能做标识符，所以 B 是错误的。因此只有 D 是正确的。

2.1.3 变量的定义、赋值和初始化

如何理解变量和常量？一个程序在运行过程中需要存储一些数据，就需要在内存中开辟一些存储空间，并为这些空间起“名字”后才能使用，这些“有名字”的存储空间就被称为**变量**，而通常存到这些空间的数据值就是**常量**。下面先介绍一下变量的相关知识。

1. 变量概述

C 语言中的数据有**常量**和**变量**之分。**常量**是指在程序运行过程中值不能改变的量，分为**直接常量**和**符号常量**。**变量**是指在程序运行过程中其存储的值可以改变的量。

变量定义必须放在变量使用之前，一般放在函数体的开头部分。要区分**变量名**和**变量值**是两个不同的概念。例如整型变量 a 的值为 3，变量 a 在内存中的存储示意图如图 2-2 所示。

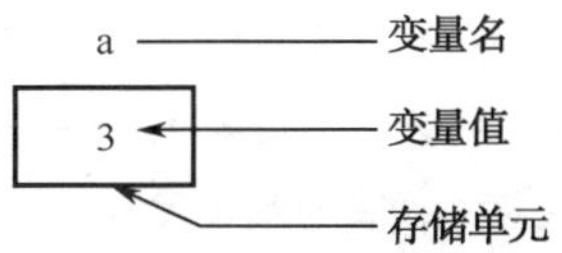

图 2-2　变量及其存储示意图

2. 变量的说明

所有变量在使用前都必须加以说明。一条变量说明语句由数据类型和其后的一个或多个变量名组成。变量定义的一般格式如下。

数据类型　变量名 1 [, 变量名 2 , 变量名 3 , … , 变量名 n];

其中，中括号“[ ]”括起来的部分为可选项，省略号为多次重复。例如：

```
int     x , y , z;          /*定义三个整型变量 x、y 和 z */
float   i , j;              /*定义两个单精度浮点型变量 i、j */
```

说明：

（1）变量名。标识符的一种，要求符合标识符的命名规则。可以同时定义一个或有多个变量，如果有多个变量，变量之间用逗号隔开。

（2）数据类型。用来说明变量的数据类型，可以是基本数据类型或构造数据类型。变量的数据类型不仅规定了变量所占内存空间的大小，也规定了该变量上的相应操作。

变量在定义之后其中的值可能是不确定的，所以为了使用变量，应该在使用之前为变量存储一个数值，就是变量的赋值。

3. 变量的赋值和初始化

（1）**变量的赋值**。定义变量后，在使用之前需要给定一个初始值。在 C 语言中，可以通过赋值运算符“=”给变量赋值。变量赋值语句的一般格式如下。

```
变量名=表达式;
```

例如：

```
int   x;                    /*定义一个整型变量 x，此时 x 的值是不确定的 */
x=3;                        /*给变量赋初值为 3 */
```

（2）**变量的初始化。在定义变量的同时为其赋值，称为变量的初始化**。定义的变量可以全部初始化，也可以部分初始化。例如：

```
int   x=3,y=5,z;            /*定义三个整型变量 x、y 和 z，并为 x 赋初值为 3，y 赋初值为 5*/
```

定义多个同类型变量时，如果给所有变量赋同一个值，只能逐个处理。如有三个整型变量 x、y 和 z，且初值均为 10，可以写成下面的形式：

```
int   x=10,y=10,z=10;       /*定义三个整型变量 x、y 和 z，并都赋初值为 10*/
```

而不能写成：

```
int   x=y=z=10;             /*错误，不允许在定义时连续赋初值*/
```

如果变量的类型与所赋数据的类型不一致，所赋数据将被转换成与变量相同的类型。例如，下面的定义是合法的：

```
int   x=10.5;               /*定义整型变量 x，赋初值为 10 而不是 10.5（小数的整数部分）*/
long  y=99;                 /*定义一个长整型变量 y，并为变量 y 赋初值 99 */
```

该程序执行后，变量 x 的值是整数 10（只将整数部分赋给变量 x），变量 y 的值是长整数 99。

【练习 2-2】下面的变量定义及初始化语句哪个是正确的？（　　）

A）int　a=3;b=5;　　　　B）int　a=3 b=5

C）int　a=3,b=5;　　　　D）int　a==3,b==5;

解：因为变量定义及初始化语句是为每个变量单独赋值，各变量之间用逗号分隔，语句结束标志为分号“;”，变量初始化的赋值运算符为“=”，所以正确答案为 C。

2.1.4　数的原码、反码和补码

在计算机内，机器数有无符号和带符号数之分。无符号数表示正数，在机器数中没有符号位。对于无符号数，若约定小数点的位置在机器数的最低位之后，则是纯整数；若约定小数点的位置在机器数的最高位之前，则是纯小数。对于带符号数，机器数的最高位是表示正、负的符号位，其余位则表示数值，若约定小数点的位置在机器数的最低数值位之后，则是纯整数；若约定小数点的位置在机器数的最高数值位之前（符号位之后），则是纯小数。

为了便于运算，带符号位的机器数可采用原码、反码和补码等不同的编码方法，机器数的这些编码方法称为码制。

1. 原码

原码表示法在数值前面增加了一位符号位（即最高位为符号位）：正数该位为 0，负数该位为 1（0 有+0 和−0 两种表示），其余位表示数值的大小。

例如，以+45 和−45 两个整数为例，两个数的原码如下：（反码和补码也以这两个数为例。）

[+45]原=00101101　　　　[−45]原=10101101

2. 反码

反码是数值存储的一种，但是由于补码更能有效表现数字在计算机中的形式，所以多数计算机一般都不采用反码表示数。

反码表示法规定：正数的反码与其原码相同；负数的反码是对其原码逐位取反，但符号位除外。

例如：

[+45]反=00101101　　　　[−45]反=11010010

3. 补码

在计算机系统中，数值一律用补码来表示和存储。这是因为使用补码，可以将符号位和数值域统一处理；同时，加法和减法也可以统一处理。此外，补码与原码相互转换，其运算过程是相同的，不需要额外的硬件电路。

补码表示法规定：正数的补码与原码相同，负数的补码为其原码除符号位外所有位取反（得到反码），然后最低位加 1。或是用最大值减去该数的绝对值也可得到其补码。

例如：

[+45]补=00101101　　　　[−45]补=11010011

以+45 和−45 为例，原码、反码和补码转换过程如图 2-3 所示。

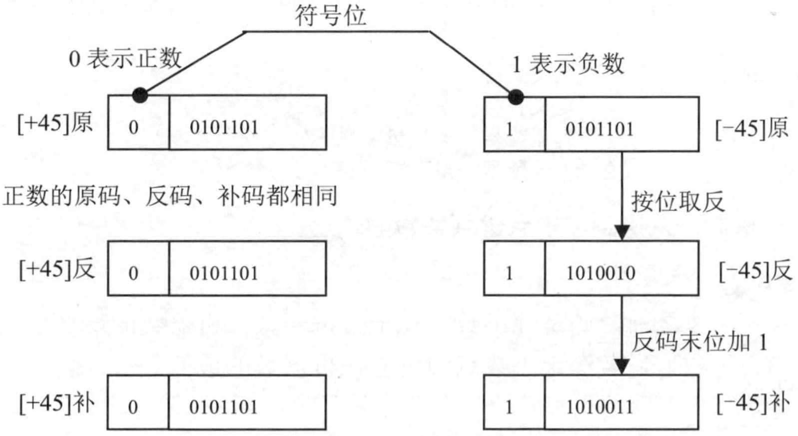

图 2-3 原码、反码和补码转换图

2.1.5 整型变量及整型常量

1. 整型变量

整型变量没有小数部分。根据整数的存储长度，可分为以下三种（即变量的类型）。

（1）整型：类型名为 int，其存储长度为 2 字节。

（2）短整型：类型名为 short int 或 short，其存储长度为 2 字节。

（3）长整型：类型名为 long int 或 long，其存储长度为 4 字节。

整型变量还可以细分为以下两种。

（1）有符号整数：加上修饰符 singed，可以描述正整数、负数和 0。

（2）无符号整数：加上修饰符 unsinged，可以描述正整数和 0。

例如：

```
int    x;              /*定义基本整型变量 x */
short    y;            /*定义短整型变量 y */
long    z;             /*定义长整型变量 z */
unsigned    int    i;  /*定义无符号整型变量 i */
```

2. 整型常量

整型常量又称**整数**，整数由三种数制来表示（不用二进制表示整数）。

（1）十进制整数：十进制整数没有前缀，其数字为 0～9，如 237、-568 等。

（2）八进制整数：以数字 0 开头，由数字 0～7 来表示。八进制数通常是无符号数，如 015、026。

（3）十六进制整数：以数字 0 和字符 X 或 x（即 0X 或 0x）开头，由数字 0～9 和字符 A～F 或 a～f 表示，如 0x2A（十进制数为 42）、0XFFFF（十进制数为 65535）。

十六进制整数超过 9 的数字的表示方法如表 2-3 所示。

表 2-3　十六进制整数超过 9 的数字的表示方法

字母	A,a	B,b	C,c	D,d	E,e	F,f
表示的数字	10	11	12	13	14	15

（4）整型常量的后缀：在整型数后加后缀“L”或“l”来表示长整型数，加后缀“U”或“u”来表示无符号整型数。例如，158L 表示十进制长整型数 158，358u 表示十进制无符号整型数 358。

例如：

```
unsigned    int    x;    /*定义无符号整型变量 x */
long    y;               /*定义长整型变量 y */
x=279u;                  /*为无符号整型变量 x 赋无符号整数 279 */
y=12357L;                /*为长整型变量 y 赋长整数 12357 */
```

【案例 2-1】十进制、八进制、十六进制整数的输出。

编写程序代码

```
/* 案例 2-1 整数的各种数制输出 */
#include "stdio.h"
void main()
{
    int x,y,z;                                          /*定义整型变量 x、y、z*/
    x=122;y=024;z=0xffff;
    printf("十进制整数%d。\n",x);                       /*输出十进制整数*/
    printf("八进制整数%o，其十进制为%d。\n ",y,y);      /*输出八进制整数及其十进制整数*/
    printf("十六进制整数%x，其十进制为%d。\n ",z,z);    /*输出十六进制整数及其十进制整数*/
}
```

程序运行结果

提示：注意相同数值的不同存储类型

长整数 158L 和基本整常数 158 在数值上并无区别。但对 158L，因为是长整型量，C 编译系统将为其分配 4 字节的存储空间；而对 158，因为是基本整型，只为其分配 2 字节的存储空间。因此在运算和输出格式上要予以注意，避免出错。

【练习 2-3】以下各种整型常数哪些是合法的？哪些是非法的？

023、23D、0101、03A2、0X3H、5A、256

解：（1）合法的有：023（八进制整数 23）、0101（八进制整数 101）、256（十进制整数 256）。

（2）非法的有：03A2（前缀 0 应为八进制，但后有非法字符 A）、0X3H（有非法字符 H）、23D（数中有字符但无前缀）、5A（数中有字符但无前缀）。

2.1.6 实型变量及实型常量

1. 实型变量

实型变量也称为**浮点型变量**，包括以下两种。

（1）单精度浮点型：简称浮点型，类型名为 float，其存储长度为 4 字节。

（2）双精度浮点型：简称双精度型，类型名为 double，其存储长度为 8 字节。

2. 实型常量

实型常量也称为**实数**或者**浮点数**。实数只有十进制，包括**十进制小数形式**和**指数形式**。

（1）**十进制小数形式**。小数形式是由数字 0～9 和小数点组成的（注意：必须有小数点）。例如：6.789，.789（省略小数点前 0），6.（省略小数点后 0），0.0 都是合法的十进制小数。

（2）**指数形式**。指数形式由十进制小数加上阶码标志字符“e”或“E”及阶码（只能为整数，可以带符号）组成。其一般形式为：**a E n**，其中 a 为十进制数，n 为十进制整数，其值为 $a\times10^{n}$。例如 2.35E-3，表示 2.35×10^{-3}。

提示：指数形式写法注意

指数形式的表示法有两点需要注意：e 或 E 前、后必须有数字，e 或 E 后的数字必须是整数。

例如：

```
float     x;             /*定义单精度浮点型变量 x */
double    y;             /*定义双精度浮点型变量 y */
x=4.72;                  /*为变量 x 赋小数 4.72 */
y=1.235E+5;              /*为变量 y 赋长整数 1.235×10^5*/
```

【案例 2-2】单精度、双精度小数的输出。

编写程序代码

```
/* 案例 2-2 单精度、双精度小数的输出 */
#include "stdio.h"
void main()
```

```
{
    float     x;                         /*定义单精度变量 x*/
    double    y;                         /*定义双精度变量 y*/
    x=1.23456789;                        /*为变量 x 赋值*/
    y=1.23456789;                        /*为变量 y 赋值*/
    printf("x=%f, x=%.9f\n",x,x);        /*输出默认位数和小数点后 9 位的 x 值*/
    printf("y=%lf, y=%.9lf\n",y,y);      /*输出默认位数和小数点后 9 位的 y 值*/
}
```

程序运行结果

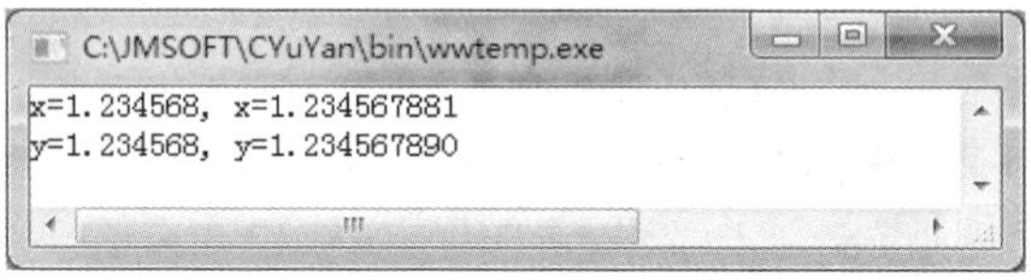

程序分析

（1）%f 为单精度小数的输出格式，默认输出为小数点后 6 位有效数字。

（2）%lf 为双精度小数，%.9lf 表示输出小数点后 9 位有效数字。

可以看到单精度 x 的有效数字不能全部存储进去，而双精度 y 的有效数字可以全部存储。所以如果要存储精度高的小数，应该定义双精度浮点型变量。

> **【练习 2-4】** 以下各种小数表示哪些是合法的？哪些是非法的？
>
> 2.1E5、3.7E-2、0.5E7、345、-2.8E-2、E7、-5、53.-E3、2.7E
>
> 解：（1）合法的实数：2.1E5（等于 2.1×10^{5}），3.7E-2（等于 3.7×10^{-2}），0.5E7（等于 0.5×10^{7}），-2.8E-2（等于 -2.8×10^{-2}）。
>
> （2）非法的实数：345（无小数点），E7（阶码标志 E 之前无数字），-5（无阶码标志），53.-E3（负号位置不对），2.7E（无阶码）。

2.1.7 字符变量及字符常量、字符串常量

1. 字符变量

字符变量的数据简称字符型，包括以下两种。

（1）有符号字符型：类型名称为 char，存储数据取值范围为-128～127。

（2）无符号字符型：类型名称为 unsigned char，存储数据取值范围为 0～255。

字符型数据在内存中存储的是其 ASCII 编码值（为一个整数），所以字符数据和整型数据在 C 语言中是可以通用的，只不过字符型存储字节为 1 字节。

例如：

```
char  c;                /*定义字符变量 c*/
```

2. 字符常量

字符常量是由一对单引号括起来的一个字符。字符型数据占一个字符，其书写形式是用单引号括起来的单个字符。例如，'a'，'A'，'@'，'?'等。常用字符的 ASCII 编码如下。

（1）字符'A'～'Z'的 ASCII 编码值为 65～90。

（2）字符'a'～'z'的 ASCII 编码值为 97～122。

（3）字符'0'～'9'的 ASCII 编码值为 48～57。

（4）空格字符的 ASCII 编码值为 32。

字符可以是字符集中的任意字符，但数字被定义为字符型之后就不能参与数值运算，如，'5'和 5 是不同的，'5'是字符常量，不能参与运算。

例如，a 的十进制 ASCII 码是 120，b 的十进制 ASCII 码是 121，实际上是在内存变量 a 和 b 分别存放 120 和 121 的二进制数。

0	1	1	1	1	0	0	0

变量a

0	1	1	1	1	0	0	1

变量b

所以也可以把它们看成是整型量。C 语言允许对整型变量赋以字符值，也允许对字符变量赋以整型值。在输出时，允许把字符变量按整型量输出，也允许把整型变量按字符量输出。

整型常量在内存中占 2 字节，字符常量在内存中占 1 字节，当整型量按字符型量处理时，只有低 8 位字节参与处理。

【练习 2-5】下面哪些是合法的字符常量？

'f'、'Q'、'abc'、x、"A"、'+'、'!'

解：（1）合法的字符常量（单引号内一个字符）：'f'，'Q'，'+'，'!'。

（2）非法的字符常量：'abc'（单引号内多个字符），x（没有单引号），"A"（分隔符为双引号）。

3．转义字符

转义字符主要用来表示那些用一般字符不便于表示的控制代码，是一种特殊的字符常量。**转义字符以反斜线“\”开头，后跟一个或几个字符。**例如“回车”“换行”等。转义字符具有特定的含义，不同于字符原有的意义，故称“转义”字符，转义字符及其功能如表 2-4 所示。

表 2-4　转义字符及其功能

转义字符	ASCII 码	功　能	转义字符	ASCII 码	功　能
\0	0	表示字符串结束	\r	13	回车，将当前位置移到本行行首
\n	10	换行，将当前位置换到下一行行首	\'	39	单引号字符
\t	9	横向跳格，即从当前位置跳到下一个制数位开始处	\"	34	双引号字符
\v	11	竖向跳格	\\	92	反斜杠字符
\b	8	退格，将当前位置移到前一列	\f	12	换页，将当前位置移到下页开头
\ooo	0～255	1～3 位八进制数表示的 ASCII 码所代表的字符	\xhh	0～255	1～2位十六进制数表示的ASCII码所代表的字符

例如：

```
char   c,d,e;          /*定义单精度浮点型变量 c、d 和 e*/
c='A';                 /*为变量 c 赋字符常量 A */
d='\n';                /*为变量 d 赋转义字符为回车符 */
e='\123';              /*为变量 e 赋转义字符为八进制数 123 对应的大写字母 S */
```

【练习 2-6】下面哪些是合法的转义字符？

'\\'、'\abc'、'\"'、\x、'\125'、'\x24'、'\xabc'

解：（1）合法的转义字符常量：'\\'（反斜杠），'\"'（双引号），'\125'（八进制 ASCII 为 125 的字符'7'），'\x24'（十六进制 ASCII 为 24 的字符'$'）。

（2）非法的转义字符常量：\x（没有分隔符单引号），'\xabc'（x 后的十六进制数位数应该为 2 位而不是 3 位）。

4．字符串常量

字符串常量是用一对双引号括起来的零个或多个字符序列，例如，"hello"、""、"abc"、"123"等。**字符常量与字符串常量的区别如下。**

（1）字符常量由单引号括起来，字符串常量由双引号括起来。

（2）字符常量只能是单个字符，字符串常量则可以含一个或多个字符。

（3）可以把一个字符常量赋予一个字符变量，但不能把一个字符串常量赋予一个字符变量。

（4）字符常量占 1 字节的内存空间。字符串常量占的内存字节数等于字符串中字节数加 1，增加的 1 字节中存放字符'\0'（ASCII 码为 0），这是字符串结束的标志。

在 C 语言中没有相应的字符串变量，但是可以用一个字符数组来存放一个字符串常量，在第 4 章数组一章介绍。

例如，字符串 "Hello" 存储情况如下：

'H'	'e'	'l'	'l'	'o'	'\0'

字符常量'a'和字符串常量"a"虽然都只有一个字符，但在内存中的情况是不同的。

'a'在内存存储占 1 字节，可表示如下：

'a'

"a"在内存存储占 2 字节，可表示如下：

'a'	'\0'

无论何种表示形式，字符常量只能表示单个字符，字符串常量可以含一个或多个字符，也可以没有字符，如""表示空字符串，由于'\0'，所以仍占 1 字符。

【练习 2-7】下面哪个是合法的字符串常量？（　　）

A）'a'　　B）'\076'　　C）"Hello"　　D）Hello

解：因为字符常量是用一对单引号括起来的一个字符，字符串常量是用一对双引号括起来的零个或多个字符序列，所以符合题目的必须得有一对双引号，里面可以有 n（n≥0）个字符的序列。而 A 和 B 都是字符常量，D 可以是一个标识符，只有 C 符合要求。因此选择 C。

【案例 2-3】字符常量、字符串常量的输出。

编写程序代码

```
/* 案例 2-3 字符常量、字符串常量的输出 */
#include "stdio.h"
void main()
{
    char x;                          /*定义单精度变量 x*/
    x='a';                           /*为字符变量 x 赋值为字符'a'*/
    printf("x=%c, x=%d\n",x,x);      /*以字符和十进制整数输出 x 值*/
    printf("\\123\x24\'\n");         /*输出转义字符串*/
}
```

程序运行结果

2.1.8 符号常量

在 C 语言中，也可以用一个标识符来表示一个常量，称为符号常量。符号常量在使用之前必须先定义，其一般形式为：

```
#define  符号常量  值
```

例如：

```
#define   PI   3.14                    /*定义一个符号常量 PI，其值为 3.14 */
```

该语句的功能是把标识符“PI”定义为其后的常量值“3.14”。一经定义，以后在程序中所有出现“PI”的地方均代之以该常量值“3.14”。

符号常量的标识符是由用户自行定义的。如果需要把圆周和圆的面积计算得更加精确，只需要把π的取值再精确一些，如将π的值取 3.1415926，这行代码则可以改写为：

```
#define   PI   3.1415926               /*定义一个符号常量 PI，其值为 3.1415926 */
```

则在程序主函数中如果有下面语句：

```
float   r=2.4,s;                       /*定义两个浮点型变量 r 和 s，r 为圆的半径，s 为圆的面积 */
s=PI*r*r;                              /*求得圆的面积，在程序编译之前将 PI 替换成 3.1415926 */
```

该程序在运行之前需要进行编译，编译之前会将程序出现的所有 PI 替换成为 3.1415926。

符号常量的特点如下。

✓ 习惯上符号常量的标识符用大写字母，变量标识符用小写字母，以示区别。

✓ 符号常量与变量不同，它的值在其作用域内不能改变，也不能被再赋值。

使用符号常量的好处是含义清楚，并且能做到“一改全改”。这种常量定义在 C 语言中被称为“宏定义”。具体方法在编译预处理中介绍。

2.2 运算符与表达式

视频讲解

C 语言的运算符非常丰富，共有 13 类 45 个运算符，除控制语句、输入/输出语句以外几乎所有的基本操作都作为运算符处理。运算符的使用方法非常灵活，这也是 C 语言的主要特点。C 语言运算符如表 2-5 所示。

表 2-5 C 语言运算符的类型

优先级	运算符	名　称	运算符类型	结合方式
1	()	括号（函数等）		由左向右
	[]	数组下标		
	.、->	结构体成员		
2	!	逻辑非	单目运算符	由右向左
	~	按位取反		
	++、--	自增、自减		
	+、-	正、负号		
	(类型)	强制类型转换		
	*	指针		
	&	取地址		
	sizeof	计算数据类型长度		

续表

优先级	运算符	名　　称	运算符类型	结合方式
3	*、/、%	乘法、除法、取模	算术（双目）运算符	由左向右
4	+、-	加法、减法	算术（双目）运算符	由左向右
5	<<、>>	左移、右移	位（双目）运算符	由左向右
6	<、<=、>=、>	小于、小于等于、大于等于、大于	关系（双目）运算符	由左向右
7	==、!=	等于、不等于	关系（双目）运算符	由左向右
8	&	按位与	位（双目）运算符	由左向右
9	^	按位异或	位（双目）运算符	由左向右
10	|	按位或	位（双目）运算符	由左向右
11	&&	逻辑与	逻辑（双目）运算符	由左向右
12	||	逻辑或	逻辑（双目）运算符	由左向右
13	?:	条件运算符	条件（三目）运算符	由右向左
14	=、+=、-=、*=、/=、&=、^=、|=、<<=、>>=	各种赋值运算符	赋值（双目）运算符	由右向左
15	,	逗号运算符		由左向右

常用的 C 语言运算符优先级别如图 2-4 所示。

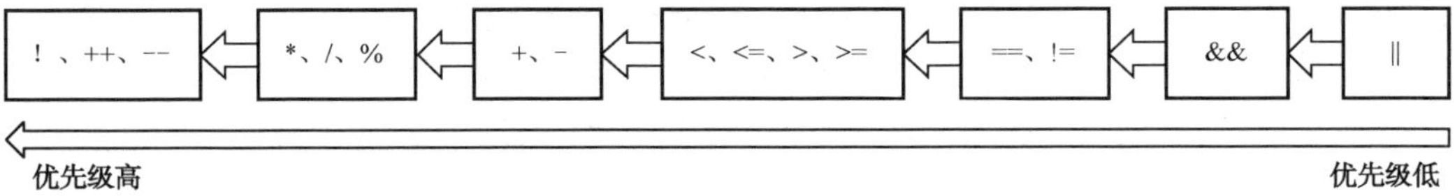

图 2-4　C 语言运算符优先级别

本节主要介绍算术运算符、赋值运算符、关系运算符、逻辑运算符、位运算符、条件运算符、逗号运算符和括号运算符等。其他运算符在以后各章介绍。

学习运算符主要学习以下几方面。

（1）运算符的功能。

（2）运算符与操作对象即操作数（包括常量、变量、函数调用等）的关系。

（3）运算符的优先级。

（4）运算结果的数据类型，不同类型数据运算将发生类型转换。

运算符连接操作数形成的式子叫做表达式。C 语言表达式的特点是：无论表达式多么复杂，总有一个运算结果（值）与之相对应，单个的常量或变量也可以看作是一个表达式。

2.2.1　算术运算符与算术表达式

1. 算术运算符

C 语言中算术运算符共有五个，分别为**+（加）、-（减）、*（乘）、/（除）、%（取余或取模）**。其运算优先级别和结合方式如表 2-5 和图 2-4 所示。

（1）算术运算符为双目（需要两个操作数）运算符，结合方式均为由左向右。

（2）求余运算符“%”又称取模运算符，要求其两侧必须为整型数，它的作用是取两个整型数相除的余数，**余数的符号与被除数的符号相同。**

例如，9%4 的结果是 1；-9%4 的结果为-1；9%-4 的结果是 1。

（3）除法运算符“/”。当两个操作数都是整数时，运算的结果是**整数**（舍去小数取整），即表示“整除”；如果参加运算的两个数中有一个是实数，则结果是**实数**。例如，9/4 结果的是 2；9.0/4 或 9/4.0 的结果为 2.25。

2．基本算术表达式

由基本算术运算符、括号以及操作对象组成的符合 C 语言语法规范的表达式称为基本算术表达式。例如 a+b*c-13/3+(d%e)。*、/、%优先级高于+、-，同级运算符按由左向右进行运算。

【练习 2-8】计算下面表达式的值：

8%3+2*6−(7+6)/4

解：算术表达式按先做乘（*）、除（/）、取余（%），后做加（+）、减（−）的优先级进行运算。注意括号优先级最高，除号（/）两侧都为整数时结果为整数。所以表达式=2+12−13/4=14−3=11。

2.2.2 自增、自减运算符（++、--）

++（自增）、--（自减）运算符是 C 语言中使用方便且效率很高的两个运算符，它们都是单目运算符。这两个运算符有前置和后置两种形式。前置就是指运算符在操作数的前面，例如++x 和--x；后置就是指运算符在操作数的后面。例如，有整型变量 x，x++和 x--相当于 x=x+1 和 x=x-1。无论是前置还是后置，这两个运算符的作用都是使操作数的值增 1 或减 1，但对由操作数和运算符所组成的表达式的影响完全不同。自增、自减运算符运算规则如下。

- ✓ **若只对某变量自增（自减）而不参与其他赋值运算，结果都是该变量本身自增（自减）1。**
- ✓ **若某变量自增（自减）的同时还要参加其他运算，则前缀运算是自变量先自增（减）后再参与表达式运算，后缀运算是自变量先参与表达式运算后再自增（减）。**

使用自增或自减运算符只适合于整型或字符型变量，而不能用于常量或表达式，例如，(x+y) ++和++9 都是不合法的。在只需对变量本身进行加 1 或减 1 而不考虑表达式值的情况下，前缀运算和后缀运算的效果完全相同，否则结果是不一样的。

（1）当自增（减）运算符单独作为一个表达式时：自加（减）符号在前或后一样，都是将该变量自加（减）1。例如：

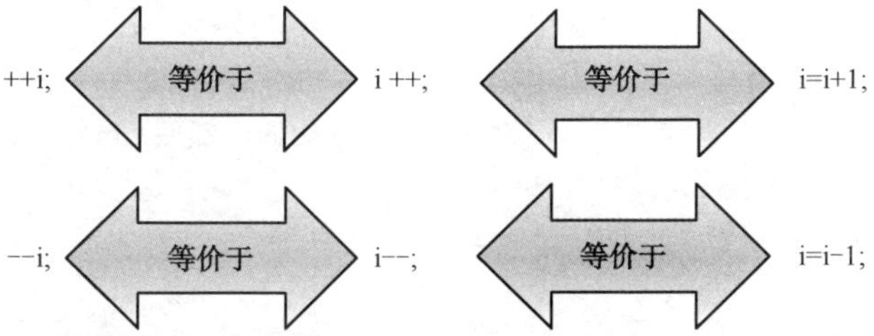

（2）当自增（减）运算符用在表达式中时：如果自加（减）符号在变量前面，则表示该变量要先自加(减)，然后参与整个表达式的运算，且运算时是整个表达式由左向右将全部自增(减)运算完成后再参与表达式的运算。如果自加（减）符号在变量后面，则表示该变量要先参与整个表达式的运算，然后进行自加（减）。

（3）自增（减）运算符的结合方式是“由右向左”。

例如：

```
int   i=3,j;
j=i++;
```

因为++运算符在 i 后面，所以 i 先参与表达式运算，后自加，相当于“j=i,i++;”，即先取 i 的值 3 赋给 j，然后 i 自增为 4。

✓ 连续自增语句（以 TC 环境下为例）。例如：

```
int   i=3,j;
j=(++i)+(++i)+(++i);        /* j 的值为 18，i 的值为 6；先将 i 自增 3 次后将 3 个 i 相加赋给 j*/
j=(i++)+(i++)+(i++);        /* j 的值为 9，i 的值为 6；先将 3 个 i 相加赋给 j，再将 i 自增 3 次*/
```

✓ 连续自增作为 printf()函数的输出项问题。例如：

```
int   i=3;   printf("\n%d",(++i)+(++i)+(++i));     /* 输出 15。由右向左逐步自增和取值即 6+5+4 */
int   i=3;   printf("\n%d",(i++)+(i++)+(i++));     /* 输出 12。由右向左逐步取值和自增即 5+4+3 */
```

✓ printf()函数中多输出项计算问题，（TC 和 VC 环境下略有不同）。输出项由右向左运算后，再由左向右输出。例如：

```
int   i=3;    printf("\n%d,%d,%d",++i,++i,++i);     （TC 环境下输出 6,5,4，VC 环境下输出 6,5,4）
int   i=3;    printf("\n%d,%d,%d",i++,i++,i++);     （TC 环境下输出 5,4,3，VC 环境下输出 3,3,3）
```

printf 函数输出时，VC 环境下后面参数的后缀 i++是在所有参数处理完毕才起作用（因为 3 个参数都是自增++在后，所以不计算，直接输出 3,3,3），而在 TC 环境下，后缀的自增（自减）将影响到该参数前面的参数处理（输出时先输出最右项，由右向左进行计算，所以输出 5,4,3）。

【案例 2-4】自增、自减表达式的各种结果（程序中注释按 TC 环境下规范）。

编写程序代码

```
/* 案例 2-4 自增、自减表达式的各种结果 */
#include "stdio.h"
void main()
{
   int i=3,j;

   j=++i+i++;                                  /*前一个 i 增 1 后进行两个 i 相加，即 4+4*/
   printf("i=%d,j=%d\n",i,j);

   i=3;
   j=(++i)+(++i)+(++i);                        /*先将 i 自加 3 次，然后 3 个 i 相加*/
   printf("i=3,j=(++i)+(++i)+(++i),");
   printf("i=%d,j=%d\n",i,j);

   i=3;
   j=(i++)+(i++)+(i++);                        /*先将 3 个 i 相加，然后 i 自加 3 次*/
   printf("i=3,j=(i++)+(i++)+(i++),");
   printf("i=%d,j=%d\n",i,j);

   i=3;
   printf("%d,%d,%d\n",++i,++i,++i);          /*由右向左先将 i 自加后输出各项*/

   i=3;
   printf("%d,%d,%d\n",i++,i++,i++);          /*由右向左输出各项后 i 自加*/
}
```

程序运行结果

因为 TC 和 VC 环境下对自增和自减的处理不同，在输出函数 printf 中的输出结果也不同，所以本程序在不同环境中运行结果有区别，要注意体会。

在 TC 环境下的运行结果：

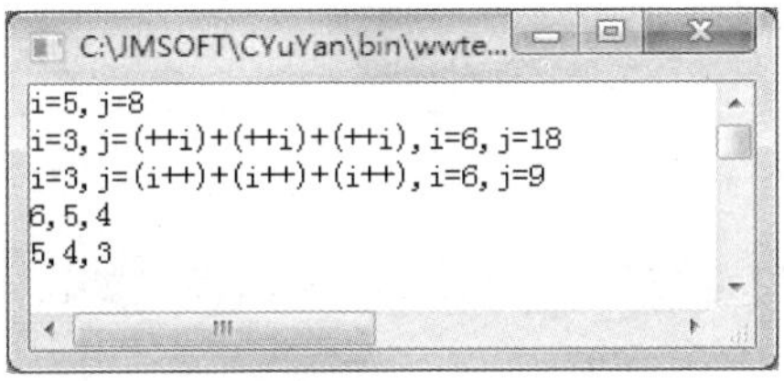

在 VC 环境下的运行结果：

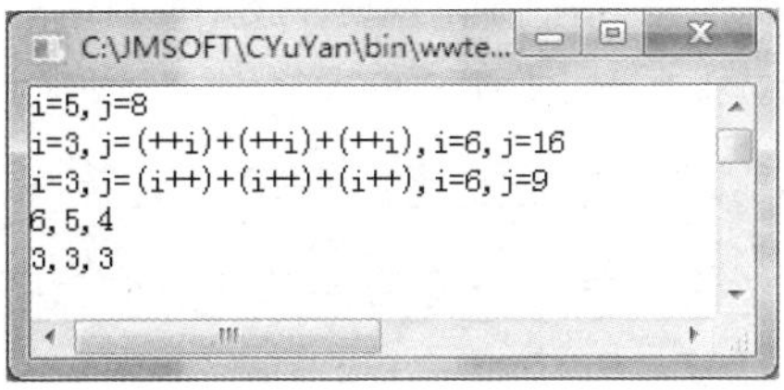

程序分析

VC 与 TC 环境下不同，VC 环境下每计算一步就会返回自增运算符所作用的值，VC 环境下运行的规则如下。（TC 环境下的运行规则在程序代码中介绍了。）

（1）如程序中“i=3;j=(++i)+(++i)+(++i);”的结果 j=16。首先扫描求解前半部分，即(++i)+(++i)的值（先对 i 进行两次自增运算，i 的值变为 5，再计算 i+i 的值为 5+5＝10），然后求解后半部分，即 10+(++i)的值（先对变量 i 自增 1 次，i 的值变为 6，再计算 10+6＝16）。

（2）如程序中“i=3; printf("%d,%d,%d\n",i++,i++,i++);”的结果输出“3,3,3”。这是因为自加符号全在变量 i 后，VC 环境下会由右向左全部扫描并输出 3 个 i 值（3），再将 i 自增 3 次（此时为 6，但不输出）。

2.2.3 赋值运算符与赋值表达式

C 语言允许在赋值运算符“=”之前加上其他运算符，构成复合赋值运算符。C 语言共有十种复合赋值运算符，如表 2-5 所示。

1．赋值表达式格式

赋值表达式是由赋值运算符“=”将一个变量和一个表达式连接起来的式子，其一般格式为：

```
变量=表达式
```

表示将“=”右边表达式的值赋给左边的变量，表达式可以是符合 C 语言语法的各种表达式。例如：

```
int  x,y;        /*定义整型变量 x 和 y*/
x=3;             /*表示将常量 3 赋给变量 x*/
y=x+2;           /*表示将表达式 x+2 的值赋给变量 y*/
```

提示：=不是数字上的等于，==是比较等于

“=”是 C 语言的赋值运算符，不是数学意义上的“等于号”。数学上的“等于号”（相当于关系运算符中的“比较等于”）在 C 语言中用“==”表示。

2．几点说明

（1）如果赋值运算两侧的类型不一致，在赋值时要将表达式的结果转换成变量的类型，然后赋给变量。赋值运算方向为由右向左。例如：

```
int  a,b;     /*定义整型变量 a 和 b*/
a=b=12;       /*从右向左进行赋值，即先将 12 赋给 b，再将 b 值赋给 a*/
```

相当于先执行 b=12，再执行 a=b。

（2）同一变量连续赋值。对同一变量连续赋值时，相当于只有最后一步有效。例如：

```
int  a;       /*定义整型变量 a*/
```

```
a=5;            /*为变量 a 赋值 5*/
a=10;           /*为变量 a 赋值 10（此时原来的值 5 已经被覆盖）*/
```

则变量 a 的值为 10，原来的值 5 已经被覆盖了。

3. 复合赋值运算符

赋值运算符与算术运算符相结合之后，变成复合赋值运算符，如表 2-5 所示。例如：

a+=b; 相当于 a=a+b;

如果复合赋值运算符右侧不是一个变量而是一个表达式，例如：

a*=b+c; 相当于 a=a*(b+c);

即右侧的表达式先计算出结果，再与左侧变量构成表达式进行计算。

【练习 2-9】如果有定义语句“int a=12;”，则执行完语句“a+=a-=a*=a;”后，a 的值是多少？

解：按照由右向左的次序对表达式进行计算，首先计算 a*=a 相当于 a=a*a，即 a=12*12=144，然后计算 a=a-a=144-144=0，再计算 a=a+a=0，所以 a 的值为 0。（注意里面的运算是每次将计算后的值先赋给变量 a，再将变化后的 a 参与下一次运算。）

2.2.4 关系运算符与关系表达式

1. 关系运算符

关系运算符用于比较两个运算对象的大小。关系运算符有 6 种：<（小于）、<=（小于等于）、>（大于）、>=（大于等于）、==（等于）和!=（不等于）。C 语言提供的关系运算符如表 2-5 所示。

2. 关系表达式

关系表达式的一般形式为：

表达式　关系运算符　表达式

关系表达式的值是逻辑值，即 0 或 1。例如，表达式 5 >3 结果为 1。

3. 几点说明

（1）在上述 6 个关系运算符中，前 4 个运算符的优先级高于后 2 个运算符的优先级。

（2）注意等于关系运算符“==”与赋值运算符“=”的区分：“==”是关系运算符，用于比较运算；而“=”是赋值运算符，用于赋值运算。

（3）关系运算符的优先级低于算术运算符而高于赋值运算符，关系运算符的结合方式是由左向右。

由关系运算符将两个对象连接起来的表达式就是关系表达式，如程序中的 c>='a' 就是一个关系表达式。其运算对象可以是常量、变量或表达式。关系表达式的运算结果为逻辑值，只有两种“真”或“假”。在 C 语言里用 1 表示“真”（非零值也认为是“真”），用 0 表示“假”。

【练习 2-10】有如下定义：

```
char  c='d';
int  m=2,n=5;
```

求下列各表达式的值：

（1）c+1=='e'　　（2）c+'A'-'a'!='D'　　（3）m-2*n<=n+9　　（4）m==2<n

解：（1）字符数据的比较按照其 ASCII 码进行。“+”的优先级大于“==”，因此先进行 c+1 运算。c 代表'd'，则 c+1 的 ASCII 码值为 101；再进行 101=='e'的运算，由于'e'的 ASCII 值为 101，因此该等式成立，为“真”，故表达式 c+1=='e'的值为 1。

(2)先计算 c+'A'-'a'，结果为 68；再进行 68!='D'的运算，'D'的 ASCII 值为 68，故该表达式不成立，所以 c+'A'-'a'!='D'的值为 0。（“！”逻辑非运算符见 2.3.5 节。）

(3）先进行 m-2*n 的运算，结果为-8；再计算表达式 n+9，结果为 14；最后进行 m-2*n<=n+9 的运算，该表达式成立，故其值为 1。

(4）因为“<”的优先级大于“==”，所以要先进行 2<n 的运算，结果为 1；再进行 m==1 的运算，结果为 0，表达式 m==2<n 的值为 0。

2.2.5 逻辑运算符与逻辑表达式

1. 逻辑运算符

逻辑运算符用来对运算对象进行逻辑操作，逻辑运算符有三种：**&&**（逻辑与）、||（逻辑或）和**!**（逻辑非）。C 语言提供的逻辑运算符及其功能如表 2-5 所示。

2. 逻辑表达式

逻辑表达式的一般形式为：

表达式 逻辑运算符 表达式

逻辑表达式运算结果也有两种“真”或“假”。在 C 语言中用 1 表示“真”，用 0 表示“假”。如表 2-6 所示为逻辑运算的真假值表。

表 2-6 逻辑运算的真假值表

a	b	!a	!b	a&&b	a||b
真	真	假	假	真	真
真	假	假	真	假	真
假	真	真	假	假	真
假	假	真	真	假	假

3. 几点说明

（1）三个逻辑运算符的优先次序为!（逻辑非）大于&&（逻辑与）大于||（逻辑或），即逻辑非“!”最高，逻辑与“&&”次之，逻辑或“||”最低。

（2）逻辑非“!”的优先级高于算术运算符，逻辑与“&&”和逻辑或“||”的优先级低于算术运算符和关系运算符，高于赋值运算符。因此在 c>='a'&&c<='z' 中，要先进行 c>='a' 和 c<='z' 的关系运算，再进行逻辑与运算。

（3）逻辑运算符中逻辑非“！”的结合方向是由右向左，逻辑“&&”和逻辑或“||”的结合方向是由左向右。

4. 逻辑表达式的短路现象

在 C 语言逻辑表达式中，有时会出现计算完&&或||左侧的表达式，就不用再计算右侧的表达式的情况，这种情况被称为逻辑表达式的短路现象。这主要是由&&或||的运算特点造成的。

若&&运算符左边的表达式为假（或 0），则其右侧表达式将不再计算，整个表达式必然为假；

同理，若||运算符左边的表达式为真（或非 0 值），则其右侧表达式将不再计算，整个表达式必然为真。例如：9<3 && ++a，因为表达式 9<3 的值为 0，因此&&右侧的表达式将不再计算，a 值不进行自加，整个表达式的值为 0。又如，9>3 || ++a，因为表达式 9>3 的值为 1，因此||右侧的表达式将不再计算，a 值不进行自加，整个表达式的值为 1。

【练习 2-11】假设 a、b、c 均为整数，用 C 语言描述下列命题。

（1）a 小于 b 或小于 c。　　（2）a 或 b 都大于 c。

（3）a 和 b 中至少有一个小于 c。　　（4）a 是非正数。

（5）a 是奇数。　　（6）a 不能被 b 整除。

解：（1）a<b||a<c　　（2）a>c||b>c

（3）(a<c&&b<c)||(a<c&&b>c)||(a>c&&b<c)　　（4）a<=0

（5）a%2!=0 或 a%2==1　　（6）a%b!=0

【练习 2-12】假设有“int a=7，b=5，c=2;”，则表达式 a>b||c++执行后，c 的值为（　　）。

解：已知 a=7，b=5，则 a>b 成立，此时“或”运算“||”左侧表达式为真，“或”运算出现短路，则其右侧的表达式不进行计算（即不自增）。所以该表达式执行后，变量 c 还是原来的值，c 的值为 2。

2.2.6 位运算符

C++中保留了低级语言中的二进制位运算符，以提高计算的灵活性与效率。位运算分为**移位运算**与**按位逻辑运算**。移位运算包括**按位左移**（<<）和**按位右移**（>>），按位逻辑运算包括**按位求反**（~）、**按位与**（&）、**按位或**（|）和**按位异或**（^）。位运算符的优先级别和结合方式如表 2-5 所示。

位运算符是对其操作数按二进制数形式逐步地进行逻辑运算或移位运算的，运算对象为 char、short、int 等类型数据，但不能是浮点型数据。

【案例 2-5】阅读下面程序，分析并写出程序运行结果。

编写程序代码

```
/* 案例 2-5　位运算程序 */
#include "stdio.h"
void main()
{
    unsigned char  a=137,b=42;  /*定义两个无符号字符型变量 a、b，二进制值为 10001001 和 00101010*/
    unsigned char  c1,c2,c3,c4,c5,c6;              /*各变量用于存放计算表达式的结果*/
    c1=(a&b);                                      /*将 a、b 做按位与运算结果赋给变量 c1*/
    c2=(a|b);                                      /*将 a、b 做按位或运算结果赋给变量 c2*/
    c3=(a^b);                                      /*将 a、b 做按位异或运算结果赋给变量 c3*/
    c4=(~a);                                       /*将 a 做按位取反运算结果赋给变量 c4*/
    c5=(a<<2);                                     /*将 a 做按位左移 2 位运算结果赋给变量 c5*/
    c6=(a>>2);                                     /*将 a 做按位右移 2 位运算结果赋给变量 c6*/
    printf("a&b =%u\n",c1);                        /*下面各语句输出各位运算的结果*/
    printf("a|b =%u\n",c2);
    printf("a^b =%u\n",c3);
    printf("~a =%u\n",c4);
    printf("a<<2=%u\n",c5);
    printf("a>>2=%u\n",c6);
}
```

程序运行结果

程序分析

本程序有两个初始变量：

```
unsigned  char  a=137 , b=42;
```

对 a 与 b 进行了赋初值，分别为 137 与 42，它们的二进制数表示分别为 10001001 和 00101010。

（1）运算符“&”将两个操作数对应位逐一地进行逻辑与运算。例如：a&b，结果为 8（二进制结果为 00001000）。

（2）运算符“|”将两个操作数对应位逐一地进行逻辑或运算。例如：a|b，结果为 171（二进制结果为 10101011）。

（3）运算符“^”将两个操作数对应位逐一地进行逻辑异或运算。逻辑异或运算的规则是“同则 0，异则 1”，即两个数只要不同，其逻辑异或的结果就为 1，相同就为 0。例如：a^b，结果为 163（二进制结果为 10100011）。

（4）运算符“~”将原来二进制为 1 的位变为 0，原来为 0 的位变为 1。例如：~a，结果为 118（二进制结果为 01110110）。

（5）运算符“<<”将左操作数向左移动其右操作数所指定的位数，移出的位以 0 补齐。例如，表达式 a<<1 的结果为 18（二进制结果为 00010010），而表达式 a<<2 的结果为 36（二进制结果为 00100100）。一般来说，将一个数左移 n 位，就相当于该数乘以 2^n（但数据较大时将前面的 1 位移去后反而会变小，如本例中的 a），同样，将一个数右移 n 位，就相当于该数除以 2^n。

（6）运算符“>>”将左操作数向右移动其右操作数所指定的位数，移出的位以 0 补齐。例如，a>>1，结果为 68（二进制结果为 01000100），a>>2，结果为 34（二进制结果为 00100010）。

【练习 2-13】在 C 语言中，要求操作数必须是整型或字符型的运算符是__________。

A）&&　　B）&　　C）!　　D）||

解：对于上面四种运算符来说，只有位运算符按位与（&）才要求必须为整型或字符型，其他三种可以是逻辑值也可以是整型，所以答案选 B。

【练习 2-14】表达式 a<b||~c&d 的运算顺序是__________。

A）~，&，<，||　　　　B）~，||，&，<

C）~，&，||，<　　　　D）~，<，&，||

解：根据表 2-5 中各运算符的优先级别，应该是按位取反（~）、小于（<）、按拉与（&）和逻辑或（||）。所以答案选 D。

【练习 2-15】设有以下语句：

```
char  x,3,y=6,z;
z=x^y<<2;
```

则 z 的二进制值是________。

A）00010100　　B）00011011　　C）00011100　　D）00011000

解：因为 x 的二进制值是 00000011，y 的二进制值是 00000110，所以 x^y 的结果为 00000101，将该数左移（<<）2 位，结果应为 00010100，答案为 A。

2.2.7 其他运算符

1. 条件运算符和条件表达式

条件运算符是由字符“?”和“:”组成的，要求有三个运算对象，是 C 语言中唯一的三目运算符。条件运算符的优先级高于赋值运算符和逗号运算符，而低于其他运算符，其结合方式为由右向左。

条件表达式是由条件运算符将运算对象连接起来的式子，其一般格式为：

```
表达式 1 ? 表达式 2 : 表达式 3
```

条件表达式的求解过程为：先求解表达式 1，若表达式 1 的值为 1（真），则求解表达式 2，并将其作为整个表达式的值；如果表达式 1 的值为 0（假），则求解表达式 3，并将其作为整个表达式的值。

例如，求两个数 a 和 b 中的最大值，用条件表达式表示为：a > b ? a : b。

【练习 2-16】若想求 a、b 和 c 三个数的最大值，应该如何用条件表达式表示？

解：首先判断 a 和 b 的较大值，若成立则跳到表达式 2 将 a 与 c 进行比较，若不成立则跳到表达式 3 将 b 与 c 进行比较。其条件表达式如下：

a > b ?　a > c ? a : c　:　b > c ? b : c

表达式 1　表达式 2　表达式 3

【练习 2-17】假设 x=3，y=z=4，求下列表达式的值。

（1）(z>=y&&z>=x)?1：0　　（2）z>=y&&y>=x

解：（1）1　　（2）1

2. 逗号运算符和逗号表达式

在 C 语言中，符号“,”除了做分隔符外，还可以作为运算符将若干个表达式连接在一起形成逗号表达式。

逗号表达式的一般格式为：

```
表达式 1, 表达式 2,…,表达式 n
```

逗号表达式的运算规则是：先求解表达式 1，再求解表达式 2，依次求解到表达式 n，最后一个表达式的值就是整个逗号表达式的值。逗号运算符的优先级最低，结合方式为由左向右。

例如，s=(a=1,b=2,c=3,c=a*(b+c))；是一个赋值语句，它是将“=”右边括号内的表达式的值赋给左边的变量 s，右边括号中的各表达式计算是按由左向右的顺序进行计算的。该语句可以改写成以下形式：

```
a=1;
b=2;
c=3;
c=a*(b+c);
s=c;
```

最后得到结果 5，s 值也为 5。

3．括号运算符和括号表达式

括号运算符“()”的优先级最高，用它将某些运算符和运算对象括起来以后，这些括起来的运算符和运算对象要优先运算。

例如，s=(a=1,b=2,c=3,c=a*(b+c));，尽管运算符“*”的优先级比运算符“+”的优先级高，但由于（b+c）使用了括号运算符，故应优先运行 b+c。在这个语句中，使用了两个“()”运算符，应先计算最里面的括号，再计算外面的。如果两个“()”并列排列，则应遵循由左向右的优先原则。

4．求字节运算符 sizeof

sizeof 的定义格式如下：

> sizeof（数据类型名）　**或**　sizeof（变量名）

求字节运算符“sizeof”用来测定某一种类型数据所占存储空间长度，结果是该类型在内存中所占的字节数。括号内可以是该数据类型名或是该类型的变量名。例如：

```
int    x;
x=sizeof(int);          /*求整型变量的内存所占字节数，TC 环境下语句执行的结果是 x 的值为 2 */
```

也可以写为：

```
x=sizeof(x);            /*函数的返回值也是 2 */
```

【案例 2-6】编写一个程序，用 sizeof 运算符求字符型、短整型、基本整型、长整型、单精型浮点型、双精度浮点的内存字节数。

编写程序代码

```
/* 案例 2-6 求各种类型的内存字符数 */
#include "stdio.h"
void main()
{
    int    a,b,c,d,e,f,l;
    a=sizeof(char);                 /*求字符型内存字节数*/
    b=sizeof(short);                /*求短整型内存字节数*/
    c=sizeof(int);                  /*求基本整型内存字节数*/
    d=sizeof(long);                 /*求长整型内存字节数*/
    e=sizeof(float);                /*求单精度型内存字节数*/
    f=sizeof(double);               /*求双精度型内存字节数*/
    l=sizeof(long double);          /*求长双精度型内存字节数*/
    printf("sizeof(char)=%d\n",a);
    printf("sizeof(short)=%d\n",b);
    printf("sizeof(int)=%d\n",c);
    printf("sizeof(long)=%d\n",d);
    printf("sizeof(float)=%d\n",e);
    printf("sizeof(double)=%d\n",f);
    printf("sizeof(long double)=%d\n",l);
}
```

程序运行结果

因为 TC 环境下 int 型为 2 字节，而在 VC 环境下 int 型为 4 字节；TC 环境下 long double 型为 10 字节，而在 VC 环境下 long double 型为 8 字节，其他类型长度相同，所以本程序在不同环境中运行结果不同。

在 TC 环境下的运行结果：

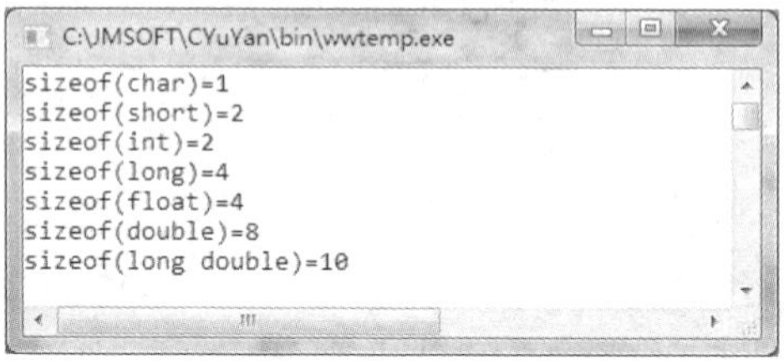

在 VC 环境下的运行结果：

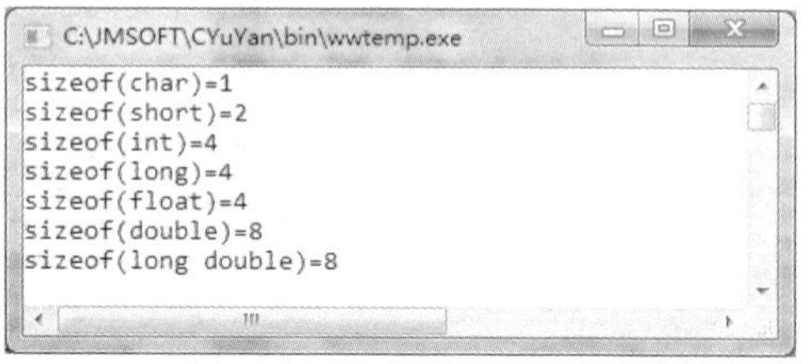

2.3 数据类型转换及数据的溢出误差

视频讲解

2.3.1 类型转换概述

C 语言有丰富的数据类型，不同的数据类型的存储长度和存储方式不同，一般不能直接混合运算。例如：

22+1.34

22 是整型，1.34 是实型，二者的存储方式不同，需要统一转换为一种类型（double）才能相加。

C 语言允许不同类型相互转换，在 C 语言中，数据类型的转换方式有三种：自动类型转换、赋值类型转换和强制类型转换。

1. 不同数据类型的差异

数据类型的差异体现在存储数据的范围和精度上，存储数据的范围越大、精度越高，该类型越“高级”。例如，双精度型比单精度型高级，实型比整型高级，整数中的长型比短型高级，无符号比有符号高级。

2. 数据类型转换产生的效果

（1）数据类型级别的提升与降低。例如，将短数据转换成长数据，将整数转换成实数将有符号数据转换成无符号数据，均可提升数据类型级别。

（2）符号位扩展与零扩展。为保持数值不变，整型短数据转换成整型长数据时将产生符号位扩展与零扩展。例如：

int　x='a';

字符'a'的二进制形式和 int x 的二进制形式如图 2-5 所示。

0	1	1	0	0	0	0	1	'a'

0	0	0	0	0	0	0	0	0	1	1	0	0	0	0	1	x

图 2-5　字符'a'的二进制形式和 int x 的二进制形式

（3）截去高位产生数值的变化。通过上面学习可以得到，如果把长类型的数据赋值给短类型的变量，必然将产生丢失高位字节的效果。

（4）丢失精度。实数转换成整数时，由于截去小数将丢失精度。双精度型转换成单精度型时，有效数字减少（四舍五入），精度丢失。长整型转换成单精度型时，由原来可达 10 位整数变成只有 7 位有效数字，精度丢失，但由于数的范围扩大了，数据类型从较低级提升到高级。

2.3.2 自动类型转换

自动类型转换是指在 C 语言中，不同的数据可以出现在同一个表达式中。在进行运算时，C 语言自动进行必要的数据类型转换，以完成表达式的求值。当与一个运算符相关联的两个运算对象的类型不同时，其中的一个运算对象的类型将转换成与另一个运算对象的类型相同，转换的优先顺序如图 2-6 所示。

自动类型转换的原则是“精度不降低”，低级数据自动转换成高级数据，就能够保证这一点。

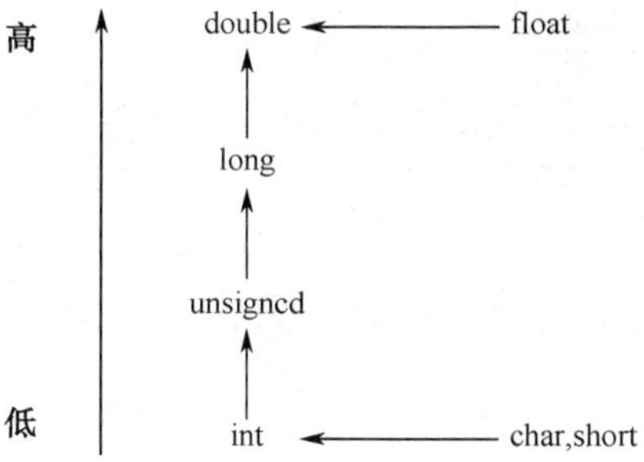

图 2-6　自动类型转换的规则

2.3.3 赋值类型转换

赋值运算时，如果赋值运算符两侧的类型（指基本类型）不一致，系统自动将表达式转换成变量的类型存到变量的存储单元中，转换的情况有以下几种。

（1）整型赋给实型变量时，数值上不发生任何变化。例如，float x; x=24;。

（2）实型数据赋给整型变量时，小数部分将舍弃。例如，int x; x=25.48;。

（3）短的有符号整型赋给长整型变量时，需要进行符号位扩展。

（4）短的无符号整型赋给长整型变量时，需要进行 0 扩展。

（5）长整型数据赋给短整型变量时，有可能溢出。例如，char x=324; 溢出 x 值为'd'。

（6）同长度有符号整型数据赋给无符号整型数据时，数据将失去符号位功能。

（7）同长度有符号整型数据赋给有符号整型数据时，数据将得到符号位功能。

2.3.4 强制类型转换

C 语言还允许用户根据自己的需要将运算对象的数据类型转换成所需要的数据类型，这就是强制类型转换。强制类型转换的运算格式如下：

（类型）表达式　　或　　类型（表达式）

强制类型转换用于不能自动转换的情况。例如：

```
(int)3.14            /*将 3.14 转换成整型，其值为 3*/
(int)(3.14+4.78)     /*将表达式 3.14+4.78 的和 7.92 转换成 int 型，值为 7*/
(int)3.14+4.78       /*将 3.14 转换成 int 型的值 3，再加上 4.78，值为 7.78*/
```

强制类型转换的优先级与所有单目运算符相同，高于基本算术运算符。

2.3.5 数据的溢出和误差

1. 数据的溢出

因为 C 语言定义的各种数据类型长度有限，所以有时为不同数据类型赋值或运算时，可能会发生数据溢出现象，即所得数据值超出所能存放的最大值，结果为非正确的数据。

例如：

```
char  x=127;  x=x+1;
```

其二进制变化情况如图 2-7 和图 2-8 所示。

0	1	1	1	1	1	1	1

图 2-7　127 的二进制存储示意图

1	0	0	0	0	0	0	0

图 2-8　127 加 1 后的二进制存储示意图

127 加 1 后并没有等于 128，因为 char 型的数据最大值是 127，加 1 后溢出，变成负数-128 的补码了。同理，直接将 128 赋给字符型变量 x，结果一样，x 无法存储 128，存储的还是-128 的补码。

【案例 2-7】演示各种类型数据的溢出。

编写程序代码

```
/* 案例 2-7 数据的溢出 */
#include "stdio.h"
void main()
{
    char c=127;                          /*字符型最大值*/
    long d=2147483647;                   /*长整型最大值*/
    short x=20000,y=15000,z;

    printf("c=%d,d=%ld\n",c,d);          /*输出原始数据值*/
    c=c+1;                               /*字符型最大值加 1 后会溢出*/
    d=d+1;                               /*长整型最大值加 1 后会溢出*/
    printf("c+1=%d,d+1=%ld\n",c,d);      /*观察现在的 c 和 d 值，都变成该类型最小值*/

    z=x+y;                               /*短整型最大值为 32767，x+y 结果超过最大值，溢出变量负数*/
    printf("z=%d",z);
}
```

程序运行结果

通过上面案例可以看出，**不同数据类型的数据存储值都有下限和上限，所以在定义数据类型时要注意运算的数值的大小，来决定数据类型的定义。**

2. 实数的误差

整数存储除了溢出以外是没有误差的。然而实型数据由于是用有限的存储单元存储较大范围的实数，有效数字是有尾数限制的，在实际计算和引用中会有很多问题。

例如，如果将一个非常大的数加上一个非常小的数，小数就会被忽略。或是在计算时，小数的有效位加上一个数是有效的，而无效位上加上一个数还是无效的。

【案例 2-8】演示实数的误差。

编写程序代码

```
/* 案例 2-8 实数的误差 */
#include "stdio.h"
```

```
void main()
{
    float a,b;
    a=98765432100000.0;             /*大数在存储过程中会有无效的数字*/
    b=a+0.0056;
    printf("a=%f, b=%f\n",a,b);     /*大数加小数后小数被忽略*/

    a=2.786543;
    b=a+0.0001;
    printf("a=%f, b=%f\n",a,b);     /*小数有效位上加 1，结果有效*/

    a=2.786543;
    b=a+0.0000001;
    printf("a=%f, b=%f\n",a,b);     /*小数无效位上加 1，结果无效*/
}
```

程序运行结果

通过该程序可以看出，在计算机中进行计算时，因为实数数据精度不够，过大或过小的数进行运算时会丢失位数过小位置上的值，若想避免这种情况，应将变量 a 设为高精度的 double 类型。

2.4 数据的输入/输出

视频讲解

为了实现人机交互，程序设计需要通过输入/输出语句等来实现数据的输入和输出。数据输入是指从输入设备（如键盘、鼠标、扫描仪、光盘等）向计算机中输入数据。数据输出是指从计算机向外面设备（如显示器、打印器、磁盘等）输出数据。

高级程序设计语言的数据输入/输出都是通过输入/输出语句来实现的。C 语言不提供输入/输出语句，其数据的输入和输出是通过函数来实现的，这使得 C 语言的编译系统简单，可移植性好。

C 语言提供的函数以库的形式存放在系统中，它们不是 C 语言文本中的组成部分。在使用函数库时，要用到预编译命令#include 将有关的“头文件”包含到用户源文件中。例如：

```
#include  "stdio.h"            /* 标准输入、输出头文件包含命令 */
```

预编译命令一般放在程序的开头，使用不同类型的函数需要包含不同的“头文件”。在 C 语言中经常使用的输入/输出函数主要有格式化输出函数（printf）、格式化输入函数（scanf）、字符输出函数（putchar）和字符输入函数（getchar）。在 TC 环境中，可以省略标准输入/输出头文件的包含命令，但在 VC 环境中必须将该命令加上。还有在 C 程序中常用到数据函数，则需要在程序开头加上 math.h 的头文件包含命令。

2.4.1 格式化输出函数 printf

printf 是 C 语言最常用的函数，其功能为向系统指定的输出设备输出若干个任意类型的数据。

printf 后面的 f 是指“format”，表示格式的意思。

1．printf 函数调用形式

printf 是系统标准库函数，其调用形式一般为：

```
printf( "格式控制字符串"，输出列表 );
```

printf 括号内有两项，前一项是输出数据的格式（即要输出什么类型的数据），后一项是输出数据名称（即要输出哪个变量）。printf 中的输出列表是和前面的格式控制字符串按顺序一一对应的。列表中可以是常量、变量、表达式、数组和函数调用，其值应和格式说明相对应。

格式控制字符串内部有两个信息。

（1）格式说明。它的作用是将要输出的数据转化为指定的格式输出。通常默认形式是“%”加上一个字符，如%d 表示十进制整数格式控制符，%f 表示小数格式控制符等。

（2）普通字符。除了格式说明符外，所有字符均按原样输出。例如：

```
int  x=3;
printf("x=%d",x);
```

输出结果为：x=3。其中，“x=”为普通字符，原样输出，%d 表示十进制整数格式控制符，后面的 x 为要输出的变量名，所以在%d 的位置替换为变量 x 的值 3。

2．printf 函数格式说明

如果要输出复杂的格式，可以设置格式控制符，就可以按用户的格式要求来输出相关数据。**一般是“%”加上若干个英文字母，用以说明数据输出的类型、长度、位数等**。格式控制符的一般形式为：

```
%[标志][输出最小宽度][.精度][长度]类型
```

其中，有方括号[ ]的项为可选项。各项的意义如下。

（1）**标志**：可以是−、+、0。因为 printf 的默认格式是右对齐，左边输出空格。如果想按左对齐方式输出，则标志写“-”。如果想让空白位输出 0，则标志写“0”。如果想让正数前面输出“+”号，则标志写“+”。

（2）**输出最小宽度**：十进制整数，表示按此数值作为数据宽度输出。例如：

```
printf("%+5d",21);        /*输出结果为□□+21，其中 5 为输出宽度，□为空格*/
printf("%-5d",21);        /*输出结果为 21□□□，其中 5 为输出宽度，□为空格*/
printf("%05d",21);        /*输出结果为 00021，其中 5 为输出宽度，前面的 0 为表示占位用数字 0*/
```

（3）**精度**：精度格式符以“.”开头，后跟十进制整数。本项的意义是：如果输出数字，则表示小数的位数；如果输出的是字符，则表示输出字符的个数；若实际位数大于所定义的精度数，则截去超过的部分。如果输出的是字符串，则表示输出字符的个数。例如：

```
printf("%7.2f",123.456789);    /*输出结果为□123.46，其中 7 为输出总宽度，2 为小数点后位数*/
printf("%7.5s","BoyAndGirl1");
/*输出结果为□□BoyAn，其中 7 为输出总宽度，5 为输出字符个数，□为空格*/
```

（4）**长度**：可以是 h、l。h 表示是按短整型输出，l 表示按长整型输出。例如：

```
long  x=356;
printf("%5ld",x);        /*输出结果为□□356，其中 5 为输出宽度，长整型需要加 l*/
```

（5）**类型**：是格式说明符中必须有的项。它表示输出列表里要输出的数据类型。常用的数据类型格式控制字符如表 2-7 所示（**所有格式字符必须小写**）。

表 2-7　printf 函数的常用类型格式控制字符表

格式字符	意　义
d	按十进制形式输出带符号的整数（正数前无+号）
o	按八进制形式无符号输出（无前导 o）
x	按十六进制形式无符号输出（无前导 ox）
u	按十进制无符号形式输出
c	按字符形式输出一个字符
f	按十进制形式输出单、双精度浮点数（默认 6 位小数）
e	按指数形式输出单、双精度浮点数
s	输出以\o 结尾的字符串

3. printf 函数输出列表

printf 函数中的“输出列表”部分由表达式组成，这些表达式应与“格式控制字符串”中的格式说明符的类型一一对应，若“输出列表”中有多个表达式，则每个表达式之间应由逗号隔开，各输出项可以是任意合法的表达式（包括常量、变量和函数调用）。因此 printf 函数也具有计算的功能。

```
printf ("%d\n", 100) ;                          /*输出显示：100*/
printf ("%d\n", 12340000+5678) ;                /*输出显示：12345678*/
printf("%f\n",(x=123.0)+(y=0.4567)) ;           /*输出显示：123.456700*/
printf("%6.2f\n", 123.4567) ;                   /*输出显示：123.46*/
printf("%.3f\n",123.4567) ;                     /*输出显示：123.457*/
```

printf 函数中的“格式控制字符串”中的每一个格式说明符，都必须与“输出列表”中的某一个变量相对应。如，整型变量应与“%d”对应，“%f”与单精度浮点型变量对应。

若要显示“%”字符，则应在“格式控制字符串”中连写两个“%”，例如：

```
printf("x=%d%%",100/4);
```

屏幕上将显示：x=25%。

提示：定义浮点型变量时要注意小数的精度问题

浮点型变量在赋值的过程中，float 型的变量 x 只能接收 7 位有效数字，而 double 型的变量 y 能接收 15～16 位有效数字。如果赋值的小数后的位数过多或过少，都会造成数据的精度丢失或不足。

【案例 2-9】演示各种数据的输出格式。

编写程序代码

```
 /* 案例 2-9　演示各种数据的输出格式 */
#include "stdio.h"
void main()
{
   char ch='a';                                   /*定义各变量并赋值*/
   int   a=98;
   unsigned   b=1000;
   long   c=123456789;
   float   x=3.14,f=123.456;
   double   y=1.2345678;

   printf("a=%d,a=%c,ch=%d,ch=%c\n",a,a,ch,ch);   /*以十进制和字符输出 a 和 ch*/
   printf("a=%d,a=%o,a=%x,\n",a,a,a);             /*变量 a 以十、八和十六进制整数输出*/
   printf("%d,%4d,%-4d,%04d\n",a,a,a,a);          /*变量 a 不同宽度、对齐输出*/
```

```
    printf("b=%u\n",b);                                   /*变量 b 以无符号整数输出*/
    printf("%ld,%12ld,%- 12ld,%012ld\n",c,c,c,c);         /*变量 c 不同宽度、对齐输出*/
    printf("x=%f,y=%f\n",x,y);                            /*变量 x、y 以普通小数输出*/
    printf("x=%e,y=%e\n",x,y);                            /*变量 x、y 以科学计数法输出*/
    printf("%s,%10s,%-10s,%10.4s,%-10.4s\n","string","string","string","string","string");
                                                          /*以不同宽度、对齐格式输出字符串*/
    printf("%10.2lf,%-10.2lf,%.2lf\n",y,y,y);             /*以不同宽度、对齐格式输出浮点数*/
}
```

程序运行结果

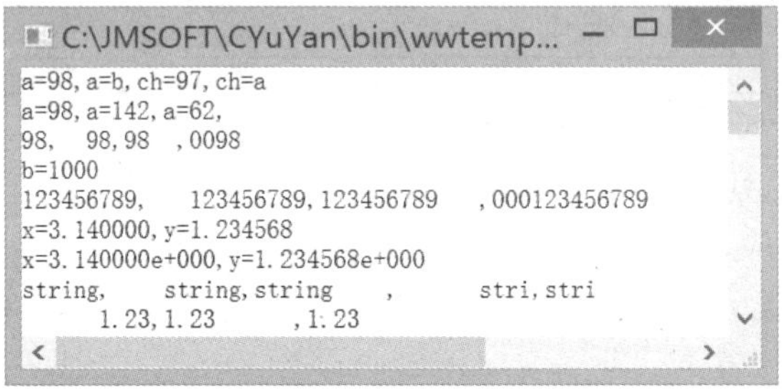

程序分析

变量 a 为整型，所以第 1 条 printf 语句前两项是输出变量 a 的整数值和其对应 ASCII 码字符；变量 ch 为字符型，第 1 条 printf 语句后两项输出变量 ch 的整数值和其对应 ASCII 码字符。

因为字符在计算机中是以 ASCII 码形式存储的，第 1 条 printf 语句以整数和字符两种形式输出。整数有十、八、十六进制三种进制，所以第 2 条 printf 语句将整型变量 a 按这三种进制输出。

变量 a 为整型变量，所以第 3 条 printf 语句按普通整型、4 位宽度默认右对齐整型、4 位宽度右对齐整型和 4 位宽度右对齐长整型，前面空位补 0 四种输出格式输出变量 a。

变量 b 为无符号整型变量，1000 为正整数，所以第 4 条 printf 语句直接原样输出 b。

变量 c 为长整型变量，123456789 的大小不超过长整型变量的最大值，所以第 5 条 printf 语句按普通长整型、12 位宽度默认右对齐长整型、12 位宽度右对齐长整型和 12 位宽度右对齐长整型，前面空位补 0 四种输出格式输出变量 c。

变量 x 为单精度浮点型变量，变量 y 为双精度浮点型变量，所以第 6 条 printf 语句在输出时默认是小数点后保留 6 位，以%f 格式输出 x 和 y 时保留小数点后 6 位，初始化值不足 6 位由系统自动补足 6 位。

第 7 条 printf 语句是将变量 x 和 y 以科学计数法形式输出，e（或 E）前的小数为整数位只有一位的纯小数，e 或 E 后为科学计数法的 10 的次幂数。

第 8 条 printf 语句是将字符串"string"按原样输出、按 10 位宽度右对齐输出、按 10 位宽度左对齐输出、按 10 位宽度 4 个字符右对齐输出和按 10 位宽度 4 个字符左对齐输出。

第 9 条 printf 语句是将双精度浮点型变量 y 以 10 位宽度小数点后 2 位有效数字默认右对齐输出、按 10 位宽度小数点后 2 位有效数字左对齐输出和按默认整数位宽度 2 位小数右对齐输出（即无空格位）。

2.4.2 格式化输入函数 scanf

scanf 函数的功能是从键盘上将数据按用户指定的格式输入给指定的变量。

1. scanf 函数调用形式

scanf 函数是系统标准库函数，其调用形式一般为：

```
scanf( "格式控制字符串" , 地址列表 );
```

其中，“格式控制字符串”的定义及使用方法与 printf 相同，但不能显示非格式字符。地址列表是要赋值的各变量地址。地址是由地址运算符“&”后跟变量名组成的，如&a 表示变量 a 的地址。若在地址列表中只写了变量名，忘记了加地址运算符，则输入的数据不能正确地存入变量中。

2. scanf 函数格式说明

如果要输入不同类型的数据，可以设置格式控制符，C 语言允许按用户的格式要求来输入相关数据。**一般是“%”加上若干个英文字母，用以说明数据输入的类型、长度、位数等。**格式控制符的一般形式为：

```
%[*][宽度][长度]类型
```

其中，有方括号[ ]的项为可选项，各项的意义如下。

（1）[*]：表示输入的数值不赋给相应的变量，即跳过该数据不读。例如：

```
scanf("%d%*d%d",&a,&b);
```

当输入为“1　2　3”时，将 1 赋给 a，2 被跳过，3 赋给 b。

（2）[宽度]：十进制整数，表示输入数据的最大宽度。例如：

```
scanf("%5d",&a);
```

当输入“12345678↙”对，只把 12345 赋给变量 a，其余部分被截去。

（3）[长度]：长度格式符为 l 和 h，l 表示输入长整型数据（如%ld）和双精度浮点数（如%lf），h 表示输入短整型数据。

（4）类型：是格式说明符中必须有的项。它表示地址列表里要输入的数据类型。

3. scanf 函数地址列表

在 C 语言中，使用了地址这个概念，应该把变量的值和变量的地址这两个不同的概念区别开来，变量的地址是 C 编译系统分配的，用户不必关心具体的地址是多少。

例如：

```
int a=567;
scanf("%d", &a);
```

则 a 为变量名，567 是变量的值，&a 表示变量 a 的地址。但在赋值号左边是变量名，不能写地址。而 scanf 函数在本质上也是给变量赋值，但要求写变量的地址，如&a。这两者在形式上是不同的。&是一个取地址运算符，&a 是一个表达式，其功能是求变量的地址。

4. 使用 scanf 函数注意事项

（1）在用 scanf 函数输入数据时，不能规定精度。

（2）scanf 函数中要求给出变量地址，若给出变量名则会出错。

（3）在输入多个数值数据时，若格式控制串中没有非格式字符做输入数据之间的间隔，则可用空格、Tab 或 Enter。C 编译在碰到空格、Tab、Enter 或非法数据（如对“%d”输入“12A”时，A 即为非法数据）时即认为该数据结束。

（4）在输入字符数据时，若格式控制串中无非格式字符，则认为所有输入的字符（字符类型的空格也为有效字符常量）均为有效字符。

（5）如果格式控制串中有非格式字符，则输入时也要输入该非格式字符。例如，scanf("%d,%d,%d",&a,&b,&c)；其中用非格式符“,”做间隔符，故输入时应为“5,6,7↙”。

（6）注意用 scanf 函数（使用“%s”格式）读入字符串时，如果输入的字符串有空格或 Tab 键时，只将空格之前的所有字符读入，之后的字符串并不读入，所以用这种格式不能读入带空格的字符串。如果想读入带空格的字符串，可使用 gets 函数（在第 4 章的字符数组有讲解）。

【案例 2-10】演示各种数据的输入格式。

编写程序代码

```
/* 案例 2-10 演示各种数据的输入格式*/
#include "stdio.h"
void main()
{
    char c;
    int x,y;
    float a,b;
    double d,e;

    printf("请输入两个整数（以空格分隔两数）：");
    scanf("%d%d",&x,&y);
    printf("x 值为：%d，y 值为%d。\n",x,y);

    printf("\n 请输入两个整数（以逗号分隔两数）：");
    scanf("%d,%d",&x,&y);
    printf("x 值为：%d，y 值为%d。\n",x,y);

    printf("\n 请输入一个整数（总长度为 7 位）：");          /*采用长度限制输入整数*/
    scanf("%3d%4d",&x,&y);
    printf("三位整数 x 的值为：%d，四位整数 y 的值为%d。\n",x,y);

    printf("\n 请输入一个整数（总长度为 9 位）：");
    scanf("%3d%*3d%3d",&x,&y);
    printf("虚读第二个数后，三位 x 值为：%d，三位 y 值为%d。\n",x,y);

    printf("\n 请输入一个整数、一个字符和一个整数（以逗号分隔三个值）：");
    scanf("%d,%c,%d",&x,&c,&y);
    printf("x 值为：%d，c 值为：%c，y 值为%d。\n",x,c,y);

    printf("\n 请输入一个整数、一个字符和一个整数（连续输入三个值）：");
    scanf("%d%c%d",&x,&c,&y);
    printf("x 值为：%d，c 值为：%c，y 值为%d。\n",x,c,y);

    printf("\n 请输入两个小数（小数总位数超 7 位）：");
    scanf("%f%f",&a,&b);
```

```
    printf("单精度小数 a 值为：%f，单精度小数 b 值为%f。\n",a,b);

    printf("\n 请输入两个小数（小数总位数超 7 位）：");
    scanf("%lf%lf",&d,&e);
    printf("双精度小数 a 值为：%lf，双精度小数 b 值为%lf。\n",d,e);

    printf("\n 请输入两个小数（小数总位数超 7 位）：");
    scanf("%lf%lf",&d,&e);
    printf("双精度小数 a 值为：%.9lf，双精度小数 b 值为%.9lf。\n",d,e);

    printf("\n 请输入一个小数、一个字符和一个小数（连续输入三个值）：");
    scanf("%lf%c%lf",&d,&c,&e);
    printf("\n 双精度小数 a 值为：%.9lf，字符为%c，双精度小数 b 值为%.9lf。",d,c,e);
}
```

程序分析

第 1 段输入/输出程序是输入两个整数，整数格式控制符之间没有分隔符，所以输入时以空格分隔两整数即可。

第 2 段输入/输出程序也是输入两个整数，整数格式控制符之间有分隔符“,”，所以输入时以“,”分隔两整数，也可将两整数存入变量。

第 3 段输入/输出程序采用限制长度输入两个整数，整数格式控制符前有数字位数限制，所以输入时直接输入一个长整数，系统自动分隔前 3 位给变量 x，后 4 位为变量 y。

第 4 段输入/输出程序采用限制长度和虚输入两个整数，整数格式控制符前有数字位数限制，第 2 个%*3d 表示读入第 4～6 位整数，但不存给变量，第 3 个%3d 再存给变量 y，所以输入时直接输入一个 9 位长整数，系统自动分隔前 3 位给变量 x，中间 3 位丢弃，后 3 位给变量 y。

第 5 段输入/输出程序用逗号分隔两个整数和一个字符，输入时每个值之间有逗号分隔，可正常存储这 3 个变量。

第 6 段输入/输出程序没有分隔符在格式控制符中，也输入两个整数和一个字符，输入时每个值之间有逗号分隔，系统可根据不同类型变量自动分隔，也可正常存储这 3 个变量。

第 7 段输入/输出程序连续输入两个小数，格式控制符为%f，此时只能输入精度为 7（全部有效数字）的小数，多余的位数会被四舍五入。

第 8 段输入/输出程序连续输入两个小数，格式控制符为%lf，此时能接受输入全部精度的小数，但输出时格式控制符为%lf，所以也只能输出小数位数后面 6 位的小数。

第 9 段输入/输出程序连续输入两个小数，格式控制符为%lf，此时能接受输入全部精度的小数，输出时格式控制符为%.9lf，所以可以输出小数位数后面 9 位的小数。

第 10 段输入/输出程序没有分隔符在格式控制符中，输入两个双精度浮点型数和一个字符，输入时每个值之间没有分隔符，系统可根据不同类型变量自动分隔，也可正常存储这 3 个变量。

注意：该程序运行时每行输入数据时要按要求输入，若随便多输入数据，则会影响到下行数据读入的正确性。

程序运行结果

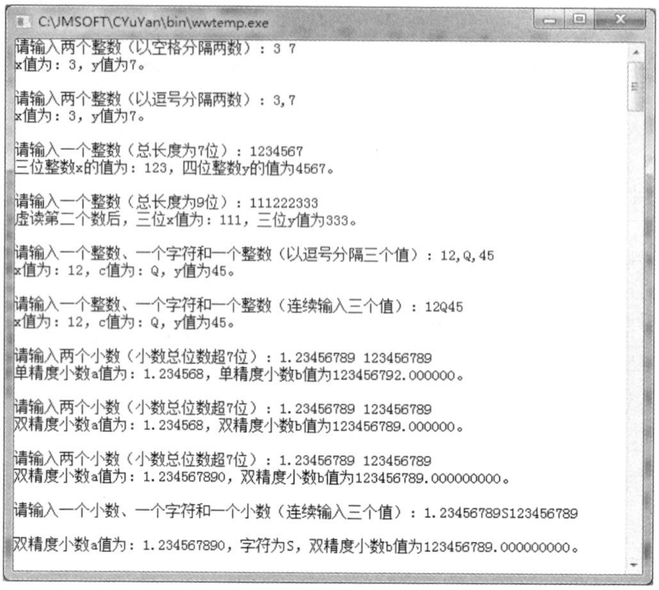

【练习 2-18】有程序如下：

```
main()
{  int   a;
   char c;
   printf("input   data:");
   scanf("%3d%*1d%3c",&a,&c);
   printf("%d,%c",a,c);
}
```

运行程序，输入：

12345,abc↙（↙表示回车符）

程序输出结果是什么？

解：因为在格式控制字符中，第一个“%3d”说明读入一个 3 位的整数，则将 123 读入并赋给变量 a；第二个“%*1d”说明读入一个 1 位的整数，将 4 读入，但*表示读入该数据却不存入任何变量，所以这个整数 4 没赋给任何变量；第三个“%3c”说明要读入字符（按 3 位读取），但因为字符只占 1 位，所以所给格式错误，只按字符默认格式读入 1 位，将字符 5 读入，并存入变量 c，所以程序运行结果是：123,5。

2.4.3　字符的输入与输出

字符数据可以通过字符输入函数 getchar 和字符输出函数 putchar 来实现输入和输出。在使用这两个函数时，在程序头部应加头文件：

```
#include   <stdio.h>
```

1. 字符输入函数 getchar

字符输入函数 getchar 的功能是从标准设备（键盘）上读入一个字符，其调用形式一般为：

```
getchar();
```

调用函数时，当程序执行到 getchar 函数调用语句时，将等待输入，只有当用户输入字符，并按回车键后，才接收输入的第 1 个字符，并在屏幕上回显该字符，同时送到内存的缓冲区，准备赋给指定的变量，并且对空格符、制表符（Tab 键）和回车换行符（Enter 键）都当做有效字符读入。getch 函数是立即接收用户来自键盘上的输入，不把字符回显到屏幕上。例如：

```
char   c;
  ⋮
c=getchar();
```

其中，c 是字符型或整型变量。

2. 字符输出函数 putchar

字符输出函数 putchar 的功能是向标准设备（显示器）上输出一个字符，其调用形式一般为：

```
putchar(ch);
```

参数 ch 可以是字符常量、字符变量或整型表达式，其功能等价于 printf("%c",ch);。

putchar 函数也可以输出一些特殊字符（控制字符），例如，语句 putchar('\n');作用是输出一个“回车换行”字符。

putchar()函数的参数也可以是一个函数。例如，语句 putchar(getchar());就是用 getchar 函数从键盘中读入一个字符，然后直接使用该字符作为 putchar()函数的参数，输出到屏幕上。

【案例 2-11】从键盘上输入一个字符，将该字符存到计算机内并显示在屏幕上，并输出一个换行符。然后输入一个字符并直接输出（不存入任何变量），再输出一个回车换行符。

程序分析

从键盘输入一个字符并显示到屏幕，需要用到单个字符的输入函数和输出函数。注意这两个函数的使用格式和参数形式。

编写程序代码

```
/* 案例 2-11  字符的输入、输出函数 */
#include "stdio.h"
void main()
{
   char   ch;
   printf("请输入两个字符：  ");
   ch=getchar();               /*从键盘输入一个字符并赋给变量 ch */
   putchar(ch);
   putchar('\n');
   putchar(getchar());         /*从键盘输入一个字符并直接输出*/
   putchar('\n');
}
```

程序运行结果

从键盘上输入两个字符 a 和 b，程序运行结果如下：

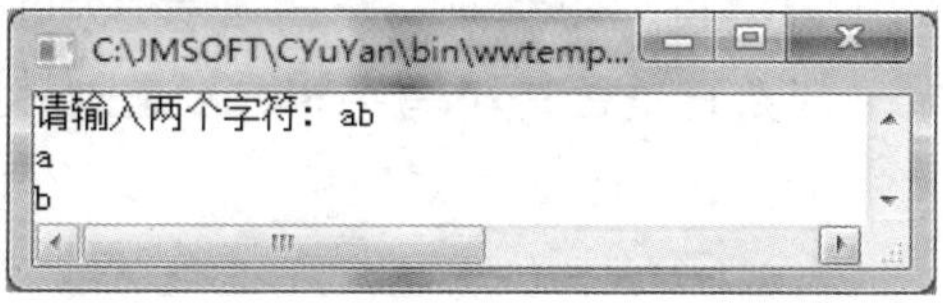

2.5 程序案例

2.5.1 典型案例——求直角三角形的周长和面积

通过此案例了解求数学问题的方法、代数表达式在 C 语言中的表现形式，掌握数学函数开平方 sqrt 的使用方法。

【案例 2-12】 已知一个直角三角形三条边为 *a*、*b* 和 *c*。从键盘输入两条直角边 *a* 和 *b*，求斜边 *c* 长度，最后输出三角形的周长和面积。

程序分析

因为三角形的两条直角边已知，利用公式$c=\sqrt{a^2+b^2}$，则可以求得斜边，然后根据三角形面积公式$s=a\times b$求出三角形面积。注意：要在程序开头增加数学函数头文件，其内部包含开根号函数 sqrt，求斜边 c 的表达式为 c=sqrt(a*a+b*b)，注意：在 C 语言中没有平方符号，所以 a 的平方要写成 a*a。

编写程序代码

```
/*案例 2-12  求三角形的周长和面积  */
#include "stdio.h"
#include "math.h"                /*增加数学函数头文件，其内部包含开根号函数 sqrt*/
void main()
{
     double a,b,c,area,length;
     printf("请输入直角三角形的两条直角边：");
     scanf("%f%f",&a,&b);
     c=sqrt(a*a+b*b);            /*利用公式求斜边*/
     area=a*b;                   /*利用公式求三角形面积*/
     length=a+b+c;               /*利用公式求三角形周长*/
     printf("三角形的周长为%.2f，面积为：%.2f。",length,area);/*保留小数点后两位输出周长和面积*/}

```

程序运行结果

2.5.2 典型案例——英文大小写字母的转换

通过此案例了解字符类型数据在计算机中存储是以整数（ASCII 码）形式存储的，所以将大写字母加上 32 转换成对应的小写字母，反之小写字母减去 32 可以转换成对应的大写字母。

【案例 2-13】输入一个字母，判断它是否是小写字母，若是则转换成大写字母，否则不转换，并输出所得的结果。

程序分析

在输入一个字符时，先判断它的取值区间。大写字母 A～Z 的 ASCII 码值是 65～90，小写字母 a～z 的 ASCII 码值是 97～122。大小写字母 ASCII 码的差值为 32，因此把小写字母转换成大写字母只需将其 ASCII 码值减去 32 即可，反之将大写字母转换成小写字母只需将其 ASCII 码值加上 32 即可。

编写程序代码

```
/* 案例 2-13  英文小写字母转换成大写字母  */
#include "stdio.h"
void main()
{
      char    c;                                    /*定义变量 c 为字符数据类型*/
      printf("请输入一个英文字母:");
      scanf("%c",&c);                               /*输入字符 c*/
      c=(c>='a'&&c<='z')?c-32:c;                    /*若 c 在'a'～'z'范围内，转换成大写字母*/
      printf("该大写字母为:%c\n",c);                /*输出转变后的结果 c*/
}
```

程序运行结果

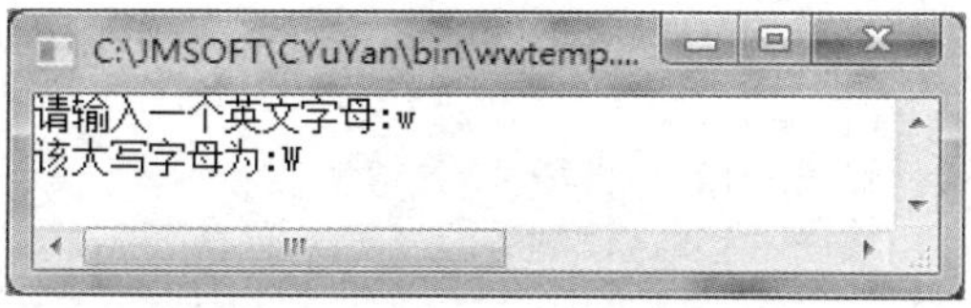

本章小结

本章主要讲述了 C 语言的标识符、变量及常量、基本数据类型及类型间的相互转换、常用的运算符及其优先级和结合方式、表达式、数据的输入/输出函数等。

所谓标识符，是指用来标识程序中用到的变量名、函数名、类型名、数组名、文件名，以及符号常量名等的有效字符序列。C 语言中的标识符包括三类：用户自定义标识符、关键字和预定义标识符。

为了便于运算，带符号位的机器数可采用原码、反码和补码等不同的编码方法，机器数的这些编码方法称为码制。

常量和变量是 C 语言中的两种重要的数据组织形式，常量又称常数，是指在程序运行过程中其值不能被改变的量。C 语言中的常量分为直接常量和符号常量。变量是指程序运行过程中其值可以被改变的量。

C 语言中的数据类型包括基本类型、构造类型和空类型，其中基本类型数据包括整型数据、实型数据和字符数据。

C 语言提供了丰富的运算符，不同的运算符具有不同的优先级和结合方式。

表达式是由运算符连接常量、变量、函数所组成的式子。每个表达式都有一个值，表达式求值按运算符的优先级和结合方式所规定的顺序进行。

数据的类型是可以转换的，转换的方法有两种：自动类型转换和强制类型转换。

因为 C 语言各数据类型的存储值有限制，所以各种数据类型在运算过程中可能会出现数据溢出和误差现象，根据数据取值大小来定义不同的数据类型是非常必要的。

本章还介绍了 C 程序的常用输入/输出函数，如格式输出函数 printf、格式输入函数 scanf、字符输入函数 getchar 和字符输出函数 putchar。这部分的重点是格式输出函数 printf 和格式输入函数 scanf 的定义及格式控制符的使用。

学生自我完善练习

【上机 2-1】练习自增、自减运算符的使用方法，注意下面程序的运行结果。

编写程序代码

```
/*  上机 2-1  练习自增、自减运算  */
#include <stdio.h>
main()
{
      int a=5,b,c,i=10;                      /*变量定义初始化*/
      b=a++;                                 /*a 赋给 b 后 a 自增 1*/
      c=++b;                                 /*b 自增 1，后赋给 c*/

      printf("a = %d, b = %d, c = %d\n",a,b,c);        /*输出 abc*/
      printf("i,i++,i++ = %d,%d,%d\n",i,i++,i++);   /*输出 i,i++,i++*/
      printf("%d\n",++i);      /*i 自增 1，输出 i，此时 i=12+1=13*/
      printf("%d\n",--i);      /*i 自减 1，输出 i，此时 i=13-1=12*/
      printf("%d\n",i++);      /*输出 i=12，i 自增 1，i=13*/
      printf("%d\n",i--);      /*输出 i=13，i 自减 1，i=12*/
      printf("%d\n",-i++);     /*-(i++)，即 i 取出，加负号，输出-12，i 取出前已自增 1，i=13*/
      printf("%d\n",-i--);     /*i 取出，加负号，输出-13，i 取出前已自减 1，i=12*/
      getchar();
}
```

程序运行结果

因为 TC 和 VC 环境下对自增和自减的处理不同，所以本程序在不同环境中运行结果不同。程序中注释是按 TC 的运行规范来说明的。

在 TC 环境下的运行结果：

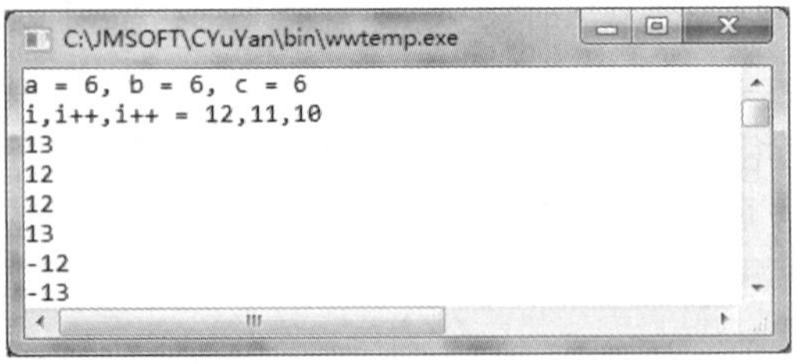

在 VC 环境下的运行结果：

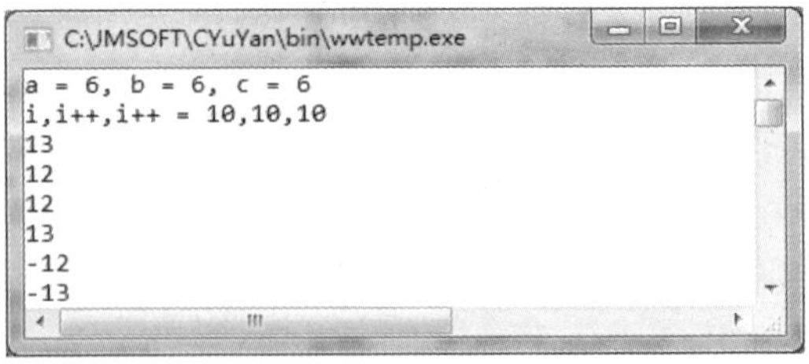

【上机 2-2】分析下列程序的输出结果，注意其中的数据类型转换。

编写程序代码

```
/*  上机 2-2  不同类型数据的输出和类型转换  */
#include <stdio.h>
void main()
```

```
{
        int i;
        long int l;
        float f;
        double d;
        i=l=f=d=100/3;
        printf("i=%-10dl=%-10ldf=%-15fd=%-15f\n",i,l,f,d);
        i=l=f=d=(double)100/3;
        printf("i=%-10dl=%-10ldf=%-15fd=%-15f\n",i,l,f,d);
        i=l=f=d=(double)100000/3;
        printf("i=%-10dl=%-10ldf=%-15fd=%-15f\n",i,l,f,d);
        d=f=l=i=(double)100000/3;
        printf("i=%-10dl=%-10ldf=%-15fd=%-15f\n",i,l,f,d);
}
```

解：将 double 型数据赋给 float 型变量时，将截取 7 位有效数字；将 float 型数据赋给长整型变量时，舍去小数部分，只将整数部分赋给长整型变量；将长整型数据赋给整型变量时，截取低 16 位赋给整型变量，且最高位将被看做符号位。

将有符号整型数据赋给长整型变量时，将按符号位扩展，保持数值大小不变；将整型数据赋给 float 型变量时，数值大小保持不变，但先转换为 float 型数据再赋给左边的变量；将 float 型数据赋给 double 型变量时，数值大小保持不变，但有效数字扩展为 16 位。

程序运行结果

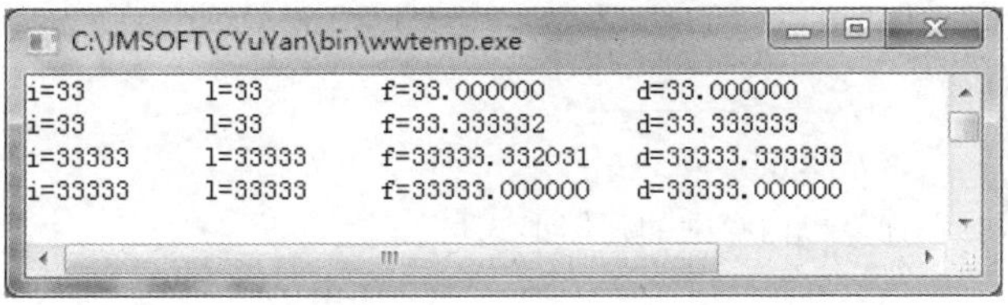

习题二

一、选择题

1．C 语言中，运算对象必须是整型数的运算符是________。

A）%　　B）/　　C）%和/　　D）*

2．C 语言中最简单的数据类型包括________。

A）整型、实型、逻辑型　　B）整型、实型、字符型

C）整型、字符型、逻辑型　　D）整型、实型、逻辑型、字符型

3．一个 C 语言的语句至少应包括一个________。

A）{}　　B）逗号　　C）分号　　D）什么都不要

4．设 x 和 y 均为 int 型变量，则语句 x+=y;y=x-y;x-=y;的功能是________。

A）把 x 和 y 按从大到小排列　　B）把 x 和 y 按从小到大排列

C）无确定结果　　D）交换 x 和 y 中的值

5．若 a 为 int 类型，且其值为 3，则执行完表达式 a+=a-=a*a 后，a 的值是________。

A）-3　　B）9　　C）-12　　D）6

6．若有以下程序段：

```
int c1=1,c2=2,c3;
c3=1.0/c2*c1;
```

则执行后，c3 中的值是________。

A）0　　B）0.5　　C）1　　D）2

7．设 a、b、c、d、m、n 均为 int 型变量，且 a=5、b=6、c=7、d=8、m=2、n=2，则逻辑表达式(m=a>b)&&(n=c>d)运算后，n 的值为________。

A）0　　B）1　　C）2　　D）3

8．设 x=3，y=-4，z=6，表达式!(x>y)+(y!=z)||(x+y)&&(y-z)的结果为________。

A）0　　B）1　　C）-1　　D）6

9．设有如下的变量定义：

```
int    i=8,k,a,b;
unsigned    long    w=5;
double    x=1.42,y=5.2;
```

则以下符合 C 语言语法的表达式是________。

A）a+=a-=(b=4)*(a=3)　　B）x%(-3)　　C）a=a*3=2　　D）y=float(i)

10．运算完下面的 C 语言程序段以后，a、b、c 的值分别是________。

```
int    x=10,y=9;
int    a,b,c;
a=(--x==y++)?--x:++y;
b=x++; c=y;
```

A）6　9　13　　B）8　7　11　　C）8　8　10　　D）8　7　10

11．在 C 语言中，合法的字符常量是________。

A）'\084'　　B）'\x43'　　C）'ab'　　D）"\0"

12．字符（char）型数据在计算机内存中的存储形式是________。

A）反码　　B）补码　　C）EBCDIC 码　　D）ASCII 码

13．x、y、z 被定义为 int 型变量，若从键盘给 x、y、z 输入数据，正确的输入语句是________。

A）input x,y,z;

B）scanf("%d%d%d",&x,&y,&z);

C）scanf("%d%d%d",x,y,z);

D）read("%d%d%d",&x,&y,&z);

14．以下程序片段的输出结果是________。

```
int i=0,j=0,a=6;
if((++i>0)||(++j>0))    a++;
printf("i=%d,j=%d,a=%d\n",i,j,a);
```

A）i=0,j=0,a=6　　B）i=1,j=0,a=7　　C）i=1,j=1,a=6　　D）i=1,j=1,a=7

15．以下程序片断的输出结果是________。

```
int a,b,c;
a=(b=(c=10)+5)-5;
printf("a,b,c=%d,%d,%d",a,b,c);
c=a=0; b=(a+10);
printf("a,b,c=%d,%d,%d",a,b,c);
```

A）a,b,c=0,10,10 a,b,c=10,15,10

B）a,b,c=10,15,10 a,b,c=10,15,10

C）a,b,c=10,15,10 a,b,c=0,10,0

D）a,b,c=10,15,10 a,b,c=10,15,15

16．以下叙述不正确的是__________。

A）表达式 a&=b 等价于 a=a&b

B）表达式 a|=b 等价于 a=a|b

C）表达式 a!=b 等价于 a=a!b

D）表达式 a∧=b 等价于 a=a∧b

17．在执行完以下语句后，b 的值是__________。

```
char   z='A';
int    b;
b=((241&15)&&(z|'a'));
```

A）0　　B）1　　C）TRUE　　D）FALSE

18．表达式 0x13∧0x17 的值是__________。

A）0x04　　B）0x13　　C）0xE8　　D）0x17

19．以下程序片段的输出结果是__________。

```
int   x=20;
printf("%d",~x);
```

A）02　　B）-20　　C）-21　　D）-11

20．表达式~0x13 的值是__________。

A）0xffec　　B）0xff71　　C）0xff68　　D）0xff17

二、填空题

1．若有定义“char　c='\010';”，则字符变量 c 中包含的字符个数为________。

2．以下程序片段的输出结果是________。

```
main()
{  int   x,y,z;
   x=1;y=2;z=3;
   x=y==z<=x||x+y!=z;
   printf("%d,%d",x,y);
}
```

3．有以下定义和语句：

```
char   c1= 'b',c2= 'e';
printf("%d,%c",c2-c1,c2-'a'+'A');
```

则输出结果是________。

4．以下程序的输出结果是________。

```
main()
{  int   a,b,c;
   a=b=c=1;
   ++a&&++b||++c;
   printf("%d,%d,%d",a,b,c);
}
```

5．如果 a=1,b=2,c=3,d=4，则条件表达式 a>b?a:c>d?c:d 的值是________。

6．以下程序的输出结果是________。

```
main()
{  int   a=5;
   printf("%d",!a);
}
```

7．以下程序的输出结果是________。

```
main()
{   int i=5,j=5,x,y;
    x=i++;
    y=++j;
    printf("i=%d,x=%d\n",i,x);
    printf("j=%d,y=%d\n",j,y);
}
```

8．设 x=10100011，若要通过 x^y 使 x 的低 4 位取反，高 4 位不变，则 y 表示的二进制数为__________。

9．下面语句执行后，y 表示的二进制数为__________。

```
unsigned   y;
y=~(~0<<4);
```

10．下面语句执行后，z 表示的二进制数为__________。

```
unsigned   a=0112,x,y,z;
x=a>>3;
y=~(~0<<4);
z=x&y;
```

三、编程题

1．输入一个整数，求该数的绝对值。

2．计算下列表达式的值，假设各表达式之间没有影响。已知“int x=7,y=4;”。

（1）!x&&y--

（2）x||y&&x+y

（3）++x,++y,x+y

（4）x=3,y=8,x<y?x++:y++

（5）x+=y%=x+y

3．设计一个程序，已知球的半径 r=2，求球的体积 v（v=4/3×π×r^3，π取 3.14）。

4．用条件表达式编写一段程序，设 a=1，b=2，c=3，输出 a、b、c 三个数中最大的数。

5．输入两个正数存入 a 和 b 中，并由 a 和 b 两个数生成新的数 c，其生成规则是：将 a 的低字节作为 c 的高字节，将 b 的低字节作为 c 的低字节，并显示出来。

6．设计一个程序，实现循环左移操作。循环左移是指将左端移出的数位补到右端。例如，将 1100 0011 0000 0000 循环左移 3 位，变为 0001 1000 0000 0110。

7．取一个整数 a 从右端开始的 4～7 位。

习题二参考答案

第3章

程序设计语句

本章简介　本章主要介绍了程序设计的语句，结构化程序设计的三种结构：顺序结构、选择结构和循环结构。顺序结构就是从上至下依次执行的结构。选择结构的语句分为二选一的 if 语句和多选一的 switch 语句。循环结构的语句主要有三种：当型循环 while 语句、直到型循环 do-while 语句和格式化的当型循环 for 语句。在循环中还有无条件跳转 goto 语句、提前结束循环 break 和 continue 语句。通过学习这些语句，可以掌握结构化设计的方法。

知识点

1．二选一的 if 语句
2．多选一的 switch 语句
3．当型循环 while 语句
4．直到型循环 do-while 语句
5．格式化的当型循环 for 语句
6．无条件跳转 goto 语句
7．提前结束循环 break 和 continue 语句

3.1　程序的语句与结构

视频讲解

3.1.1　程序的语句

表达式是计算机语言处理数据的基本手段。但是对于一个程序来讲，它是由一个个语句组成的。从语言的语法角度看，计算机程序设计语言与自然语言类似，常量、变量、运算符及表达式是组成语句的“单词”，而语句则是组成程序的“单位”。

从程序设计角度来看，用户是通过语句来描述程序的解题过程，即通过语句来控制程序的执行流程。语句是完成一定任务的命令，语句书写格式是以分号（;）作为结束符。和其他高级语言一样，C 语言的语句用来向计算机系统发出操作指令。

C 语言的语句可分为五种类型，下面分别加以介绍。

1．表达式语句

表达式语句由一个表达式加一个分号构成，其一般形式如下：

```
表达式;
```

执行表达式语句就是计算表达式的值。例如：

赋值表达式+分号＝赋值语句

注意没有分号不能称为语句。例如：

```
x=3                                    /*赋值表达式*/
x=3;                                   /*赋值语句*/
```

2．函数调用语句

函数调用语句由一个函数调用加上一个分号构成，其作用是调用函数体并把实际参数赋给函数定义中的形式参数，然后执行被调用函数体中的语句，求取函数值。其一般形式为：

```
函数名（实际参数）;
```

例如：

```
printf ("Hello,Boys and Girls!");          /*调用库函数，输出字符串*/
```

3. 控制语句

控制语句能完成一定的控制功能，以实现程序的结构化。C 语言有九种控制语句，可分为以下三类。

（1）条件判断语句。

```
if()… else …            （二选一的分支语句）
switch                  （多选一的分支语句）
```

（2）循环语句。

```
while()…                （当型循环语句）
do … while()            （直到型循环语句）
for()…                  （结构化的当型循环）
```

（3）流程转向语句。

```
break                   （跳出语句，终止执行 switch 或循环）
continue                （提前结束本次循环语句）
goto                    （无条件转向语句）
return                  （函数返回语句）
```

其中，()表示其中是条件，…表示一个内嵌循环语句。例如，while()具体语句可以写成：

```
while( i<=10 )    i++;
```

4. 复合语句

复合语句是把一组语句用一对花括号“{ }”括起来，又称为分程序。形式上是几条语句，但在语法上相当于是一条语句。例如：

```
if (a>b)
{
    t=a;
    a=b;        为一个复合语句，作为 if 条件的执行语句
    b=t;
}
```

提示：复合语句使用注意事项

复合语句内的每个语句都要有分号，在复合语句的右括号“}”外不能加分号。在条件判断语句和循环语句中常使用该类语句。

5. 空语句

空语句是指只有一个分号而没有表达式的语句。空语句不做任何操作运算，而只是作为一种形式上的语句填充在控制语句之中。这些填充处需要一条语句，但又不做任何操作，是最简单的表达式语句。

在有的循环中，循环体什么都不做，就用空语句来表示。例如：

```
while(getchar()!='\n')
    ;                        /*空语句*/
```

该循环语句的功能是：只要从键盘输入的字符不是回车则重新输入。这里的循环体是空语句。

3.1.2 程序的结构

大型的 C 语言程序为了分工合作，往往被划分为若干个模块，每个模块实现一定的功能，这些模块在 C 语言程序中都被设计成函数，而且还可以由多个源程序组成一个 C 程序。即一个 C 程序可以由若干个源程序文件组成，每个源程序可以由若干个函数组成。C 语言程序结构如图 3-1 所示。例如案例 3-1 中的程序就是由主函数和子函数两个函数组成的。

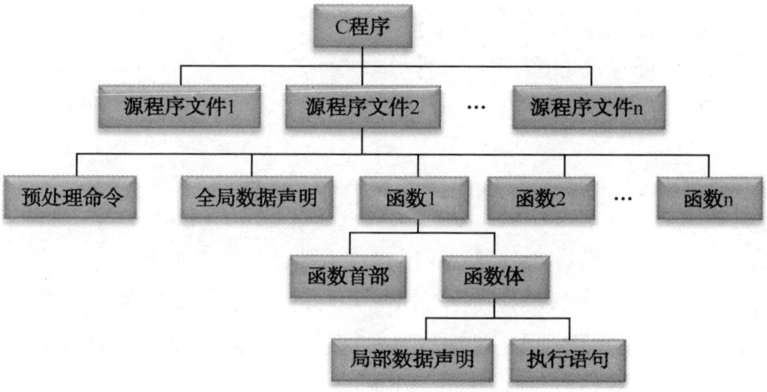

图 3-1　C 语言程序结构

【案例 3-1】从键盘输入两个整数，求这两个整数的差。

编写程序代码

```
/*  案例 3-1  求两个整数的差  */
#include    "stdio.h"
int    difference(int a , int b)                /*子函数 difference，其中 a、b 为参数，用来接收数据*/
{
       return    a-b;                           /*计算并返回 a 和 b 的差*/
}
void    main()
{
       int x,y,s;                               /*定义主函数内部变量 x、y、s*/
       printf("请输入两个整数：");               /*在屏幕上输出提示信息*/
       scanf("%d%d",&x,&y);                     /*键盘输入 x 和 y 的值，%d 控制输入格式为十进制整数*/
       s= difference(x,y);                      /*调用函数 difference，并将结果赋给变量 s*/
       printf("%d 与%d 的差为：%d",x,y,s);       /*输出两个整数的差*/
}
```

程序运行结果

程序分析

本程序由主函数 main 和子函数 difference 组成，程序从主函数开始执行。在主函数中输入两个整数 x、y，然后通过语句“s=difference(x,y);”调用函数 difference，将 x 值赋给子函数中的变量 a，将 y 值赋给子函数中的 b，在子函数中计算 a-b 的值，计算结果由 return 语句返回给主函数，并将结果赋给变量 s。然后主函数中第 13 行语句使用 printf 输出这两个数的差。这两个函数在位置上是独立的，可以把主函数 main 放在前面，也可以把主函数 main 放在后面。当把主函数放在前面时，要在主函数前加一条子函数的函数声明语句（后面章节有介绍）。

在 C 语言中，程序结构一般分为顺序结构、选择结构和循环结构。任何复杂的程序都是由这三种基本结构组成的。

- ✓ 顺序结构：从流程上是从前向后顺序执行。
- ✓ 选择结构：根据判断条件的结果有选择地执行。
- ✓ 循环结构：有条件地重复执行某一过程。

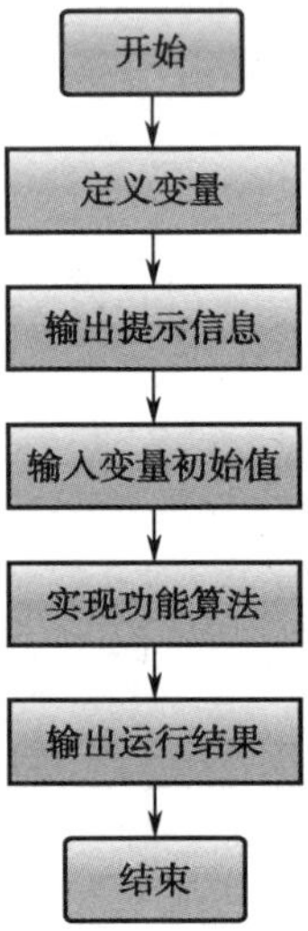

图 3-2　函数内语句结构

3.1.3　如何设计 C 语言程序

设计一个 C 语言程序，大致步骤如下。

（1）确定该程序所用的各个变量及其数据类型。

（2）确定算法。该步骤是最重要的，本章学习的各种结构就是实现编写程序算法的基础。

（3）开始编写程序（主函数中结构）。函数内的语句结构通常如图 3-2 所示。

① 定义各变量。

② 输出提示信息。

③ 输入各变量的初始值。

④ 编写实现功能的算法语句。

⑤ 输出结果变量的值。

（4）调试运行程序。

3.1.4　顺序结构

所谓顺序结构，就是指按照语句在程序中的先后次序一条一条地顺次执行。顺序结构是最简单、最基本的结构。其特点是程序运行时按语句书写的次序依次执行，其流程图如图 3-3 所示。在图 3-3 中，执行完语句 A，继续执行语句 B。顺序结构通常是由简单语句、复合语句及输入/输出函数语句组成的。

【案例 3-2】从键盘输入两个整数，交换这两个整数并输出。

编写程序代码

```
/* 案例 3-2 输入两个整数，交换这两个整数并输出    */
#include "stdio.h"
void main()
{
    int x,y,t;                          /*定义变量 x、y、t，t 为存放交换用的临时中间变量*/
    printf("请输入两个整数：");          /*在屏幕上输出提示信息*/
    scanf("%d%d",&x,&y);                /*键盘输入 x 和 y 的值*/
    printf("原始 x 的值为%d，y 的值为%d。\n",x,y);        /*输出两个原始数*/
    t=x;                                /*以下三条语句实现两个整数的交换*/
    x=y;
```

```
    y=t;
    printf("交换后 x 的值为%d，y 的值为%d。\n",x,y);     /*输出交换后的两个数*/
}
```

案例 3-2 的主函数内的几条语句是顺序结构，其语句执行的次序流程图如图 3-4 所示。

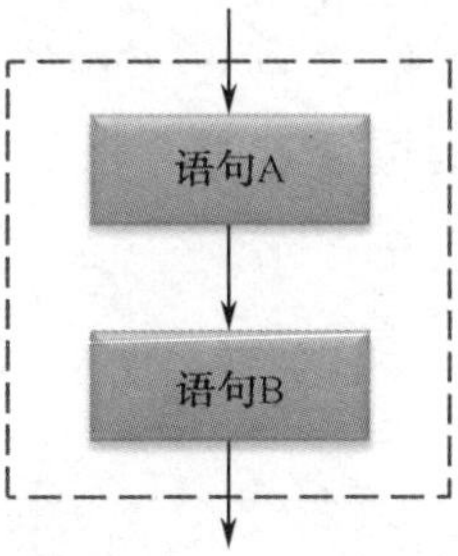

图 3-3　顺序结构流程图

图 3-4　案例 3-2 流程图

程序运行结果

程序分析

实现两个变量的数据交换有很多方法，最常用的方法就是使用中间变量法。为了交换 x 和 y，需要一个中间变量 t，算法如下：

```
t=x;   x=y;   y=t;          /*三条语句实现了将变量 x 和 y 的值交换的功能，t 为临时变量*/
```

因为内存变量在任何时刻只能存储一个值，所以当执行赋值语句后，该变量的值就被“冲掉”。所以必须使用一个中间变量，将要被“冲掉”的变量临时存起来。例如执行完语句：

```
x=y;
```

x 中的值就已经赋为 y 的值了。交换两个变量的算法示意图如图 3-5 所示。

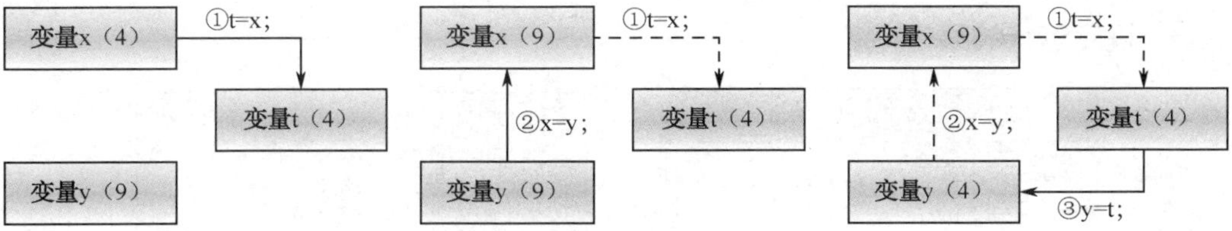

图 3-5　案例 3-2 两个变量交换算法示意图

视频讲解

3.2　选择结构

在日常生活中，总会遇到需要进行判断的情况，如想购买的东西的价格，在某价格之下就想购买，超过这个价格就放弃购买；或是学生的考试成绩，在 60 分以上（包括 60 分）就算及格，低于 60 分就算不及格等，这种需要判断情况的例子在生活中举不胜举。在 C 语言中，使用

if 语句和 switch 语句来进行判断。下面就来介绍这两种语句。

3.2.1 条件语句——if 语句

if 在英文中的含义是“如果”，也就意味着判断。C 语言用 if 语句可以构成分支结构。它根据给定的条件进行判断，以决定执行某个分支程序段。C 语言的 if 语句的根本特点是先计算所给定的选择条件的值，若值为真则执行为真的分支，否则执行为假的分支。常用的 if 定义格式有单分支 if 语句、双分支 if 语句和复合 if 语句三种。

1. 单分支 if 语句

单分支 if 语句定义格式如下：

```
if(表达式)
   语句
```

其含义是：如果表达式的值为真，则执行其后的语句，否则不执行该语句。其流程图如图 3-6 所示。

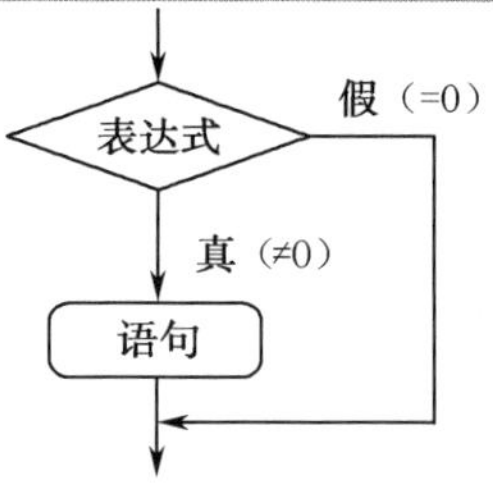

图 3-6 单分支 if 语句流程图

【案例 3-3】输入两个整数，判断两数大小，并在第一个数中存放这两个数的较大值，输出这两个数。

编写程序代码

```
1   /* 案例 3-3 输入两个整数，在第一个数中存放这两个数的较大值，输出这两个数 */
2   #include  "stdio.h"
3   void  main()
4   {
5       int  a,b,t;                                  /*定义三个整型变量：a、b 和中间变量 t*/
6       printf("请输入两个整数：");                  /*输出提示信息*/
7       scanf("%d%d",&a,&b);                         /*从键盘读入变量 a 和 b*/
8       printf("原始两个变量：a=%d,b=%d",a,b);       /*输出原始 a 和 b 的值*/
9       if(a<b)                                      /*若变量 a 小于变量 b，则交换两个数*/
10      {  t=a; a=b; b=t;  }                         /*该复合语句实现交换两个变量 a 和 b 的值*/
11      printf("\n 按从小到大顺序：a=%d,b=%d",a,b);  /*输出结果 a 和 b 的值*/
12  }
```

程序运行结果

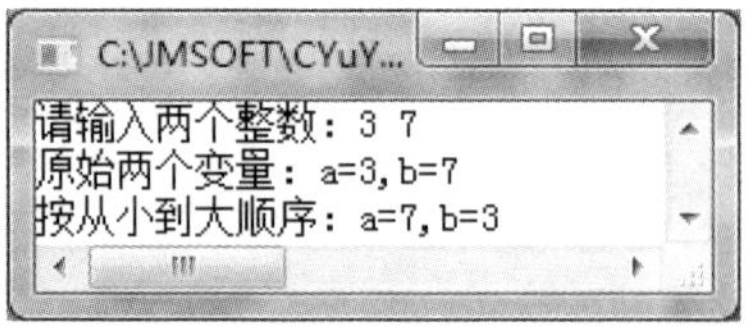

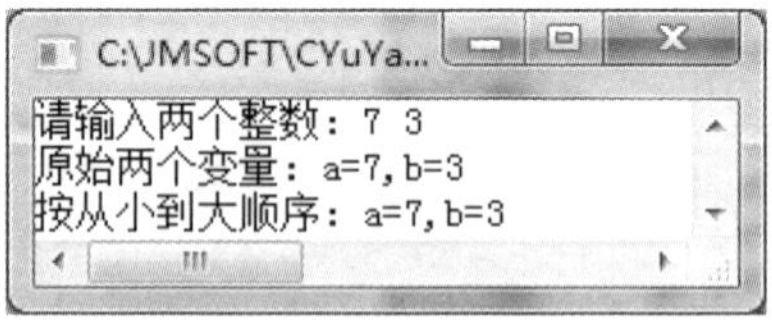

程序分析

在前面我们学习过，程序第 10 行花括号中的语句功能是交换变量 a 和 b 的值，t 是中间变量。上面的条件语句的功能就是：当 a 小于 b 时，交换 a 和 b 的值，否则不交换。所以该语句的功能就是执行后，不管 a 和 b 谁大，结果都是将较大值放到 a 中，较小值放在 b 中。

程序运行时，输入 3 7<回车>，则运行结果如上左图所示。若输入 7 3<回车>，则运行结果如上右图所示。

说明：

（1）if 语句自动结合跟在其后面的一个语句，**当满足条件需要执行多个语句时，应用一对花括号{}将需要执行的多个语句括起来，形成一个复合语句。**

（2）if 语句中表达式形式很灵活，可以是常量、变量、任何类型表达式、函数、指针等。只要表达式的值为非零值，条件就为真，反之条件为假。

例如，在案例中：

```
if(a<b)
   { t=a; a=b; b=t; }
```

花括号将三条赋值语句括起来，形成了一条复合语句。但如果没有花括号，则只有条件后面第一条语句是 if 的执行语句，后两条语句就不是 if 条件语句内的语句。

【练习 3-1】当 a=1,b=2,c=3 时，以下 if 语句执行后，a、b、c 中的值分别为__________________。

```
if(a>c)
   b=a; a=c; c=b;
```

解：因为 if 条件后面的语句没有花括号，所以只有第一条赋值语句“b=a;”是 if 条件成立时的执行语句，当条件不成立时，这条语句被跳过。而后面两条赋值语句“a=c; c=b;”则不是 if 条件语句中的内容，不管条件是否成立，这两条语句都会被执行。那么，因为 1>3 不成立，则“b=a;”被跳过。执行后两条语句“a=3;c=2;”。所以最终 a、b 和 c 的值分别为：a=3,b=2,c=2。

2. 双分支 if 语句

双分支 if 语句定义格式如下：

```
if(表达式)
    语句 1
else
    语句 2
```

其含义是：如果表达式的值为真（非 0），则执行其后的语句 1，否则执行语句 2。其流程图如图 3-7 所示。

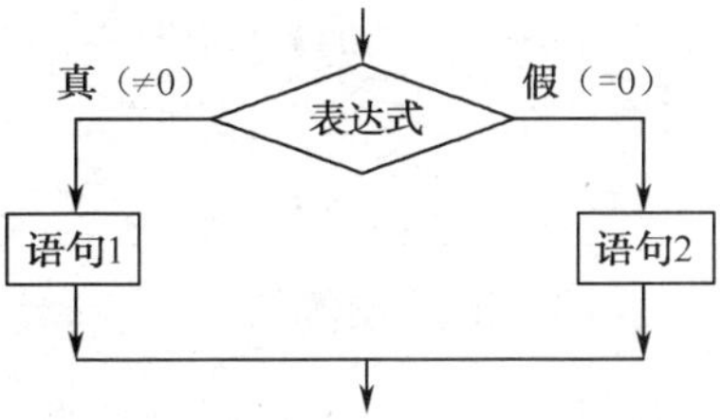

图 3-7　双分支 if 语句流程图

说明：

（1）if 后面圆括号中的表达式，可以是任意合法的 C 语言表达式（如逻辑表达式、关系表达式、算术表达式、赋值表达式等），也可以是任意类型的数据（如整型、实型、字符型等）。

（2）无论是否有 else 子句，**if 子句中如果只有一条语句，则此语句后的分号不能省略。若 if 子句中有多条语句，则应将这些语句用花括号括起来，形成一条复合语句。**

【案例 3-4】从键盘输入一个学生成绩（浮点数，值在 0 至 100 之间），若该值大于等于 60，则输出该学生成绩为及格，否则输出该学生成绩不及格。

编写程序代码

```
/* 案例 3-4 输入一个学生分数，判断该学生成绩是否及格 */
#include "stdio.h"
void main()
{
    float score;
```

```
6        printf("请输入一个学生分数（0－100 之间）：");
7        scanf("%f",&score);
8        if(score>=60)                /*当 score 大于等于 60 时，执行第一条 printf 语句*/
9            printf("该学生分数为%.2f，成绩及格。",score);
10       else                         /*当 score 小于 60 时，执行第二条 printf 语句*/
11           printf("该学生分数为%.2f，成绩不及格。",score);
12   }
```

程序运行结果

程序运行时，输入分数 88<回车>，则运行结果如下左图所示；若输入分数 37<回车>，则运行结果如下右图所示。

程序分析

在程序第 8～11 行，为双分支的 if 语句。在这种语句中，不管条件是否成立，都会执行某一条语句。所以，当输入成绩大于等于 60 分时，执行第一条输出语句；小于 60 分时，执行第二条输出语句。

【练习 3-2】以下程序的输出结果是________。

```
main( )
{   int a=100;
    if(a>100)   printf("%d\n",a>100);
    else        printf("%d\n",a<=100);
}
```

解：因为双分支 if 语句是当条件成立时执行第一条语句，不成立执行第二条语句。而上面程序中 a=100，则 if 语句的条件（a>100）相当于 100>100 是否成立？结果为假（0），则应执行第二条输出语句。而第二条输出语句中的输出项为关系表达式 a<=100，前面格式控制符%d 表示要输出一个十进制整数。系统会先计算输出项的表达式 100<=100 是否成立？这个表达式成立，则结果为真（1）。所以最终输出结果为 1。

3. if 语句的嵌套

if 和 else 子句中可以是任意合法的 C 语句，也可以是 if 语句，通常称此为嵌套的 if 语句。内嵌的 if 语句既可以嵌套在 if 子句中，也可以嵌套在 else 子句中。

（1）在 if 子句中嵌套具有 else 子句的 if 语句。

语句形式如下：

```
if(表达式 1)
    if(表达式 2)      语句 1
    else              语句 2
else
    语句 3
```

当表达式 1 的值为非 0 时，执行内嵌的 if-else 语句；当表达式 1 的值为 0 时，执行语句 3。

（2）在 if 子句中嵌套不含 else 子句的 if 语句。

语句形式如下：

```
if(表达式 1)
    {  if(表达式 2)      语句 1  }
else
    语句 2
```

注意：此 if 子句中的一对花括号不可缺少，表示第二个 if 是第一个 if 的执行语句。

提示：if 语句嵌套的配对原则

C 语言的语法规定：else 子句总是与前面最近的不带 else 的 if 相结合，与书写格式无关。

因此以上语句如果写成：

```
if(表达式 1)
if(表达式 2)      语句 1
else
    语句 2
```

实质上等价于：

```
if(表达式 1)
    if(表达式 2)      语句 1
    else              语句 2
```

当用花括号把内层 if 语句括起来后，使得此内层 if 语句在语法上成为一条独立的语句，从而使得 else 与外层的 if 配对。

（3）在 else 子句中嵌套具有 else 子句的 if 语句。

语句形式如下：

```
if(表达式 1)            语句 1
else   if(表达式 2)     语句 2
       else             语句 3
```

此时第二个 if 语句作为第一个 if 表达式 1 不成立时的执行语句。当表达式 2 成立时执行语句 2，不成立时执行语句 3。

（4）在 else 子句中嵌套不含 else 子句的 if 语句。

语句形式如下：

```
if(表达式 1)            语句 1
else   if(表达式 2)     语句 2
```

此时第二个 if 语句作为第一个 if 表达式 1 不成立时的执行语句。当表达式 2 成立时执行语句 2，不成立时什么都不执行。

【练习 3-3】以下程序的输出结果是________。

```
main( )
{  int   a=2,b=-1,c=2;
   if (a<b)
      if(b<0)   c=0;
   else   c+=1;
   printf("%d\n",c);
}
```

A）0　　B）1　　C）2　　D）3

解：该程序是一个 if 的嵌套语句。根据 if 的嵌套语句原则，if 总是与离它最近的未配对的 else 相结合，那么程序中**第二个 if 语句与唯一的 else 配成一对**（因为第二个 if 离 else 近），即第二个 if 和 else 配成一个双分支 if 语句，作为第一个 if 的子句。所以，第一个条件 a<b（当 a=2,b=-1）不成立，则跳过其子句整个双分支 if 语句，去执行输出语句，c 的值不变。所以结果为 2。

4. 复合 if 语句

C 语言程序有比较自由的书写格式，但是过于“自由”的程序书写格式，往往使人们很难读懂，因此可以按层缩进的书写格式来写程序。这时形成了阶梯形的嵌套 if 语句，使得读起来既层次分明又不占太多的篇幅。复合 if 语句的形式如下：

```
if(表达式 1)
          语句 1
else if(表达式 2)
          语句 2
        ...
else if(表达式 n)
          语句 n
else
          语句 n+1
```

执行过程：由上向下逐行对 if 后的表达式进行检测。当某一个表达式的值为非零时，就执行与此有关子句中的语句，阶梯形中的其余部分被越过去。如果所有表达式的值都为零，则执行最后的 else 子句。此时，如果程序中最内层的 if 语句没有 else 子句，即没有最后的那个 else 子句，那么将不进行任何操作。复合 if 语句的流程图如图 3-8 所示。

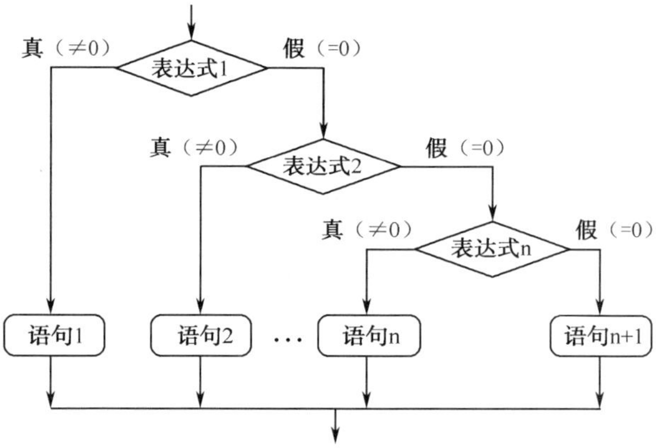

图 3-8　复合 if 语句流程图

【案例 3-5】设计一个程序，用复合 if 语句实现由键盘输入一个成绩，输出该成绩的等级。其中 90～100 分为优秀，80～89 分为良好，70～79 分为中等，60～69 分为及格，60 分以下为不及格。如果成绩不在 0～100 分则输出错误信息。

程序分析

这是一个多重条件的程序，所以使用复合 if 语句较好。根据要求，设计多个条件：当分数在 0～100 分为正确的分数(score>=0&&score<=100)，不在 0～100 分时输出分数错误信息；若分数正确继续判断分数是否在 90～100 分，条件为(score>=90)，因为外面的 if 语句已经判断分数在 0～100 分了；同理分数如果在 80～89 分之间，条件为(score>=80)，注意不是写为(score<=90&&score>=80)，因为能判断到该条件，就说明前一个条件(score>=90)不成立了，所以可以省略写(score<=90)条件。下面各分数区间类似，最后输出各分数的等级。

编写程序代码

```
/* 案例 3-5 输入一个成绩，输出该成绩的等级，用复合 if 语句实现 */
#include "stdio.h"
```

```
void main()
{
    float   score;
    printf("请输入一个分数(0—100):");
    scanf("%f",&score);
    if(score>=0&&score<=100)
    {   if(score>=90)                              /*当分数在 90～100*/
            printf("%.2f 的等级是优秀!\n",score);
        else if(score>=80)                         /*当分数在 80～89*/
            printf("%.2f 的等级是良好!\n",score);
        else if(score>=70)                         /*当分数在 70～79*/
            printf("%.2f 的等级是中等!\n",score);
        else if(score>=60)                         /*当分数在 60～69*/
            printf("%.2f 的等级是及格!\n",score);
        else                                       /*当分数低于 60 时*/
            printf("%.2f 的等级是不及格!\n",score);
    }
    else                                           /*当输入分数不在 0～100 时*/
        printf("分数错误，应在 0—100 之间!\n");
}
```

程序运行结果

该程序根据输入的不同分数输出不同结果，分别输入三个分数 96（优秀）、51（不及格）和 120（分数错误），其他等级的分数读者可自行输入。运行结果如下：

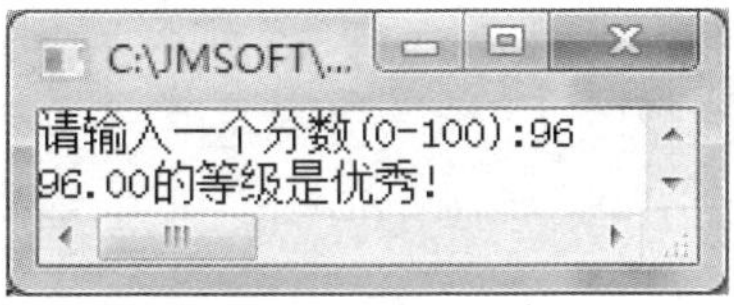

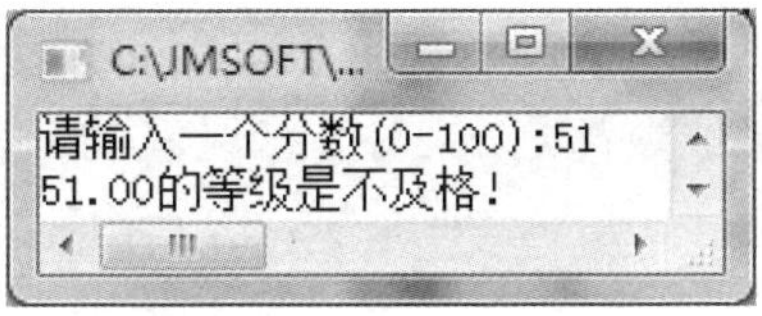

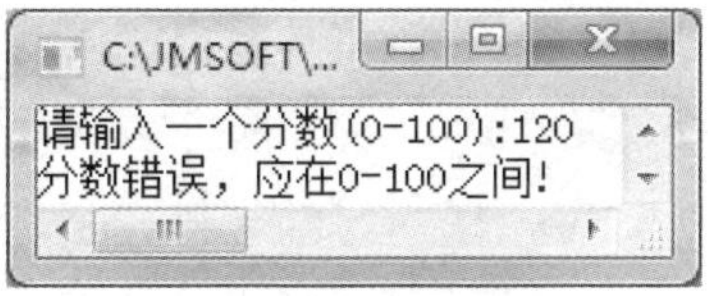

3.2.2　开关语句——switch 语句

用 if 语句只能进行两路选择，在实现多路选择时须使用多个 if 语句，因此用 if 语句解决多路问题非常不方便，这时可利用 switch 语句实现多条件多分支程序设计。

1．switch 语句形式

```
switch（常量表达式）
{
    case  常量值 1：语句组 1      [break;]
    case  常量值 2：语句组 2      [break;]
     …        …         …         …
    case  常量值 n：语句组 n      [break;]
    default  ：     语句组 n+1    [break;]
}
```

case 与其后的常量之间必须有空格

break 语句可省略。若没有 break，继续执行下一个语句组；有 break 时执行它后跳出该 switch 结构

2．switch 语句的执行过程

switch 语句又称为开关语句，语句的执行过程如下：程序执行至 switch 语句首先对括号内的表达式进行计算，然后按顺序找出某个与常量值相匹配的 case，以此作为入口，执行 case 语句后面的各个语句组，直到遇到 break 或 switch 语句的右花括号终止语句。如果没有任何一个 case 能

与表达式值相匹配，则执行 default 语句后的语句组，若 default 及其后语句组省略，则不执行 switch 中任何语句组，而继续执行下面的程序。例如，在案例 3-6 中第 11～19 行就是一个 switch 语句。

3．使用 switch 语句应注意的问题

（1）default 语句及其后面语句组可以省略。

（2）switch 后圆括号内表达式可以是整数表达式、字符表达式或枚举表达式。case 后面可以是整数或字符，也可以是不含变量和函数的常量表达式。同一个 switch 语句中的 case 后面的值不能相同。

（3）case 及其后语句与 default 及其后语句出现次序可以任意。

（4）case 与其后的常量表达式之间要有空格，否则系统会识别不出该常量表达式。

（5）执行完一个 case 语句后，程序自动转到后面的语句执行，直到遇到 break 或 switch 语句的右花括号终止语句。

【案例 3-6】设计一个程序，用 switch 语句实现由键盘输入一个成绩，输出该成绩的等级。其中 90～100 分为优秀，80～89 分为良好，70～79 分为中等，60～69 分为及格，60 分以下为不及格。如果成绩不在 0～100 分则输出错误信息。

程序分析

这是一个多重条件的程序，在案例 3-5 中用复合 if 语句实现。在本案例中试着用 switch 语句来实现该功能。因为 case 后面要求必须是常量，而原来的条件中每个成绩都是整数，但数量太大，不值得推荐。仔细分析一下每个成绩等级的分数特点，可以发现 60 分以上的成绩每 10 分为一个层次，60 分以下是一个层次。只要把每个层次的共性找到就可以。

如 70～79 分，每个分数的十位数都是 7，对于该区间的分数，整除 10 的结果都是 7。同理，对于 60～69 分、80～89 分、90～99 分都一样处理。100 整除以 10 结果为 10，60 分以下的成绩都是小于 6 的，成绩为不及格。

编写程序代码

```
1   /* 案例 3-6 输入一个成绩，输出该成绩的等级，用 switch 语句实现 */
2   #include "stdio.h"
3   void main()
4   {
5       float   score;
6       printf("请输入一个分数(0—100):");
7       scanf("%f",&score);
8       if(score>=0 && score<=100)
9       {
10          switch ((int)score/10)
11          {
12              case   10:
13              case    9:   printf("%.2f 的等级是优秀!\n",score); break;    /*当分数在 90～100 时*/
14              case    8:   printf("%.2f 的等级是良好!\n",score); break;    /*当分数在 80～89 时*/
15              case    7:   printf("%.2f 的等级是中等!\n",score); break;    /*当分数在 70～79 时*/
16              case    6:   printf("%.2f 的等级是及格!\n",score); break;    /*当分数在 60～69 时*/
17              default  :   printf("%.2f 的等级是不及格!\n",score);         /*当分数在 60 以下*/
18          }
19      }
```

```
    else                                      /*当输入分数不在 0～100 时*/
        printf("分数错误，应在 0—100 之间!\n");
}
```

程序运行结果

该程序根据输入的不同分数输出不同结果，分别输入两个分数 100（优秀）和 83（良好），其他等级的分数读者可自行输入验证。运行结果如下：

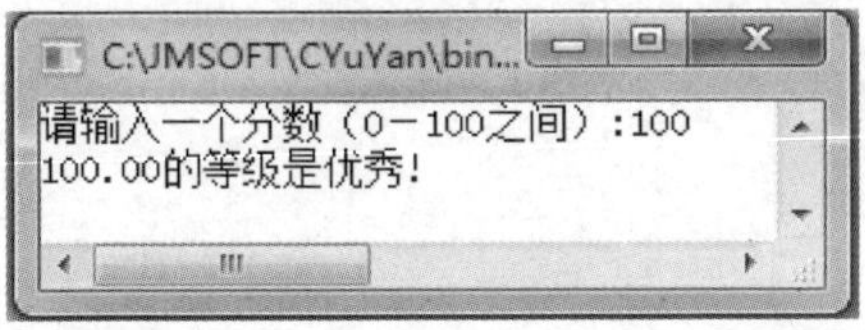

【练习 3-4】下面程序的输出结果是________。

```
void main( )
{   int x=1,a=0,b=0;
    switch(x)
    {
        case  0: b++;
        case  1: a++;
        case  2: a++;b++;
    }
    printf("a=%d,b=%d \n",a,b);
}
```

解：因为 switch 语句中的条件 x=1 为真，所以执行 case 中的第二个 case，执行 “a++;” a 值变成 1；因为该语句后没有跳出语句 break，所以直接执行下面的语句 “a++;b++;”，则 a 的值变为 2，b 的值变为 1。结束 switch 语句，输出变量 a、b 的值应该为 2 和 1，所以执行结果为：a=2,b=1。

3.3 循环结构

视频讲解

3.3.1 程序的设计过程

做任何事情都有一定的步骤。在日常生活中，由于人们已养成习惯，所以并没有意识到每件事都需要事先设计出“行动步骤”，如吃饭、上学、打球、做作业等，但事实上，这些活动都是按照一定的规律进行的，只是人们不必每次都重复考虑它。

广义地说，为解决一个问题而采取的方法和步骤统称为“算法”。下面举一个很原始的例子：求 1×2×3×4×5 的结果。

可以用最原始的方法进行求解：

步骤 1：先求 1×2，得到结果 2；

步骤 2：将步骤 1 的结果 2 乘以 3，得到结果 6；

步骤 3：将步骤 2 的结果 6 乘以 4，得到结果 24；

步骤 4：将步骤 3 的结果 24 乘以 5，得到结果 120。

这个算法是正确的，但太烦琐。如果要求 1 到 100 的自然数的乘积，要写 99 个步骤，这显然是不可取的。所以应该另找一种方便实现的表示方法。

因为 C 语言中变量的值是可变的，所以考虑设置两个变量，一个变量代表乘数，另一个变量代表被乘数。不另设变量，而直接将每一步骤的结果放在被乘数的变量中。例如，这里用 s 代表被乘数，i 为乘数。用循环算法来求解，可以将算法改为：

步骤 1：令 s=1；

步骤 2：令 i=2；

步骤 3：令 s×i，乘积仍放在 s 中，可表示为 s*i→s；

步骤 4：使 i 的值增 1，即 i+1→i；

步骤 5：如果 i 的值不大于 5，返回重新执行步骤 3 及以后的步骤 4 和 5，否则，算法结束。

通过这个算法可以看出，步骤 3～步骤 5 组成一个循环，在实现算法时，要反复多次执行步骤 3、4、5，直到某一刻，执行步骤 5 时经过判断，乘数 i 已超过规定的数值从而返回步骤 3 停止。

那么如何使用 C 语言的语句形成循环结构呢？C 语言提供了 while、do-while、for 三种语句实现循环，下面分别介绍。

3.3.2 当型循环——while 循环

while 循环是当型循环，先判断循环条件，再根据条件决定是否执行循环体。

1. while 语句形式

while 语句的一般格式为：

```
while(表达式)    循环体语句
```

while 是 C 语言的关键字。while 后圆括号中的表达式，可以是 C 语言中任意合法的表达式，由它来控制循环体是否执行。在语法上，要求循环体可以是一条简单的可执行语句；**若循环体内需要多个语句，应该用大括号括起来，组成复合语句。**while 语句流程图如图 3-9 所示。

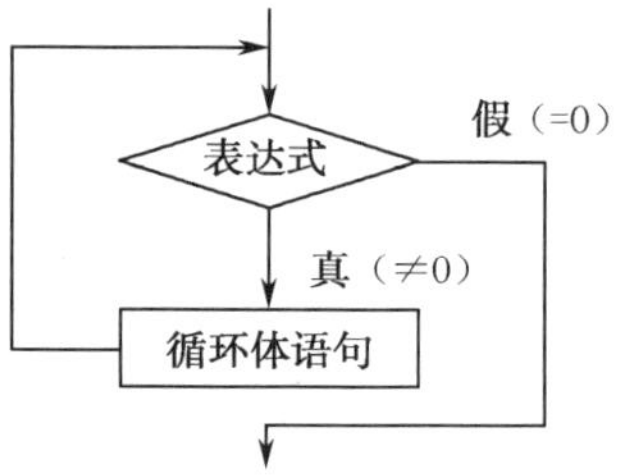

图 3-9　while 语句流程图

2. while 语句的执行过程

首先计算 while 后圆括号中表达式的值，当值为非零时，执行循环体语句，执行完后再次判断表达式的值，当表达式的值为非零时，继续执行循环体；当值为零时，退出循环。

3. 使用 while 语句注意的问题

（1）循环体如果包含一个以上的语句，应该用花括号括起来，以复合语句的形式出现。如果不用花括号，则 while 语句的范围只到 while 后面第一个分号处。

（2）在循环体中应该有使循环趋向于结束的语句。如无此语句，循环将永不结束。

（3）当第一次判断条件就为假时，循环体一次都不执行。

【案例 3-7】设计一个程序，用 while 循环语句实现 1～100 自然数的和。

程序分析

根据 3.3.1 中的讲解可知，对于若干个有规律递增（或递减）的数值的和（或乘积），可以设一个自变量 i，每次变化其值；再设置一个存放和（或乘积）的结果变量 sum 即可。要注意如果是求乘积，sum 的数据类型应设为 long 或 double，否则结果容易“溢出”，出现错误。程序设计思路如下。

（1）定义变量 sum 和 i，分别存放累计和及循环次数。

（2）累计和变量 sum 赋初值 0，循环次数 i 赋初值 1。

（3）while 循环求和。先将 i 加到 sum 中，再将 i 自增 1。反复执行循环体，直到 i 大于 100 跳出循环。

（4）输出累计和结果 sum。

编写程序代码

```c
/* 案例 3-7  求 1～100 自然数之和，用 while 语句实现  */
#include "stdio.h"
void main()
{
     int sum=0, i=1;                          /* sum 的初值为 0，i 的初值为 1*/
     while(i<=100)                            /*当 i 小于或等于 100 时执行循环体*/
     {
          sum+=i;                             /*将当前的 i 值加到 sum 中*/
          i++;                                /*将自变量 i 自增 1 */
     }
     printf("1+2+…+100=%d\n",sum);
}
```

程序运行结果

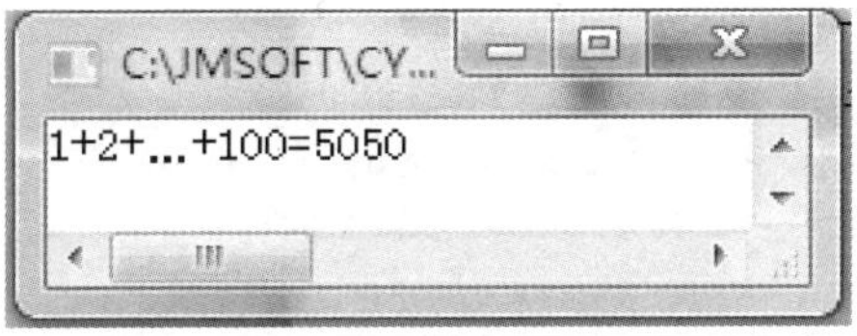

【练习 3-5】下面程序的输出结果是________。

```c
main( )
{   int x=2;
    while(x--);
      printf("%d\n",x);
}
```

解：因为 while 括号后表达式有一个分号“;”，即这个分号是一个空语句，也是 while 循环的循环体语句，所以判断表达式 x--的值，当这个表达式为假（即 x=0）时跳出循环，但因为自减符号在后，先判断后自减，所以跳出循环后还需要再自减 1，所以此时 x 的值为-1。下面 printf 语句输出 x 的值为-1。

3.3.3　直到型循环——do-while 循环

1. do-while 语句的基本形式

```
do
{
    循环体语句
}while(表达式); ——  此处的分号“;”不可以省略
```

2. do-while 语句的执行过程

（1）执行 do 后面循环体中的语句。

（2）计算 while 后圆括号中表达式的值。当值为非零时，转去执行步骤（1）；当值为零时，结束 do-while 循环。do-while 语句的流程图如图 3-10 所示。

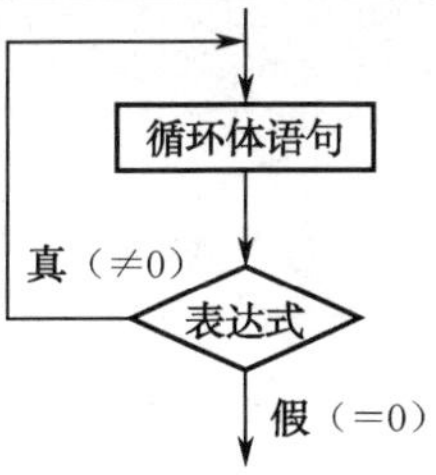

图 3-10　do-while 语句流程图

3．do-while 语句与 while 语句的区别

由 do-while 构成的循环与 while 循环十分相似，它们之间的重要区别是：while 循环控制条件出现在循环体之前，只有当 while 后面表达式的值为非零时，才可能执行循环体，所以 **while 语句当表达式初值就为假时，循环体一次都不执行**；在 do-while 构成的循环中，总是先执行一次循环体，再求表达式的值，因此，**无论表达式的值是零还是非零，do-while 循环体至少执行一次**。

【案例 3-8】设计一个程序，用 do-while 循环语句实现 1～100 自然数的和。

程序分析

参照案例 3-7 的思路，只需要修改程序的循环体就可以实现该程序，程序设计思路如下。

（1）定义变量 sum 和 i，分别存放累计和及循环次数。

（2）累计和变量 sum 赋初值 0，循环次数 i 赋初值 1。

（3）do-while 循环求和。先将 i 加到 sum 中，再将 i 自增 1。反复执行循环体，直到 i 大于 100 跳出循环。

（4）输出累计和结果 sum。

编写程序代码

```
/*  案例 3-8  求 1～100 自然数之和，用 do-while 语句实现  */
#include "stdio.h"
void main()
{
    int   sum=0,i=1;                  /* sum 的初值为 0，i 的初值为 1 */
    do
    {
        sum+=i;                       /*将当前的 i 值加到 sum 中*/
        i++;                          /*将自变量 i 自增 1 */
    }while(i<=100);                   /*当 i 小于或等于 100 时执行循环体*/
    printf("1+2+…+100=%d\n",sum);
}
```

程序运行结果

【练习 3-6】下面程序的输出结果是________。

```
int x=3;
do
{   printf("%3d",x-=2);
}while(!(--x));
```

A）1　　　B）3　0　　　C）1　-2　　　D）死循环

解：第一次执行 do-while 循环时先执行 x=x-2，x 的值为 1，输出 x 值为 1，!(--x)的值为!(0)即为 1，条件为真，再次执行循环体，然后执行=x-2，输出结果为-2，再次判断条件表达式，!(-2)为假，跳出循环体，程序结束。所以输出结果为 1　-2，答案为 C。

3.3.4 格式化的当型循环——for 循环

在三条循环语句中，for 语句最为灵活，不仅可用于循环次数已经确定的情况，也可用于循环次数虽不确定，但给出循环条件的情况下，它可以完全代替 while 语句。所以 for 语句也是最为常用的循环语句。

1. for 语句基本形式

```
for( 表达式 1；表达式 2；表达式 3 )
    循环体语句
```

for 是 C 语言的关键字，其后的圆括号中通常含有三个表达式，各表达式之间用“;”隔开。这三个表达式可以是任意形式的表达式，通常主要用于 for 循环的控制。**紧跟在 for 之后的循环体语句，在语法上要求是一条语句；若在循环体内需要多条语句，应该用大括号括起来组成复合语句。**根据 for 语句的执行特点，可以表示成如下形式：

```
for( 循环变量赋初值 ； 循环继续条件 ； 循环变量增值 )
    循环体语句
```

例如：

```
for(k=0; k<10; k++)
    printf("*");
```

以上 for 循环会在屏幕一行上输出 10 个“*”号。

2. for 语句的执行过程

（1）执行“循环变量赋初值”为循环体变量赋初值（注意，该语句在整个循环中只在开始时执行一次）。

（2）判断“循环继续条件”是否成立：若其值为非零，转步骤（3）；若其值为零，转步骤（5）。

（3）执行一次 for 循环体语句。

（4）执行“循环变量增值”，转向步骤（2）。

（5）结束循环，执行 for 循环之后的语句。

从上述执行过程可知，“循环变量赋初值”表达式只求解 1 次，而“循环继续条件”“循环变量增值”和“循环体语句”组则要执行若干次（具体次数由“循环继续条件”表达式决定）。for 语句流程图如图 3-11 所示。

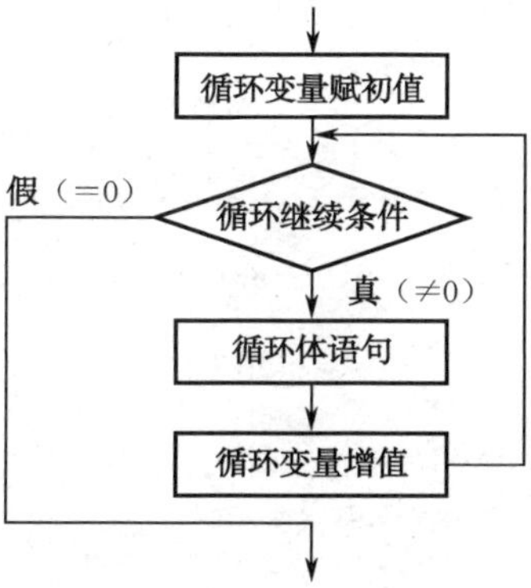

图 3-11 for 语句流程图

3. for 语句的使用说明

（1）for 语句中的表达式可以部分或全部省略，但两个“;”不可省略，例如：

```
for( ; ; )
    printf("*");
```

三个表达式均省略，但因缺少条件判断，循环将会无限制地执行，而形成无限循环（通常称为死循环）。

（2）for 后括号中的表达式可以是任意有效的 C 语言表达式。例如：

```
for(sum=0 , i=1 ; i<=100 ; sum=sum+i , i++)
{ … }
```

其中，表达式 1 和表达式 3 都是一个逗号表达式，在逻辑上被认为是一条语句。

提示： for 循环语句使用原则

C 语言中的 for 语句书写灵活，功能较强。在 for 后的圆括号中，允许出现各种形式的与循环控制无关的表达式，虽然这在语法上是合法的，但这样会降低程序的可读性。建议初学者在编写程序时，在 for 后面的圆括号内仅含有能对循环进行控制的表达式，其他操作尽量放在循环体内完成。

【案例 3-9】设计一个程序，用 for 循环语句实现 1～100 中所有奇数的和。

程序分析

与案例 3-7 的思路类似，1～100 中所有奇数即 1、3、5…设自变量为 i，则 i 的初值为 1，循环中下次的 i 值为 i+2 即可；循环继续条件还是 i<100（没有“=”，因为奇数不能等于 100），和的变量定义为 sum，初值为 0。其他步骤类似 while 和 do-while 的案例。

编写程序代码

```
/* 案例 3-9 求 1～100 中所有奇数的和，用 for 语句实现 */
#include "stdio.h"
void main()
{
    int  sum=0,i;                     /* sum 的初值为 0 */
    for(i=1;i<100;i+=2)               /*当 i 小于 100 时执行循环体，i 值每次增 2*/
        sum+=i;                       /*将当前的 i 值加到 sum 中*/
    printf("1+3+…+99=%d",sum);
}
```

程序运行结果

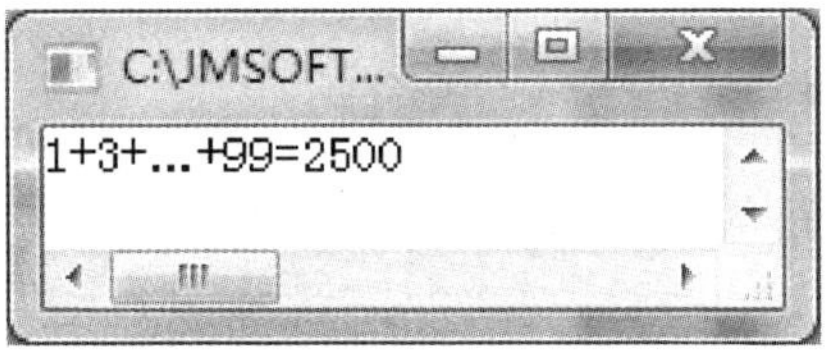

【练习 3-7】下面程序的输出结果是________。

```
main()
{   int  i;
    for(i=1;i<=5;i++)
    {  if (i%2)    printf("*");
       else        continue;
       printf("#");
    }
     printf("$\n");
}
```

A）*#*#*#$　　B）#*#*#$　　C）*#*#$　　D）#*#*$

解：当 i 为 1 时，i%2 值为 1（真），所以输出*，然后执行 else 后的 printf 语句输出一个#；当 i=2 时，i%2 值为 0（假），所以执行 else 后的 continue，跳过后面输出#号的 printf 语句。同理当 i 等于 3 和 5 时，输出结果与 1 相同，i=4 时，不输出。所以相当于输出三次*#，最后再输出$。所以答案选择 A。

3.3.5 循环的嵌套

1. 循环嵌套的形式

若循环语句中的循环体内又完整地包含另一个或多个循环语句，称为循环嵌套。前面介绍的三种循环都可以相互嵌套。循环的嵌套可以多层，但每一层循环在逻辑上必须是完整的。例如，二层循环嵌套（又称二重循环）结构如下：

（1）

```
while( )
{   …
    while( )
    { … }
    …
}
```

（2）

```
while( )
{   …
    do
    {   …
    }while( );
    …
}
```

（3）

```
for( ; ; )
{   …
    for( ; ; )
    { … }
    …
}
```

（4）

```
for( ; ; )
{   …
    while( )
    { … }
    …
}
```

（5）

```
do
{ …
    do
    { …
    }while( );
…
}while( );
```

（6）

```
do
{
    …
    for( ; ; )
    { … }
    …
}while( );
```

2. 循环嵌套的执行过程

很多初接触 C 语言的读者会弄不清循环嵌套的执行过程。实际上，C 语言的循环嵌套有一个很简单的执行原则：**外层循环执行一次（等于某个值）时，内层循环从初值到终值循环执行一遍。**

例如：

```
for(i=1 ; i<=3 ; i++)
    for(j=1 ; j<=5 ; j++)
        printf("%d+%d=%d   ", i , j , i+j);
```

该循环嵌套外层变量 i 从 1 到 3 执行 3 次，内层变量 j 从 1 到 5 执行 5 次，则输出语句的执行次数为 3×5＝15 次。三重循环也使用类似方法计算循环体的执行次数。

但如果内层循环变量的终值与外层循环变量有关，则必须计算每次外层变量等于某值时，内层循环执行多少次，然后将多次循环的具体执行次数累加即可。

例如：

```
for(i=1 ; i<=3 ; i++)
    for(j=1 ; j<=i ; j++)
        printf("%d+%d=%d   ", i , j , i+j );
```

该循环嵌套外层变量 i 从 1 到 3 执行 3 次，内层变量 j 从 1 到 i 执行 i 次。则当 i=1 时，内层 j 循环 1 次；当 i=2 时，内层 j 循环 2 次（从 1 到 2）；当 i=3 时，内层 j 循环 3 次（从 1 到 3）。将三次的循环次数累加 1+2+3=6，所以该循环嵌套循环体语句执行次数为 6 次。

【案例 3-10】设计一个程序，在屏幕上输出下三角九九乘法表。

程序分析

乘法表第一行输出的是 1*1=1，第二行输出的是 2*1=2　2*2=4，第三行输出的是 3*1=3　3*2=6　3*3=9，以此类推，可以发现每行上面各个式子的第一个数值不变，第二个数值从 1 变化到与第一个数相同的值。所以可以设置两个整型变量 i 和 j，i 为外层循环体变量，j 为内层循环体变量，让 i 从 1 循环到 9，**而 j 从 1 循环到 i（这点特别重要）**，这样在循环内输出 i、j 和 i*j 的值即可。

编写程序代码

```
/* 案例 3-10 输出下三角九九乘法表 */
#include "stdio.h"
void  main()
{
      int  i,j;
      for(i=1;i<=9;i++)                      /* i 值变化范围为从 1 到 9 */
      {
           for(j=1;j<=i;j++)                 /* j 值变化范围为从 1 到 i 值 */
                printf("%d*%d=%-5d" , i , j , i*j);   /*输出乘法表中各算式*/
           printf("\n");                     /*输出一行后换行*/
      }
}
```

程序运行结果

```
C:\JMSOFT\CYuYan\bin\wwtemp.exe
1*1=1
2*1=2    2*2=4
3*1=3    3*2=6    3*3=9
4*1=4    4*2=8    4*3=12   4*4=16
5*1=5    5*2=10   5*3=15   5*4=20   5*5=25
6*1=6    6*2=12   6*3=18   6*4=24   6*5=30   6*6=36
7*1=7    7*2=14   7*3=21   7*4=28   7*5=35   7*6=42   7*7=49
8*1=8    8*2=16   8*3=24   8*4=32   8*5=40   8*6=48   8*7=56   8*8=64
9*1=9    9*2=18   9*3=27   9*4=36   9*5=45   9*6=54   9*7=63   9*8=72   9*9=81
```

【练习 3-8】下面程序段的输出结果是________。

```
int  i,j,m=0;
for(i=1;i<=15;i+=4)
     for(j=3;j<=19;j+=4)
          m++;
printf("%d\n",m);
```

A）12　　B）15　　C）20　　D）25

解：因为 i=1，i<=15，i+=4，所以 i 值可以为 1、5、9、13，而 j=3，j<=19，j+=4，所以 j 的值可以取 3、7、11、15、19。即外层循环 4 次，内层循环 5 次。前面讲过外层循环一次，内层循环一遍（5 次），所以循环体语句“m++;”一共执行 4 × 5 = 20 次，答案选 C。

3.4　break、continue 和 goto 语句

视频讲解

在循环中，除了当条件表达式的值为假时能够跳出循环，还可以使用 break 语句和 continue 语句来提前结束循环。

3.4.1 break 语句

break 语句基本形式如下：

```
break;
```

break 语句只能在循环体内和 switch 语句体内使用。当 break 出现在 switch 语句体内时，其作用只是跳出该 switch 语句。当 break 出现在循环体中时，一般是与 if 条件合在一起构成跳出本层循环的另一个条件。例如：

```
for(i=0;i<100;i++)
    if(i>25)  break;
```

如果没有循环体的 if-break，循环体应该当 i 大于等于 100 时跳出循环，但因为循环体内有 if-break 条件，所以当 i=26（即条件 i>25 成立）时，执行 break 语句，提前结束该循环。

提示： break 语句使用注意事项

循环体中 break 语句只能退出所在层循环。如果是多重循环，则只能退出本层循环，不能退出整个程序。break 语句只能用于 switch 和循环语句，不能用于其他。

【案例 3-11】设计一个程序，判断一个正整数是否为素数。

程序分析

素数就是除了 1 和它本身，不能被任何数整除的数。因此，如果一个数 x 是素数，就不能被 2～x-1 之间的任何一个数整除。

为减少循环次数，进一步思考，如果 x 在 2～$\sqrt{x}$ 之间有一个数 a 可以被其整除，则在 $\sqrt{x}$ ～x-1 之间也会有一个数 b 存在，满足 x=a×b，例如 x=16，则有 2×8＝16 满足条件，其中 2<4=$\sqrt{x}$，8>4=$\sqrt{x}$。所以在查找时，只要 x 在 2～$\sqrt{x}$ 之间没有任意一个数能被整除，则 x 在 $\sqrt{x}$ ～x-1 区间内也不会有任意一个数能被整除(即循环终值为 $\sqrt{x}$ 而不是 x-1)。所以程序中使用 x%i 的余数是否为 0 来判断 x 是否能被 i 整除。退出循环后，如果 i>$\sqrt{x}$，表示 x 不能被 2～$\sqrt{x}$ 中任何一个数整除，则 x 是素数，否则 x 不是素数。

因为在程序中要使用数学函数，所以在程序前面要加上数学函数的头文件包含命令：

```
#include  "math.h"
```

该程序的流程图如图 3-12 所示。

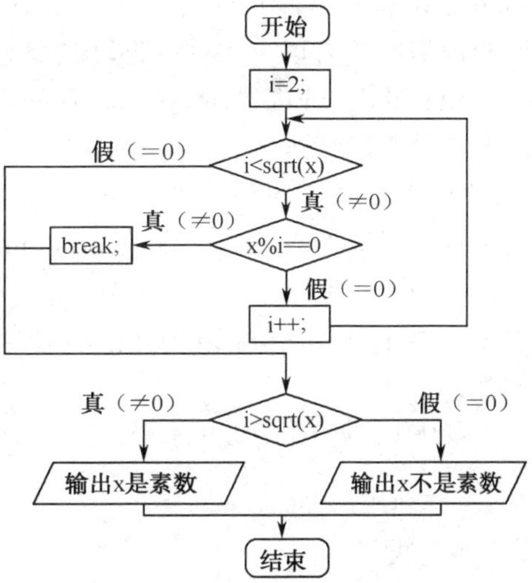

图 3-12　案例 3-11 的程序流程图

编写程序代码

```
/* 案例 3-11 判断一个正整数是否为素数 */
#include "stdio.h"
#include "math.h"
void main()
{
    int  i,x;
```

```
    printf("请输入一个正整数:");
    scanf("%d",&x);
    for(i=2;i<=sqrt(x);i++)              /*从 2 到根号 x，分别用 x 除以 i，看能否整除*/
        if(x%i==0)   break;              /*若能整除，说明不是素数，提前结束循环*/
    if(i>sqrt(x))                        /*通过判断 i 值是否大于根号 x，得知 x 是否是素数*/
        printf("%d 是素数。",x);         /*若 i 大于根号 x，说明所有 i 不能被 x 整除，x 是素数*/
    else
        printf("%d 不是素数。",x);       /*若 i 小于等于根号 x，i 可以被 x 整除，x 不是素数*/
}
```

程序运行结果

程序运行两次，分别输入 13 和 25 两个数，程序运行结果如下：

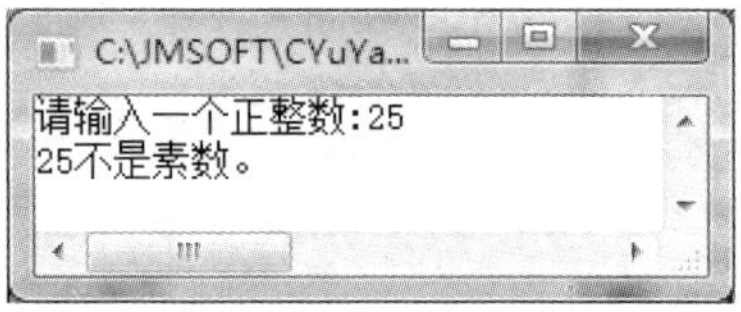

3.4.2 continue 语句

continue 语句基本形式如下：

```
continue;
```

continue 语句一般用于循环体中，其作用是提前结束本次循环，即跳过本次循环体中余下尚未执行的语句，接着再一次进行循环的条件判定。

在 while 和 do-while 循环中，continue 语句使得流程直接跳到循环控制条件的测试部分，然后决定循环是否继续进行。在 for 循环中，遇到 continue 后，跳过循环体中余下的语句，而去对 for 语句中的表达式 3 求值，然后进行表达式 2 的条件测试，最后根据表达式 2 的值来决定 for 循环是否执行。在循环体内，不论 continue 是作为何种语句中的语句成分，都将按上述功能执行，这点与 break 有所不同。

注意：执行 continue 语句并没有使整个循环终止，而是结束本次循环，继续判断循环条件。例如：

```
for(i=1 ,sum=0 ; i<=100 ; i++)
{
    if(i%2==0)   continue;
    sum+=i;
}
```

在执行上面循环语句时，首先判断条件 i%2==0（即 i 是否为偶数），若为真时，执行 continue 语句，跳过后面的累加语句“sum+=i;”；若判断条件为假，即 i 为奇数时，执行累加语句。整个循环体的功能相当于求 1 到 100 的奇数的和，请读者将该程序完整地写出来，并上机验证。

3.4.3 goto 语句

1. goto 语句形式

```
goto   语句标号;
```

goto 语句又称为无条件跳转语句，功能是将程序转到 goto 后面的标号所在处继续执行程序。一般来说，如果要使用 goto 语句构成循环，是用 if 语句和 goto 语句配合使用的。当 if 语句条件为真时无条件转到标号所在程序行执行，而且也可以构成一个循环结构。

例如，求 1 到 100 自然数的和，程序段如下：

```
      int   sum=0,i=1;
a1 :  sum=sum+i;                /*本语句前面的 a1 就是标号*/
      i++;
      if(i<=100)
          goto  a1;             /*流程转向语句，一般与 if 语句一起构成循环*/
```

请读者将该程序完整写出来，并上机验证。

2. 说明

（1）语句标号仅仅对 goto 语句有效，对其他语句不影响。

（2）同一个程序中，不允许有同名标号。

（3）goto 语句通常与条件语句配合使用，可用来实现条件转移、构成循环、跳出循环体等功能。

但对于结构化程序设计的循环语句，不建议使用 goto 语句，最好使用 while、do-while、for 这些结构清晰的循环语句。

3.5 程序案例

3.5.1 典型案例——求四项表达式的值

【案例 3-12】从键盘上输入一个数学四则运算表达式（a+b、a-b、a*b 或 a/b），要求计算出该表达式的值。

程序分析

分析题意，设两个单精度浮点型（float）变量 a 和 b，再设一个存放运算符的字符型变量 ch，然后根据 ch 的值来进行相应的运算，将结果输出即可。

编写程序代码

```
/* 案例 3-12 计算表达式的值，用 switch 实现 */
#include "stdio.h"
void main()
{
    float   a,b;
    char   ch;
    printf("请输入一个四项运算式(a+b,a-b,a*b,a/b):");
    scanf("%f%c%f",&a,&ch,&b);
    switch(ch)
    {   case   '+' :   printf("%.3f+%.3f=%.3f",a,b,a+b);   break;
        case   '-' :   printf("%.3f-%.3f=%.3f",a,b,a-b);   break;
        case   '*' :   printf("%.3f*%.3f=%.3f",a,b,a*b);   break;
        case   '/' :   printf("%.3f/%.3f=%.3f",a,b,(float)a/b);   break;
/*因为结果为小数，所以要将 a 强制转换成小数形式，结果才正确*/
```

```
        default  :  printf("运算式错误!");
    }
}
```

程序运行结果

输入两个运算式：4.26*3.78 和 4.26&3.78，结果前一个为正常值，后一个表达式提示错误。

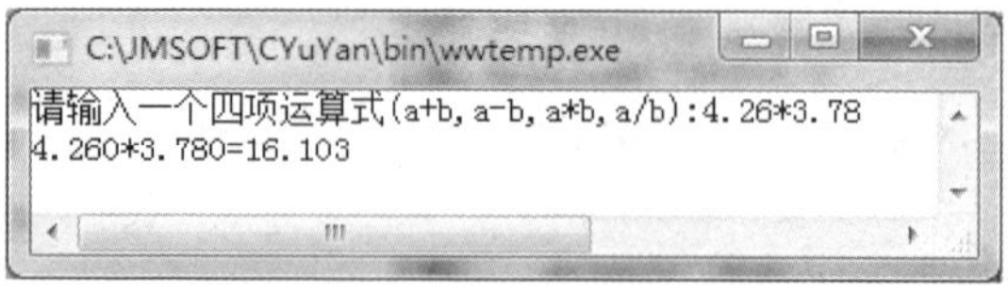

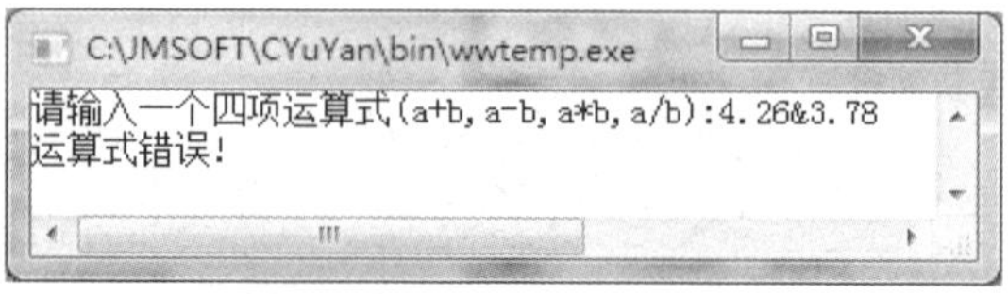

3.5.2 典型案例——求 1+(1+2)+(1+2+3)+(1+2+3+4)+…+(1+2+…+n)数列的和

【案例 3-13】从键盘输入一个正整数，求 1+(1+2)+(1+2+3)+(1+2+3+4)+…+(1+2+…+n)数列的和。

程序分析

分析这个数列，能发现第一个数 1 自己一组，第二组数为 1 和 2，第三组数为 1、2、3，第四组数为 1、2、3、4，以此类推，最后一组数为 1、2、3、…、n。求的是所有数的和。这样可以设置两重循环。假设外层循环变量设为 i，值从 1 到 n。内层循环变量设为 j，**值从 1 到 i**。这样第一次内层循环的 j 值为 1，第二次 j 值为 1、2，第三次 j 值为 1、2、3…在内层循环中求从 1 到 i 的累加和。在外层循环将内层所求的和再加到最终的和上。循环完成后，即求得该数列的和。

编写程序代码

```
/*  案例 3-13  求 1+(1+2)+(1+2+3)+…+(1+2+3+4)…+(1+2+…+n)的和  */
#include "stdio.h"
void main()
{
    int i,j,n;
    long sum=0,temp=0;         /*因为累加和可能很大，所以设为长整型防止溢出*/

    printf("请输入数列的最大数值 n（n 必须为正整数）:");
    scanf("%d",&n);
    if(n<1)                    /*判断 n 值的合法性*/
    {
        printf("n 值必须大于 1!\n");
        return;
    }

    for(i=1;i<=n;i++)          /*设置外循环，i 值从 1 变化到 n*/
    {
        temp=0;
        for(j=1;j<=i;j++)      /*设置内循环，j 值从 1 变化到 i，进行累加*/
            temp+=j;
        sum+=temp;             /*将内层循环一遍后的每组累加和 temp 加到最终和 sum 上*/
    }
```

```
        printf("数列 1+1+2+1+2+3+…+1+2+3+…+%d 的和为%d。\n",n,sum);
}
```

程序运行结果

运行时输入的 n 值为 15 时，程序运行结果如下：

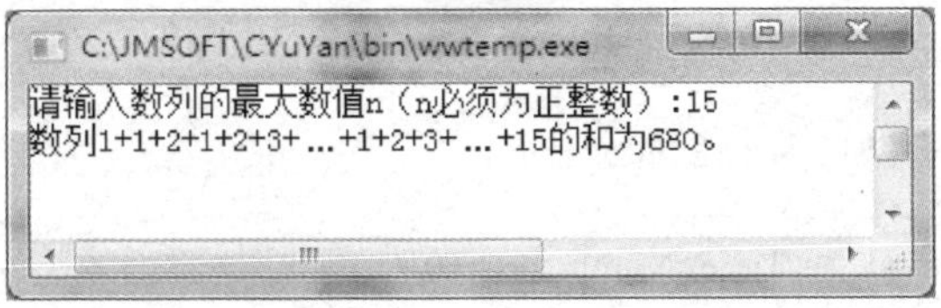

3.5.3　典型案例——猜数字游戏

【案例 3-14】编写一个程序，首先输入正确的密码进入游戏，密码输入 3 次错误退出程序。密码通过后，每次输入一个数字，系统会给出对应的提示，如“数值太小了”“数值太大了”“对不起，只大了一点！”“对不起，只小了一点”等信息提示用户输入下一个数字范围，当输入的数值正确时，结束程序。

程序分析

本程序的主要思路是：先使用 while 循环语句控制输入密码的过程，如果 3 次输入错误，则给出提示信息并退出程序。密码通过后，使用 while 语句控制程序流程，如果输入的数值不等于程序给定的值，则程序一直循环运行下去，直到猜中给定的值。在这层 while 内部又用 do-while 语句控制输入值的范围，如果输入值不在 1 和 100 之间，就要求重新输入。然后又通过 if_else 语句判断输入值的范围，并给出相应的提示信息，直到猜中给定值，程序结束。

编写程序代码

```
/*  案例 3-14  猜数字游戏  */
#include <stdio.h>
#include <conio.h>
void main()
{
    int Password=0,Number=0,price=58,i=0; /* price 为所给的数字  */
    printf("\n====这是一个猜数字游戏!====\n");
    while( Password != 1234 )          /*判断密码是否正确*/
    {
        if( i >= 3 )                   /*输入次数超过 3 次，程序退出*/
            return;
        i++;
        printf("请输入密码: ");
        scanf("%d",&Password);
    }

    i=0;
    while( Number!=price )             /*当所猜数值 Number 不等于给定数字 price 时*/
    {
        do{
            printf("请输入一个整数（1 到 100 之间）: ");
            scanf("%d",&Number);
```

```
            printf("你输入的数是：%d。",Number);
        }while( !(Number>=1 && Number<=100) ); /*当所猜数字在 1 到 100 之间的正确范围时*/
        if( Number >= 90 )                                /*输入数值太大*/
        {
            printf("数值太大了! \n");
        }
        else if( Number >= 70 && Number < 90 )            /*输入数值大一些*/
        {
            printf("数值大了些!\n");
        }
        else if( Number >= 1 && Number <= 30 )
        {
            printf("数值太小了! \n");                     /*输入数值太小*/
        }
        else if( Number > 30 && Number <= 50 )            /*输入数值小一些*/
        {
            printf("数值小了些! \n");
        }
        else
        {
            if( Number == price )                         /*输入数值等于给定数字*/
            {
                printf("太好了！ 你猜对了！ 再见!\n");
            }
            else if( Number < price )                     /*输入数值只小一点了*/
            {
                printf("对不起,只小了一点! \n");
            }
            else if( Number > price )                     /*输入数值只大一点了*/
                printf("对不起, 只大了一点! \n");
        }
    }
}
```

程序运行结果

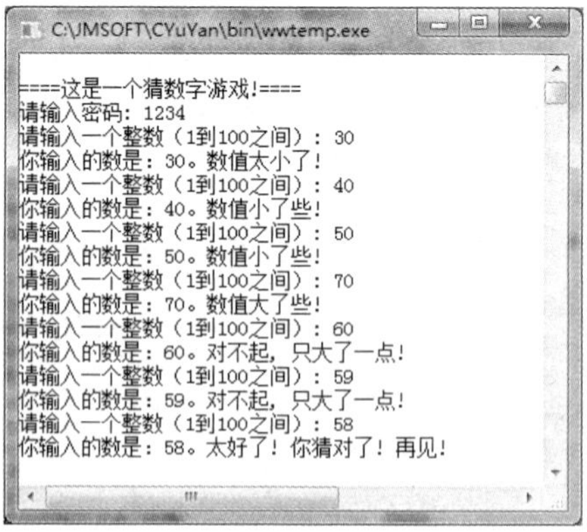

本章小结

本章主要介绍了选择结构和循环结构程序设计的语法结构、使用方法及注意事项，以及与之相关的流程控制语句。通过本章的学习，应熟练掌握选择结构中 if 语句、switch 语句的意义和使用方法，熟练掌握 for 循环、while 循环和 do-while 循环的基本结构和应用，以及循环的嵌套的使用方法，掌握 break 和 continue 语句的使用方法及流程转向语句 goto 语句的适用范围及用法。

学生自我完善练习

【上机 3-1】输出 100～200 之间的全部素数。所谓素数 m 是指，除 1 和 m 之外，不能被 2～m-1 之间的任何整数整除（前面讲过查找区间可以缩小为 2～$\sqrt{m}$ ）的数。

解：显然，只要设计出判断某数 m 是否是素数的算法，外面再套一个 for 循环即可。判断某数 m 是否是素数的算法：根据素数的定义，用 2～$\sqrt{m}$ 之间的每一个数去整除 m，如果都不能被整除，则表示该数是一个素数。判断一个数是否能被另一个数整除，可通过判断它们整除的余数是否为 0 来实现。可根据案例 3-11 判断一个数是否是素数，外面加一个 100～200 的每个数的循环即可实现该功能。

编写程序代码

```
/*  上机 3-1  求 100～200 之间的所有素数  */
#include "stdio.h"
#include "math.h"
void main()
{
    int m,n,i=0;                      /*m 为要求的数值，n 为除数，i 为换行记数器*/
    for(m=101;m<=200;m+=2)       /*100～200 之间的偶数不可能为素数，减少循环次数*/
    {
        for(n=2;n<=sqrt(m);n++)
            if(m%n==0)      break;          /*m%n 能整除说明 m 不是素数，跳出该内层循环*/
        if(n>sqrt(m))                       /*若 n 大于根号 m，说明这个数 m 是素数*/
        {
            printf("%5d",m);
            i++;
            if(i%10==0)      printf("\n");    /*每行输出 10 个素数后换行*/
        }
    }
}
```

程序运行结果

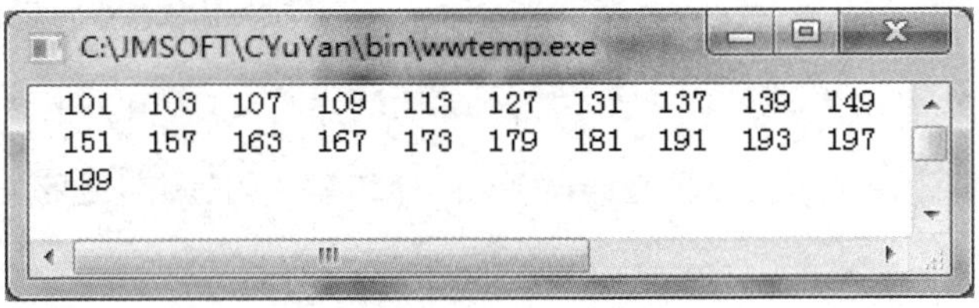

【上机 3-2】百钱百鸡问题：假设 1 只公鸡卖 5 文钱，1 只母鸡卖 3 文钱，3 只小鸡卖 1 文钱，如果用 100 文钱买 100 只鸡，问公鸡、母鸡和小鸡各占多少只？

解：因为一共有 100 只鸡，所以假设公鸡、母鸡和小鸡的数量为 i、j 和 k，则有等式 i+j+k==100 成立。又因为一共是 100 文钱买 100 只鸡，所以每种鸡的数量乘以其花的钱数之和为 100 文钱，即有 5*i+3*j+k/3==100 成立。又因为 C 语言中的“/”两侧都是整数时，运算为整除，结果不准确，而 3 只小鸡卖 1 文钱，所以小鸡的数量 k 应该是 3 的倍数，所以有 k%3==0 成立。这三个等式同时成立时的 i、j 和 k 值即为符合条件的三种鸡的数量。

编写程序代码

```
/*  上机 3-2  百钱百鸡问题  */
#include "stdio.h"
void main()
{
    int i,j,k;
    for( i=0 ; i<=20 ; i++ )
        for( j=0 ; j<=33 ; j++ )
            for( k=0 ; k<=100 ; k++ )
                 if( i+j+k==100 && 5*i+3*j+k/3==100 && k%3==0)
/*当三种鸡数量之和等于 100，且每种鸡的数目乘以钱数也等于 100，小鸡的数目为 3 的倍数*/
                      printf("公鸡数为：%2d，母鸡数为：%2d，小鸡数为：%2d\n",i,j,k);
}

```

程序运行结果

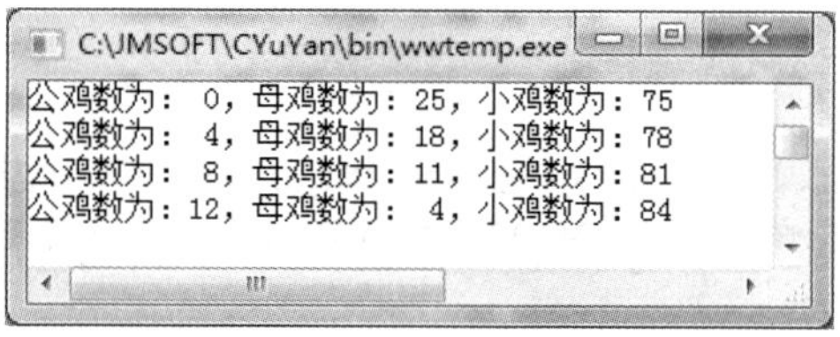

习题三

一、选择题

1．两次运行下面的程序，如果从键盘上分别输入 6 和 4，则输出结果是________。

```
main()
{
    int     x;
    scanf("%d", &x);
    if(x++>5)      printf("%d", x);
    else           printf("%d\n", x--);
}
```

A）7 和 5　　B）6 和 3　　C）7 和 4　　D） 6 和 4

2．在执行以下程序时，为了使输出结果为 t=4，则给 a 和 b 输入的值应满足的条件是____。

```
main()
{
 int s, t, a, b;
 scanf("%d, %d", &a, &b);
 s=1;t=1;
 if(a>0)   s=s+1;
 if(a>b)   t=s+t;
 else   if(a==b)   t=5;
```

```
        else    t=2*s;
    printf("t=%d\n", t);
  }
```

A）a>b　　B）a<b<0　　C）0<a<b　　D）0>a>b

3．以下程序的输出结果是________。

```
main()
{  int   w=4,x=3,y=2,z=1;
   printf ("%d\n",(w<x?w:z<y?z:x));
}
```

A）1　　B）2　　C）3　　D）4

4．若执行以下程序时从键盘输入 3 和 4，则输出结果是________。

```
main()
{   int   a,b,s;
    scanf("%d%d",&a,&b);
    s=a;
    if(a<b)   s=b;
    s*=s;
    printf("%d\n",s);
}
```

A）14　　B）16　　C）18　　D）20

5．运行以下程序后，输出结果是________。

```
main( )
{   int   k=-3;
    if(k<=0)   printf("****\n");
    else       printf("&&&&\n");
}
```

A）****　　B）&&&&　　C）####&&&&　　D）有语法错误不能通过编译

6．以下程序段的输出结果是________。

```
main()
{   int   k,j,s;
    for(k=2;k<6;k++)
    {  s=1;
       for(j=k;j<6;j++)
            s+=j;
    }
    printf("%d\n",s);
}
```

A）9　　B）6　　C）11　　D）10

7．下面有关 for 循环的正确描述是________。

A）for 循环只能用于循环次数已经确定的情况

B）for 循环是先执行循环的循环体语句，后判断表达式

C）在 for 循环中，不能用 break 语句跳出循环体

D）for 循环的循环体语句中，可以包含多条语句，但必须用花括号括起来

8．若输入 12、8，以下程序的输出结果是________。

```
main()
{   int a,b,num1,num2,temp;
    scanf("%d,%d",&num1,&num2);
    if(num1>num2)
    {    temp=num1;
```

```
            num1=num2;
            num2=temp;
        }
        a=num1,b=num2;
        while(b!=0)
        {   temp=a%b;
            a=b;
            b=temp;
        }
        printf("%d, %d",a,num1*num2/a);
    }
```

A）4,24　　B）3,24　　C）5,25　　D）4,25

9．以下程序段的输出结果是________。

```
main()
{     int   i,sum=0;
      for(i=1;i<6;i++ )
            sum+=i;
      printf("%d\n",sum);
}
```

A）15　　B）14　　C）不确定　　D）0

10．以下程序段的执行结果是____。

```
int a, y;
a=10; y=0;
do
{     a+=2; y+=a;
      printf("a=%d y=%d\n", a, y);
      if(y>20)   break;
} while(a=14);
```

A）a=12 y=12
a=14 y=16
a=16 y=20
a=18 y=24

B）a=12 y=12
a=16 y=28

C）a=12 y=12
a=14 y=26
a=14 y=44

D）a=12 y=12

11．以下叙述正确的是________。

A）do-while 语句构成的循环不能用其他语句构成的循环来代替

B）do-while 语句构成的循环只能用 break 语句退出

C）用 do-while 语句构成循环时，只有在 while 后的表达式为非零时结束循环

D）用 do-while 语句构成循环时，只有在 while 后的表达式为零时结束循环

12．以下程序段的输出结果是________。

```
main()
{ int      x,    i;
   for(i=1;i<=100;i++)
   { x=i;
     if(++x%2==0)
       if(++x%3==0)
           if(++x%7==0)
              printf("%d    ",x);
   }
}
```

A）39　81　　B）42　84　　C）26　68　　D）28　70

13．若变量已正确定义，有以下程序段：

```
i=0;
do
{   printf("%d,",i);
}while(i++);
printf("%d\n",i);
```

其输出结果是________。

A）0,0　　B）0,1　　C）1,1　　D）程序进入“死循环”状态

14．以下 for 循环的执行次数是________。

```
for( x=0,y=0;(y!=123)&&(x<4);x++);
```

A）无限循环　　B）循环次数不定　　C）4 次　　D）3 次

15．下面程序段运行结果是________。

```
main()
{   int   a=1,b=10;
    do
    {   b-=a; a++;
    }while(b--<0);
    printf("a=%d,b=%d\n",a,b);
}
```

A）a=3，b=11　　B）a=2，b=8　　C）a=1，b=-1　　D）a=4，b=9

16．下面程序段运行结果是________。

```
main()
{   int   num=0;
    while(num<=2)
    {   num++;
        printf("%d\n",num);
    }
}
```

A）1

B）1
2

C）1
2
3

D）1
2
3
4

二、填空题

1．若从键盘输入 58，则以下程序输出的结果是______________。

```
main()
{
    int   a;
    scanf("%d",&a);
    if(a>50) printf("%d",a);
    if(a>40) printf("%d",a);
    if(a>30) printf("%d",a);
}
```

2．以下程序实现：输入三个整数，按从大到小的顺序进行输出。请填空。

```
main()
{
    int   x, y, z, c;
    scanf("%d %d %d", &x, &y, &z);
```

```
    if(_________)  { c=x; x=y; y=c;}
    if(_________)  { c=x; x=z; z=c;}
    if(_________)  { c=y; y=z; z=c;}
    printf("%d   %d   %d", x, y, z);
}
```

3．当执行以下程序段后，i 的值是________，j 的值是________，k 的值是________。

```
int   a,b,c,d,i,j,k;
a=10; b=c=d=5; i=j=k=0;
for(;a>b;++b)   i++;
while(a>++c)    j++;
do
{   k++;
}while(a>d++);
```

4．以下程序段的输出结果是______________。

```
int   k,n,m;
n=10; m=1; k=1;
while(k<=n)
{ m*=2;k++;}
printf("%d\n",m);
```

5．下列程序段的输出结果是_______________。

```
int n='c';
switch(n++)
{
    default : printf("error");   break;
    case  'a' : case  'A' : case  'b' : case  'B' : printf("good");   break;
    case  'c' : case  'C' : printf("pass");
    case  'd' : case  'D' : printf("warn");
}
```

6．以下程序段的输出结果是_____________。

```
int   i=0, sum=1;
do
{   sum+=i++;
}while(i<5);
printf("%d\n",sum);
```

7．以下程序将两个数从小到大输出。请填空。

```
main()
{
    float a, b, _______;
    scanf( ____________ , &a, &b);
    if(a>b)
    {    t=a;
         ___________ ;
         b=t;
    }
    printf("%5.2f, %5.2f\n", a, b);
}
```

8．若输入 8642，以下程序的输出结果为______________________。

```
main()
{
    long int num;
    int   gw, sw, bw, qw, ww, place;
```

```
        printf("请输入一个 0～99999 之间的整数：");
        scanf("%ld", &num);
        if(num>9999)        place=5;
        else if(num>999)    place=4;
        else if(num>99)     place=3;
        else if(num>9)      place=2;
        else                place=1;
        printf("place=%d,", place);
        printf("每位数字为: ");
        ww=num/10000;
        qw=(num-ww*10000)/1000;
        bw=(num-ww*10000-qw*1000)/100;
        sw=(num-ww*10000-qw*1000-bw*100)/10;
        gw=num-ww*10000-qw*1000-bw*100-sw*10;
        switch(place)
        {    case  5:  printf("%d, %d, %d, %d, %d", ww, qw, bw, sw, gw); break;
             case  4:  printf("%d, %d, %d, %d", qw, bw, sw, gw); break;
             case  3:  printf("%d, %d, %d", bw, sw, gw); break;
             case  2:  printf("%d, %d", sw, gw); break;
             case  1:  printf("%d", gw); break;
        }
    }
```

9．若输入 1988，程序运行的结果为____________；若输入 1989，则结果为______________。

```
main()
{
    int year, leap;
    scanf("%d", &year);
    if(year%4)            leap=0;
    else if(year%100)     leap=1;
    else if(year%400)     leap=0;
    else                  leap=1;
    if(leap)      printf("%d 年是闰年。\n", year);
    else          printf("%d 年不是闰年。\n", year);
}
```

三、编程题

1．编写程序，输入一个整数，打印出它是奇数还是偶数。

2．输出 1～20 中能被 5 整除的数，并求出它们的和。

3．输入任意一个整数，将其逆序输出，例如输入 1234，输出 4321。

习题三参考答案

第4章 数组

本章简介 在前面各章中，我们已经学习了 C 语言所提供的简单数据类型，使用这些数据类型可以描述并处理一些简单的问题。然而实际需要处理的数据常常不止一个，如果仍然用基本数据类型来进行处理，就很麻烦且容易出错，数组就可以很好地解决处理相同类型数据过多的情况。本章主要介绍了一维数组、二维数组和字符数组的定义及使用方法。

知识点		
	1．一维数组	2．二维数组
	3．字符数组	4．常见数组的典型案例

4.1 数组概念的引入

视频讲解

在日常生活中，常常会遇到求一组数据的平均值、最大值、最小值等问题。例如，求 20 个数的平均值，可以使用下面程序段。

```
int   x,sum,i;
for( i=0 , sum=0 ;   i<20 ;   i++ )
{
     scanf("%d" , &x);
     sum+=x;
}
```

求得的 sum 值为所有数的和，而 sum/20 的值就是平均值了，但如果想求这些数的最大值、最小值或是比平均值大的数，就无能为力了。因为键盘输入的 20 个数在求和之后并没有被保存起来。

要解决此问题，必须将这 20 个数存储起来，而如果设置 20 个不同名字的变量对于简单变量来说是困难的，也不容易记忆。所以我们可以使用数组来实现存储这些数据的功能。

C 语言提供了一种最简单的构造类型——数组。在这种数据类型中存储的是相同类型的数据。**所谓数组，就是一组类型相同的变量，它使用一个数组名标识，每个数组元素都是通过数组名和元素的相对位置（下标）来引用的，数据元素在内存中占有连续的内存单元。**数组可以是一维的，也可以是多维的。数组有以下两个特点。

（1）数组的长度是确定的，在定义的同时确定了其大小，在程序中不允许随机变动。

（2）数组的元素必须是相同类型，不允许出现混合类型。

例如，有 20 个变量：

```
int   x1,x2,x3,…,x20
```

这是一组 int 类型的普通整型变量，可以使用一维数组来代替这些变量：

```
int   x[20];
```

这个就是数组，该数组包括以下元素：

```
x[0],x[1],x[2],…,x[19]
```

其中，中括号中的数字被称为数组下标，从 0 开始。这些数组元素与普通变量的区别是这些变量共享一个数组名 x。

4.2 一维数组

视频讲解

4.2.1 一维数组的定义

一维数组用于存储一行或一列的数据。其定义格式如下：

```
类型符  数组名[常量表达式];
```

其中，类型符为数组元素的数据类型，可以是 int 型、float 型、char 型，或后面章节将要讲到的指针、结构体和共用体等各种复合数据类型。

数组名的定义符合 C 语言的标识符定义即可（即与普通变量名定义要求相同）。

中括号“[]”为数组定义的分界符号，中括号里面为一维数组的元素个数。常量表达式必须是正整型，表示定义数组中的元素个数。

4.2.2 一维数据的元素引用

数组必须先定义后使用。C 语言规定只能逐个引用数组元素，而不能一次引用整个数组。

一维数组元素的引用格式为：

```
数组名[下标表达式]
```

例如：

```
int  x [5];
x[0]=10;
```

其中，x[0]就是对数组 x 中第一个元素的引用，上面语句功能是数组元素 x[0]赋值为 10。

在引用数组元素时，应注意以下几个问题。

（1）“下标表达式”可以是整型常量、整型变量或整型表达式，其值均为非负整型数据。**数组下标值从 0 开始，数组的元素最大下标值为元素个数-1**。例如：

```
int  x[5];
x[5]=10;    /*错误，因为该数组最大元素为 x[4]。但 C 语言不自动检查下标是否超范围，故必须在设
              计阶段从程序逻辑上保证下标不超范围。*/
```

（2）一个数组元素，相当于一个同类型的简单变量，可以对它进行赋值和参与各种运算。例如：

```
x[0]=x[1]+2;              /*将数组第二个元素 x[1]加上 2，赋值给数组的第一个元素 x[0]*/
```

（3）数值数组作为一个整体，不能参加数据运算，只能对单个的元素进行处理。例如：

```
int  x[5],y[5];
x=y;                      /*错误，数组不能整体赋值给另一个数组*/
```

4.2.3 一维数组的赋值方法

1. 在编译时赋初值——一维数组的初始化

一旦定义了数组，编译程序就为数组在内存中开辟了一段连续的存储单元，其首地址由数组名标识，数组的各个元素按顺序依次存放。最初，这些存储单元中没有确定的值，需对其进

行初始化。

将数组元素的初值按顺序放在一对花括号内，初值类型必须与数组元素的类型一致，各初值之间用逗号分隔。初始化列表中的值依次从数组下标为 0 的元素开始赋值，不能跳过前面的元素而给后面的元素赋初值。

对一维数组元素的初始化可以用以下方法实现。

```
int  x[10]={0,1,2,3,4,5,6,7,8,9};       /*所有元素全部赋初值*/
int  x [10]={0,1,2,3,4};                /*部分元素赋初值*/
int  x [10]={0,0,0,0,0,0,0,0,0,0};      /*数组中全部元素赋初值为 0*/
int  x [10]={0};                        /*数组中全部元素赋初值为 0 也可以写成这种形式*/
int  x [10]={0*10};                     /*错误写法*/
int  x [ ]={1,2,3,4,5};                 /*全部数组元素赋初值时，可以不指定数组长度*/
```

提示：当省略数组初始化中括号([])中元素个数时

若初值个数与元素个数不同时，则必须指定数组长度。

C 语言除了在定义数组变量时用初值列表为数组整体赋值之外，不能在其他情况下对数组变量做整体赋值。

2. 在运行时赋初值

如果未在定义数组时进行初始化，也可以在程序中使用循环语句为数组元素赋初值。

（1）指定各元素逐一输入、输出。例如：

```
int  x [10];
scanf("%d%d%d%d%d",& x[0],& x[1],& x[2],&x[3],&x[4]);
printf("%d%d%d%d%d\n",x[0],x[1],x[2],x[3],x[4]);
```

（2）利用循环控制下标变化实现输入、输出。例如：

```
int  x[10],i;
for(i=0;i<10;i++)
     scanf("%d",&x[i]);
for(i=0;i<10;i++)
     printf("%d",x[i]);
```

具体使用哪种方式为数组元素进行赋值，可以由程序员根据程序需要进行设计。

【案例 4-1】已知 10 个整数，求这些数中的最大值、最小值、所有整数的和及平均值并显示在屏幕上。

程序分析

因为需要求 10 个整数的最小值、最大值等各值，所以必须将这 10 个数存到内存中。我们设一个整型数组 a，有 10 个元素。再设变量最小值 min、最大值 max、和 sum、平均值 ave。初始可将数组第一个元素 a[0]赋值给 max 和 min，sum 和 ave 初值为 0 。可以设计一个循环，在循环体内用 if 语句进行判断，当某元素大于 max 时，将该元素赋给 max，同理若某元素小于 min 时，将该元素赋给 min，然后将该元素加到 sum 上。循环结束后再将 sum 的值除以 10 赋给 ave 即可。然后输出 max、min、sum 和 ave 的值。

编写程序代码

```
/*  案例 4-1  求 10 个整数的最大值、最小值、和、平均值，用数组实现  */
#include "stdio.h"
void main()
```

```
{
    int   i,max,min,sum=0;
    double   ave=0.0;
    int   a[10]={9,25,4,16,8,1,25,86,32,7};       /*定义数组 a，并初始化*/
    max=min=a[0];
    for(i=0;i<10;i++)
    {   if(a[i]>max)     max=a[i];                 /*若该元素大于 max 则将其替换为最大值*/
        if(a[i]<min)     min=a[i];                 /*若该元素小于 min 则将其替换为最小值*/
        sum+=a[i];                                 /*累加每个元素到 sum 上*/
    }
    ave=sum/10.0;
    printf("整型数组的 10 个元素分别为：");
    for(i=0;i<10;i++)                              /*循环体输出该一维数组的所有元素*/
         printf("%d   ",a[i]);
    printf("\n 其中最大值为%d，最小值为%d，和为%d，平均值为%.2f\n",max,min,sum,ave);
}
```

程序运行结果

该程序中数组的每个元素初值使用数组初始化来赋值的，请读者自行将该程序改写为使用输入函数 scanf 循环从键盘读入每个元素值，并上机调试。

【练习 4-1】有以下程序：

```
#include <sthio.h>
main()
{   int arr[]={1,3,5,7,2,4,6,8}, i, start;
    scanf("%d", &start);
    for(i=0,i<3,i++)
        printf("%d",arr[(start+i)%8]);
}
```

若在程序运行时输入整数 10 <回车>，则输出结果为______________。

解：当输入 10 时，即为变量 start 赋值为 10，则 arr[(start+i)%8]当 i = 0、1、2 时，中括号（[]）内的数组下标值分别为 2、3、4，所以程序会循环输出数组元素 arr[2]、arr[3]、arr[4]的 3 个值，即输出结果为 572。

4.3 二维数组

视频讲解

4.3.1 二维数组的定义

当数组元素的下标有两个或两个以上时，称该数组为多维数组。下标为两个时，称为二维数组；下标为三个时，称为三维数组。多维数组中使用最多的是二维数组，本节主要介绍二维数组。

二维数组主要用于存放矩阵形式的数据，如二维表格等。其定义格式如下：

```
类型符　数组名[常量表达式 1] [常量表达式 2];
```

其中，常量表达式 1 是数组元素的**行数**，常量表达式 2 是数组元素的**列数**。与一维数组相比，二维数组的定义，除了增加了一个[常量表达式 2]外，其他都一样。

例如：

```
int a[2][3];    /*定义了一个具有 2 行 3 列的二维整型数组 a，共有 6 个元素*/
```

4.3.2　二维数组的元素引用

和一维数组元素的引用一样，二维数组元素也是通过数组名和下标来引用的，只是这里需要两个下标。

二维数组元素引用的格式为：

```
数组名[行下标表达式] [列下标表达式]
```

例如：

```
int a[2][3];     /*定义了一个 2 行 3 列的二维数组*/
a[1][2]=5;       /*将第 2 行第 3 个元素 a[1][2]赋值为 5*/
```

该数组 a 共有 2×3＝6 个元素，分别为：

```
a[0][0]   a[0][1]   a[0][2]
a[1][0]   a[1][1]   a[1][2]
```

在引用二维数组元素时需注意以下几个问题。

（1）二维数组的下标同一维数组一样，可以是整型常量或是整型表达式。**行下标表达式的取值范围为 0～行数-1，列下标表达式的取值范围为 0～列数-1**。例如一个 3 行 4 列的二维数组其行下标最大值为 2，列下标最大值为 3。

（2）对基本数据类型的变量所能进行的各种操作，也都适合于同类型的二维数组元素。

（3）要引用二维数组的全部元素，就要遍历二维数组，通常应使用二层嵌套的 for 循环：一般常把二维数组的行下标作为外循环的控制变量，把列下标作为内循环的控制变量。

4.3.3　二维数组的存储

C 语言对二维数组采用这样的定义方式，可以把二维数组看作是一种特殊的一维数组，它的元素又是一个一维数组。例如，可以把数组 a 看作是一个一维数组，它有 2 个元素：a[0]和 a[1]，每个元素又是一个包含 3 个元素的一维数组。可以把 a[0]、a[1]看作是 2 个一维数组的名字。与一维数组一样，二维数组下标值也是从 0 开始的，二维数组元素在内存中的排列顺序为“按行存放”，占有一块连续的内存单元，即在内存中先存放第 1 行各列元素，再存放第 2 行各列元素，以此类推。

例如，整型数组 int a[2][3]，该数组各元素在内存中的物理存放顺序如图 4-1 所示。

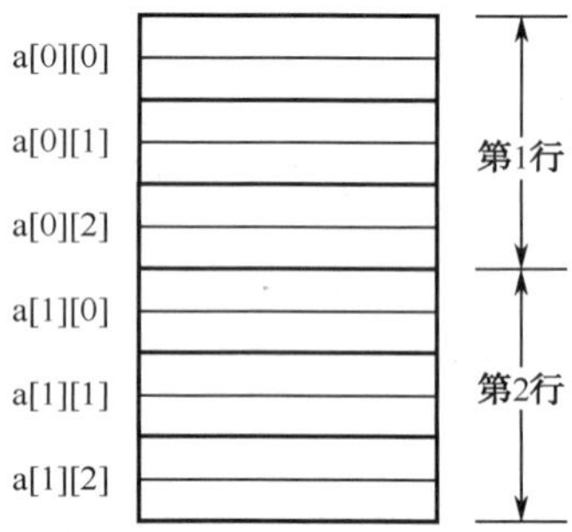

图 4-1　二维数组元素内存存储示意图

提示：当省略数组初始化中括号([])中元素个数时

不同类型不同机器的每个元素所占内存字节数不同。图 4-1 中每一个元素占 2 字节，这是因为 16 位机器的一个整型变量占 2 字节，若是 32 位机器，则一个整型变量应占 4 字节。

正因为二维数组的存储特点，所以可以从二维数组中各元素在内存中的排列顺序计算出数组元素在数组中的排列位置。例如有一个 m×n 的二维数组 a，其中 i 行、j 列元素 a[i][j]在数组中的排列位置为：

i×n+j+1　（假设 **a[0][0]**位于数组的第一个位置）

4.3.4 二维数据的赋值方法

1. 在编译时赋初值——二维数组的初始化

对二维数组元素的初始化可以用如下方法实现。

```
int a[2][3]={{1,2,3},{4,5,6}};          /*初值按行的顺序依次排列，每行都用花括号括起来*/
int a[2][3]={1,2,3,4,5,6};              /*不分行的初始化，为二维数组全部元素赋初值*/
int a[2][3]={1,2,3,4}; /*不分行的初始化，为二维数组前面部分元素赋初值，后面元素为默认值*/
int a[2][3]={{1,2},{4}};                /*按行为二维数组部分元素赋初值*/
int a[2][3]={1,2,3,4,5,6,7,8};          /*初值化元素个数超总元素个数，编译出错*/
int a[ ][4]={1,2,3,4,5,6,7,8,9,10,11,12};   /*为全部元素初始化，可省略第一维的维数，第二维不能省略*/
int a[ ][4]={{1,3},{},{5,6,7},{8,9,10,11}}; /*省略第一维维数时，按分行赋初值，保留对应花括号*/
```

2. 在运行时赋初值

与一维数组特性相同，在定义变量时除了可以对二维数组赋初值外，不能用 C 语句对二维数组作整体赋值，只能利用循环语句对数组元素逐一赋值。例如：

```
int   x[2][3]],i,j;
for(i=0;i<2;i++)
    for(j=0;j<3;j++)
        scanf("%d",&x[i][j]);
```

即可对二维数组的每个元素按行进行赋值。

【案例 4-2】有一个 3×4 的矩阵，要求按矩阵形式输出该二维数组，并求其中的最大值，以及其所在的行号和列号。

程序分析

定义一个二维数组 int a[3][4]，定义变量最大值 max、最大值行号 row、最大值列号 col。将第一个元素 a[0][0]作为临时最大值 max，row 和 col 的初值设为 0。在双重循环内将 max 与每一个元素 a[i][j]进行比较，若 a[i][j]>max，把 a[i][j]作为新的临时最大值，并记录下其下标 i 和 j。使用双重循环完成输出该二维数组的每个元素，注意每行输出后输出一个换行符。然后输出该数组的最大值、所在行号和列号。

编写程序代码

```
/* 案例 4-2 一个 3×4 的矩阵，输出该矩阵，求其中的最大值，以及其所在的行号和列号 */
#include "stdio.h"
void main()
{
    int   i,j,row=0,col=0,max;
    int   a[3][4]={{1,2,3,4},{5,6,7,8},{9,10,11,12}}; /*二维数组初始化*/
```

```
    max=a[0][0];
    for(i=0;i<=2;i++)
      for(j=0;j<=3;j++)
        if(a[i][j]>max)
        {   max=a[i][j];                    /*当某元素大于 max 时，将该元素赋给最大值 max*/
            row=i;    col=j;                /*存储当前的行号和列号*/
        }
    printf("该二维数组为：\n");
    for(i=0;i<=2;i++)
    {
      for(j=0;j<=3;j++)                     /*内层循环输出该行的每个元素*/
          printf("%4d",a[i][j]);
      printf("\n");                         /*输出每行所有元素后换行*/
    }
    printf("数组中最大元素为%d，所在行下标为%d，所在列下标为%d。\n",max,row,col);
}
```

程序运行结果

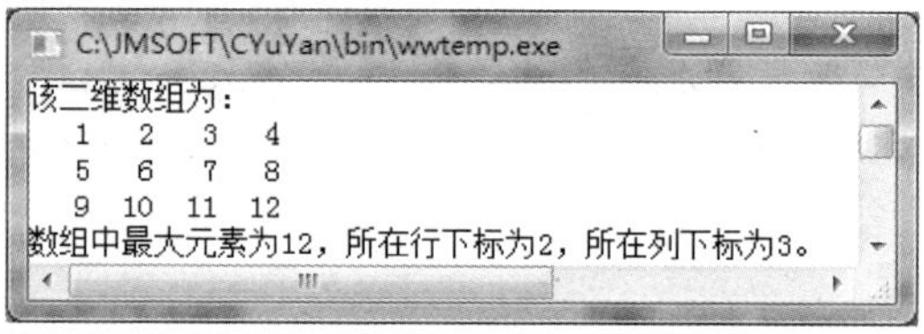

【练习 4-2】定义如下变量和数组：

```
int  k;
int  a[3][3]={1,2,3,4,5,6,7,8,9};
```

则下面语句的输出结果是____________。

```
for(k=0;k<3;k++)
      printf("%d",a[k][2-k]);
```

A）3 5 7　　B）3 6 9　　C）1 5 9　　D）1 4 7

解：当 k=0 时，a[k][2-k]为 a[0][2]，即程序输出第 1 行最后一列元素 3；同理当 k=1 时程序输出的是 a[1][1]，即第 2 行中间元素 5；当 k=2 时，程序输出的是 a[2][0]，即第 3 行第 1 个元素 7。所以该程序的答案为 A。

4.4 字符数组与字符串

视频讲解

4.4.1 字符数组的定义、初始化和引用

字符数组是存放字符型数据的数组，字符数组的一个元素存放一个字符，字符数组包括一维字符数组和二维字符数组等。字符数组的定义方法与定义其他类型数组的方法完全相同，但**其类型必须为 char 型**。

C 语言规定用'\0'作为字符串的结束标志，当把一个字符串存入一个数组时，系统自动将结束符'\0'存入数组，以此作为字符串是否结束的标志。

1. 字符数组的定义

一维字符数组的定义格式为：

```
char    数组名[常量表达式];
```

二维字符数组的定义格式为：

```
char  数组名[常量表达式 1] [常量表达式 2];
```

例如：

```
char  s[10];          /*定义一个长度为 10 的一维字符数组 s*/
char  str[3][5];      /*定义一个 3×5 的二维字符数组 str*/
```

2. 字符数组的初始化

字符数组的初始化有以下几种方法。

```
char  str[11]={'I',' ','a','m',' ','a',' ','b','o','y'};   /*完全初始化*/
char  str[ ]={'I',' ','a','m',' ','a',' ','b','o','y'};    /*省略长度完全初始化*/
char  str[10]={'b','o','y'};                               /*不完全初始化，后面元素都默认为字符串结束符'\0'*/
char  str[ ]={"I am a boy"};                               /*字符串形式的初始化*/
char  str[ ]="I am a boy";                                 /*数组省略花括号的字符串形式的初始化*/
char  str[2 ][5]={ "boy", "girl"};                         /*省略花括号的字符串形式的初始化*/
char  str[ ][5]={ "boy", "girl"};                          /*省略第一维数，省略花括号的字符串形式的初始化*/
```

注意：若初始化列表中初值个数大于数组的长度，则按语法错误处理；若小于数组的长度，则只将这些字符赋给数组中前面那些元素，其余的元素自动定为空字符，即'\0'；若等于数组长度，定义字符数组时其长度可省略，系统会根据初值的个数确定字符数组的长度。

3. 字符数组元素的引用

一、二维字符数组中各元素的引用方法与一、二维普通数组引用方法完全相同。例如：

```
char  s[10]="boy";                          /*定义一维字符数组 s 并将其初始化*/
char  str[3][5]= { "boy", "girl","man"};    /*定义 3×5 二维字符数组 str 并将其初始化*/
```

则：

```
s[0]= 'B';                                  /*将一维数组 s 的第一个字符赋值为字符'B'*/
str[1][0] = 'G';                            /*将二维数组 str 的第 1 行第 1 列的字符赋值为字符'G'*/
```

都是对字符数组中各元素的引用。

4.4.2 字符串的输入和输出函数

1. 标准输入函数 scanf

标准输入函数 scanf 可以输入字符数组中的某一个元素，或是输入一个字符串。scanf 函数在输入单个字符时使用“%c”格式控制符，输入字符串时使用“%s”格式控制符。

例如，有一个字符数组：

```
char  str[10];
scanf("%c",&str[0]);   /*读入字符数组一个元素，方法与字符变量相同，数组元素前有地址符号&*/
scanf("%s",str);       /*将一个字符串存入字符数组 str 中，注意数组名 str 前无地址符号&*/
```

使用 scanf 函数向数组输入字符串时必须注意输入的字符串中不能包含空格，因为 C 语言规定用 scanf 函数输入字符串时，以空格或回车符作为字符串间隔的符号。

例如：

```
char  str1[10],str2[10],str3[10];
scanf("%s%s%s",str1,str2,str3);
```

运行时输入一行字符串：

We love china!<回车>

则 str1 中的字符串是“We”，str2 中的字符串是“love”，str3 中的字符串是“china!”。

由上例可以看出无法利用 scanf 函数输入一个包含空格的字符串并将其赋值给一个字符数组。

2. 字符串输入函数 gets

gets 函数能输入完整的句子，以回车键作为字符串结束符号，将从键盘输入的字符串存放到字符数组中，所以 **gets 函数能输入带空格的字符串**。函数的调用格式为：

```
gets(字符数组名);
```

例如：

```
char  str[30];
gets(str);
```

运行输入一个字符串：

We love china! <回车>

则字符数组 str 中的字符串是“We love china!”。

提示：当使用字符数组存放字符串时

在接受字符串输入时，存放字符串的字符数组变量要足够大，否则容易引发数组越界操作，导致程序错误。

3. 标准输出函数 printf

printf 函数在输出字符串时使用“%s”格式控制符，并且与“%s”对应的输出项必须是要输出字符串的第一个字符的地址。printf 函数将依次输出字符串中的每个字符，直到遇到字符结束符'\0'。在字符串中可以有空格字符（这与用 scanf 函数不能输入带空格的字符串不同）。

例如：

```
char  str[]="We love china！ ";
printf("%s",str);
```

输出结果是“We love china!”，**输出该字符串后光标不会自动换行。**

4. 字符串输出函数 puts

puts 函数为字符串输出函数，能将一个字符串输出到终端，输出的字符串包含转义字符。函数的调用格式为：

```
puts(字符数组名);
```

例如：

```
char str[]="We love China!";
puts(str);
```

输出结果是“We love China!”，**使用 puts 函数输出字符串时，字符串结束标志'\0'转换为换行符'\n'，即输出字符串后光标自动换行。**

提示：字符串的输入/输出注意事项

（1）输出字符串内容中不包括结束标志符'\0'。

（2）用%s 格式输入或输出字符数组时，函数 scanf 的地址项、函数 printf 的输出项都是字符数组名，而不是数组元素名。这时数组名前不能再加“&”符号，因为数组名就是数组的起始地址，也不能加下标。

（3）如果字符数组长度大于字符串实际长度，在按整个字符串输出时，只输出到'\0'结束，即'\0'以后的内容将不会输出。

（4）如果一个字符数组中包含一个以上'\0'，则遇第一个'\0'时输出就结束。

（5）用语句“scanf("%s",s);”为字符数组 s 输入数据时，遇空格键或回车键时结束输入，但所读入的字符串中不包含空格键或回车键，而是在字符串末尾添加'\0'。

（6）用 printf 函数以格式符%s 输出字符串时，首先按字符数组名找到其数组的起始地址，然后从输出项提供的地址开始输出，逐个输出其中的字符，直到遇字符串结束符'\0'为止。

（7）调用 gets 函数和 puts 函数的源程序文件中要包含 stdio.h 头文件。

【案例 4-3】从键盘输入一个字符串（字符串中不包含空格），当输入回车时认为输入结束。统计输入字符串中的小写英文字母、大写英文字母、数字字符、其他字符的个数。

程序分析

定义整型变量 a、b、c、d 分别存储统计得到的输入字符串中的小写英文字母、大写英文字母、数字字符、其他字符的个数。用一个单循环控制，对字符数组 str 中的元素逐个进行判断，根据不同情况（元素值是否为小写英文字母、大写英文字母、数字字符、其他字符）对相应计数变量计数。循环控制条件是当前所处理的字符串中的字符不是字符串结束标志'\0'，即一个字符串的所有字符还没有处理完毕。输入字符串函数使用 gets 函数，输出字符串函数使用 puts 函数。

编写程序代码

```
/* 案例 4-3 输入一个字符串，求其中的字符总个数，并输出其中包含的英文小写字母、大写字母、
数字和其他字符个数 */
#include "stdio.h"
#define  N  100
void main()
{
    int  i,a,b,c,d;
    char  str[N];
    printf("请输入一个字符串:\n");
    gets(str);
    a=b=c=d=i=0;
    while(str[i]!='\0')
    {  if(str[i]>='a'&&str[i]<='z')            /*若该字符为小写英文字母*/
          a++;
       else  if(str[i]>='A'&&str[i]<='Z')      /*若该字符为大写英文字母*/
          b++;
       else  if(str[i]>='0'&&str[i]<='9')      /*若该字符为数字 0～9*/
          c++;
       else                                    /*若为其他字符*/
          d++;
       i++;                                    /*数组下标增 1*/
    }
    printf("该字符串为：");
    puts(str);
```

```
    printf("该字符串共有%d 个字符。\n 其中小写英文字母为%d 个，大写英文字母为%d 个，数字%d 个，其他字符为%d 个。",i,a,b,c,d);
}
```

程序运行结果

【练习 4-3】有以下程序：

```
#include "stdio.h"
main()
{
      char a[20],b[20],c[20];
      scanf("%s%s",a,b);
      gets(c);
      printf("%s%s%s\n",a,b,c);
}
```

程序运行时从第一行开始输入 this is a cat!<回车>，则输出结果是____________。

A）thisisacat!　B）this is a　C）thisis a cat!　D）thisisa cat!

解：因为 scanf 函数只能接收不带空格的字符串，所以第一个 scanf 函数执行后，字符数组 a 中存放的是字符串"this"，字符数组 b 中存放的是字符串"is"。gets 函数可以接受带空格的字符串，直到回车结束。所以字符数组 c 中存放的是从空格开始的后面剩余字符串" a cat! "。所以在输出函数 printf 中输出三个字符串 a、 b 和 c，结果为 “thisis a cat!” 。答案为 C。

4.4.3 字符串函数

C 语言给用户提供了很多常用的字符串处理函数，这些函数不需要用户编写便可直接调用。这些函数都存放在 string.h 头文件中，所以如果想使用系统提供的字符串处理函数，必须在源文件中包含 string.h 头文件。文件包含命令格式为：

```
#include "string.h"
```

1. 字符串连接函数 strcat

strcat 函数调用格式为：

```
strcat(字符数组名 1,字符数组名 2);
```

功能：连接两个字符数组中的字符串，把字符串 2 接到字符串 1 的后面，并删除字符数组 1 中字符串后的结束标志'\0'。结果放在字符串 1 中，函数调用后得到函数值——字符数组 1 的地址。例如：

```
char s1[20]="Olympic ",s2[10]="Sports";
strcat(s1,s2);
```

```
printf("%s",s1);
```
输出结果为 Olympic Sports。

提示：字符串 strcat 函数使用注意事项

在调用 strcat 函数时，必须确保字符数组 1 的定义长度一定足够容纳字符串 1 和字符串 2 的长度之和。

2. 字符串复制函数 strcpy

strcpy 函数调用格式为：

```
strcpy (字符数组名 1,字符串 2);
```

功能：将字符串 2 复制到字符数组 1 中去，字符串 2 的结束标志'\0'也一同复制。字符串 2 可以是字符串常量，也可以是字符数组名，这时相当于把一个字符串赋予一个字符数组。例如：

```
char s1[20],s2[]="Hello World!";
strcpy(s1,s2);
printf("%s",s1);
```
输出结果是“Hello World!”。

提示：字符串 strcpy 函数使用注意事项

字符数组 1 应有足够的长度，以便存入所复制的字符串；字符串的复制必须使用 strcpy 函数，而不能使用赋值运算符“=”。

如果只把字符串 2 的一部分复制到字符串 1 可以使用 strcpy 函数，该函数的调用格式为：

```
strcpy (字符数组名 1,字符串 2,长度 n);
```

功能：将字符串 2 的前 n 个字符复制到字符数组 1 中，并在末尾加'\0'。例如：

```
char s1[20],s2[]="Hello World!";
strcpy(s1,s2,3);
printf("%s",s1);
```
输出结果是 Hel。

3. 字符串比较函数 strcmp

strcmp 函数调用格式为：

```
strcmp(字符串 1,字符串 2);
```

功能：按 ASCII 码值大小比较，将两个字符串自左至右逐个字符相比较，直到出现不同的字符或到'\0'为止。如果全部字符相同，则认为相等；如果出现不相同的字符，则以第一个不相同的字符的比较结果为准。比较的结果由函数值带回。参数字符串 1 和字符串 2 可以是字符数组名，也可以是字符串常量。

提示：字符串 strcmp 函数使用注意事项

比较结果有以下几种情况。

（1）字符串 1=字符串 2，返回值为 0。

（2）字符串 1>字符串 2，返回值为大于 0 的整数（即对应位置第一个不同字符的 ASCII 码差值）。

（3）字符串 1<字符串 2，返回值为小于 0 的整数（同上）。

例如：

```
int   i;
char   s1[20]="abc",s2[20]="ade";
```

```
i=strcmp(s1,s2);
printf("%d",i);
```

输出结果是-2。

提示：字符串 strcmp 函数使用注意事项

字符串比较大小时只能用 strcmp 函数，而不能用关系运算符“==”。

4．求字符串长度函数 strlen

strlen 函数调用格式为：

```
strlen(字符数组名);
```

功能：求字符串长度。函数值为字符串的实际长度，不包括'\0'在内。例如：

```
char s1[]="Hello World!";
printf("The length of the string is :%d\n",strlen(s1));
```

输出结果是“The length of the string is :12”。

【案例 4-4】学习字符串的相关函数使用方法。设有 4 个字符数组 a、b、c 和 d，从键盘中输入三个字符串，分别存入字符数组 a、b 和 c 中并输出到屏幕上。求这三个字符串的长度。将字符串 c 复制到字符数组 d 中，判断字符串 c 和 d 是否相同，并给出提示信息。

程序分析

通过该案例掌握字符串相关函数的使用，注意 strcat、strcpy、strcmp 和 strlen 等各函数的使用方法。

编写程序代码

```
/* 案例 4-4  字符串的相关函数使用方法 */
#include "stdio.h"
#include "string.h"
#define  N  100
void main()
{
    char a[N],b[N],c[N],d[N];
    printf("请输入三个字符串：\n");
    gets(a);    gets(b);    gets(c);    /*输入三个字符串 a、b 和 c*/
    printf("第一个字符串 a 为：");
    puts(a);
    printf("第二个字符串 b 为：");
    puts(b);
    printf("第三个字符串 c 为：");
    puts(c);
    printf("这三个字符串的长度分别为：%d、%d 和%d。\n",strlen(a),strlen(b),strlen(c));
    strcat(a,b);                        /*连接字符串 a 和 b，存入字符数组 a 中*/
    printf("将字符串 a、字符串 b 连接后字符串 a 为：");
    puts(a);
    strcpy(d,c);                        /*将字符串 c 复制到字符数组 d 中*/
    printf("将字符串 c 复制到字符数组 d 后字符串 d 为：");
    puts(d);
    printf("比较第三、四个字符串是否相等！\n");
    if(strcmp(c,d)==0)                  /*判断两个字符串 c、d 是否相等*/
```

```
            printf("字符串 c 和 d 相等!");
        else
            printf("字符串 c 和 d 不相等!");
    }
```

程序运行结果

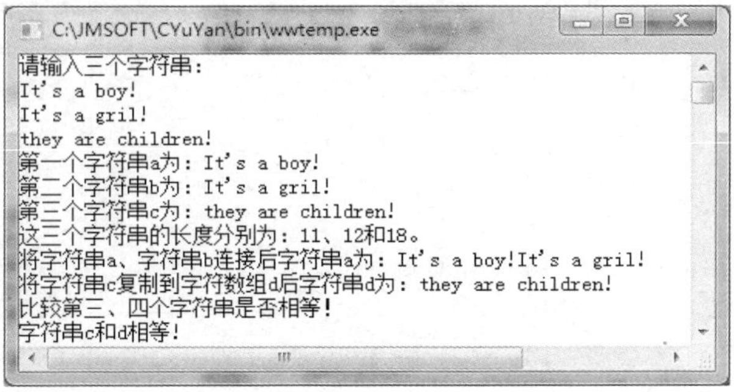

【练习 4-4】以下程序段的输出结果是____________。

```
#include <stdio.h>
main()
{   char   str[30];
    strcpy(&str[0],"CH");
    strcpy(&str[1],"DEF");
    strcpy(&str[2],"ABC");
    puts(str);
}
```

解：因为 strcpy 为字符串复制函数，即将第二个参数的字符串复制到第一个参数开始的字符数组位置中。所以第一个 strcpy 语句将 CH 复制到 str 字符串中，起始位置为下标为 0 的位置。第二个 strcpy 语句将 DEF 复制到 str 中，第一个字符位置为下标为 1 的位置，此时 str 字符串中为 CDEF。第三个 strcpy 语句将 ABC 复制到 str 中，起始位置为下标为 2 的位置，此时 str 字符串中为 CDABC。因此最终输出结果为 CDABC。

4.5 程序案例

4.5.1 典型案例——冒泡法排序

【案例 4-5】用冒泡法对 6 个整数进行升序排列。

程序分析

冒泡法排序是交换排序中一种简单的排序方法。它的基本思想是对所有相邻记录的关键字值进行比较，如果是逆序（a[j]>a[j+1]），则将其交换，最终达到有序化。其处理过程如下。

（1）将整个待排序的记录序列划分成有序区和无序区。初始状态有序区为空，无序区包括所有待排序的记录。

（2）对无序区从前向后依次将相邻记录的关键字进行比较，若逆序则将其交换，从而使得关键字值小的记录向上“飘”（左移），关键字值大的记录向下“沉”（右移）。

每经过一趟冒泡法排序，都使无序区中关键字值最大的记录进入有序区，对于由 N 个记录组成的记录序列，最多经过 N-1 趟冒泡法排序，就可以将这 N 个记录重新按关键字顺序排列。

本例中对 43、12、35、18、26、57、7、21、43、46 这 10 个数排序（两个 43，把后一个 43 用方框括起来以示区别），则要进行 9 轮次的比较。排序过程如图 4-2 所示（括号内为已排好序的序列）。在第一轮次比较中要进行 9 次两两比较，在第二轮次比较中要进行 8 次两两比较。若有 N 个数，在第一轮次比较中要进行 N−1 次两两比较，在第二轮次比较中要进行 N−2 次两两比较，在第 i 轮次比较中要进行 N−i 次两两比较。

初始状态：	43	12	35	18	26	57	7	21	43	46
第 1 趟排序结果：	12	35	18	26	43	7	21	43	46	（57）
第 2 趟排序结果：	12	18	26	35	7	21	43	43	（46	57）
第 3 趟排序结果：	12	18	26	7	21	35	43	（43	46	57）
第 4 趟排序结果：	12	18	7	21	26	35	（43	43	46	57）
第 5 趟排序结果：	12	7	18	21	26	（35	43	43	46	57）
第 6 趟排序结果：	7	12	18	21	（26	35	43	43	46	57）
第 7 趟排序结果：	7	12	18	（21	26	35	43	43	46	57）
第 8 趟排序结果：	7	12	（18	21	26	35	43	43	46	57）
第 9 趟排序结果：	7	（12	18	21	26	35	43	43	46	57）

图 4-2　冒泡法排序过程

编写程序代码

```
/*  案例 4-5  冒泡法排序  */
#include "stdio.h"
#define   N   10
void main()
{
    int   i,j,temp,a[N];
    int   count=0;                    /*计数器，记录是第几趟排序*/
    printf("请输入%d 个整数:",N);
    for(i=0;i<N;i++)
        scanf("%d",&a[i]);

    for(i=1;i<N;i++)                  /*排序开始*/
    {   count++;                      /*每排序一趟，计数器加 1*/
        for(j=0;j<N-i;j++)
            if(a[j]>a[j+1])           /*若前一个元素大于其后元素，则交换两数*/
            {   temp=a[j]; a[j]=a[j+1]; a[j+1]=temp; }
        printf("第%d 趟排序:",count);
        for(j=0;j<N;j++)              /*打印本趟排序的结果*/
            printf("%4d ",a[j]);
        printf("\n");
    }

    printf("排序后的各数为:\n");
    for(i=0;i<N;i++)
        printf("%d   ",a[i]);         /*打印最终排序的结果*/
}
```

程序运行结果

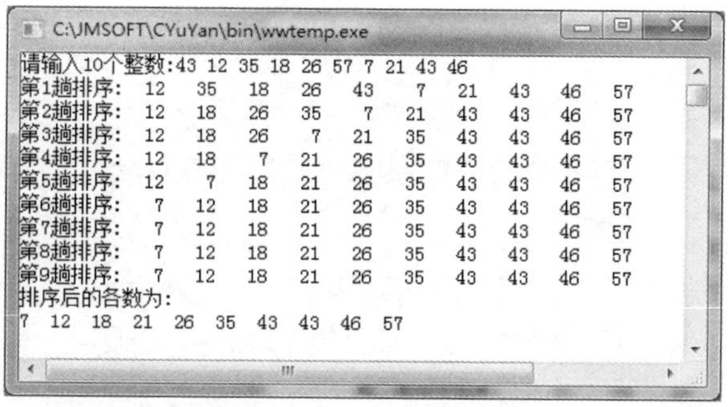

提示：该程序的后 2 趟排序其实是无用的排序，因为第 6、7 趟整个数列已有序无变化。为了简化程序，可以再设一个标志变量 flag，在循环开始时 flag 初始值设为 0。在循环体内只要有两个数交换则将 flag 值变为 1。在双重循环体结束之前判断 flag 值，若其为 1，说明上次排序还有元素交换，则进行本趟排序；若其为 0，说明上次排序已无元素交换，可提前结束排序过程。请读者分析这个功能，并上机将该功能实现。该程序在源程序包的 x4_5_1.c 中给出。

4.5.2 典型案例——矩阵的转置

【案例 4-6】将一个矩阵 A（3×4）转换成为其转置矩阵 A′（4×3）输出。

程序分析

矩阵 A 的转置矩阵 A′ 是指矩阵 A 的第 0、1 和 2 行各元素，分别转换成转置矩阵 A′ 的第 0、1 和 2 列。

算法实现的关键是要将矩阵 A 的每个元素赋给转置矩阵的对应位置，其实就是与主对角线对称的位置，即将原来矩阵每个元素的行、列下标值互换。如原来为 a[i][j]，其转置矩阵对应元素为 b[j][i]。

编写程序代码

```
/* 案例 4-6 矩阵的转置 */
#include "stdio.h"
void main()
{
    int  a[3][4]={{1,2,3,4},{5,6,7,8},{9,10,11,12}}; /*矩阵初始化*/
    int  b[4][3],i,j;
    printf("原矩阵为:\n");
    for(i=0;i<3;i++)                    /*按 3 行 4 列的样式输出该矩阵*/
    {  for(j=0;j<4;j++)
       {  printf("%5d",a[i][j]);
          b[j][i]=a[i][j];              /*将矩阵 a 的每个元素赋给与其转置矩阵 b 的对角线对称的位置*/
       }
       printf("\n");
    }
    printf("其转置矩阵为:\n");
    for(i=0;i<4;i++)                    /*按 4 行 3 列的样式输出转置矩阵 b*/
    {  for(j=0;j<3;j++)
          printf("%5d",b[i][j]);
```

```
        printf("\n");
    }
}
```

程序运行结果

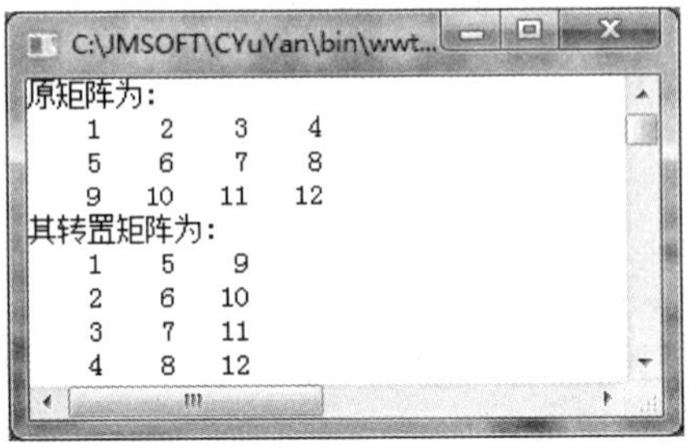

4.5.3 典型案例——打印杨辉三角形

【案例 4-7】输出以下的杨辉三角形（要求输出 10 行）。

```
1
1    1
1    2    1
1    3    3    1
1    4    6    4    1
1    5    10   10   5    1
…         …    …
```

杨辉三角形可以看作 N×N 方阵的下三角，其中第 0 列和对角线元素值为 1，其余各元素是上一行同列和上一行前一列的两个元素之和。

程序分析

可以将杨辉三角形的值放在一个方形矩阵的下半三角中，如果需打印 10 行杨辉三角形，应该定义等于或大于 10×10 的方形矩阵，只是矩阵的上半部和其余部分并不使用。

杨辉三角形的特点如下。

（1）第 0 列和对角线上的元素都为 1。

（2）除第 0 列和对角线上的元素以外，其他元素的值均为前一行上的同列元素和前一列元素之和。

所以程序最开始将垂直和主对角线上的全部元素赋初值 0，然后通过双重循环将剩余未赋初值的元素按照每个元素值 a[i][j]等于它上面元素 a[i-1][j]和上面前一个元素 a[i-1][j-1]之和赋值……将全部元素赋完初值后，再通过一个双重循环体打印该二维数组，即可打印出杨辉三角形。

编写程序代码

```
/* 案例 4-7 打印杨辉三角形 */
#include "stdio.h"
#define   N   10
void main()
{
```

```
    int   i,j,a[N][N];
    for(i=0;i<N;i++)          /*先为杨辉三角形垂直和对角线上元素赋初值为1*/
    {   a[i][i]=1;
        a[i][0]=1;
    }
    for(i=2;i<N;i++)          /*中间每个元素值都为其上面和上面前一个元素值之和*/
    {   for(j=1;j<i;j++)
        a[i][j]=a[i-1][j-1]+a[i-1][j];
    }
    for(i=0;i<N;i++)          /*输出杨辉三角形*/
    {   for(j=0;j<=i;j++)
            printf("%6d",a[i][j]);
        printf("\n");
    }
}
```

程序运行结果

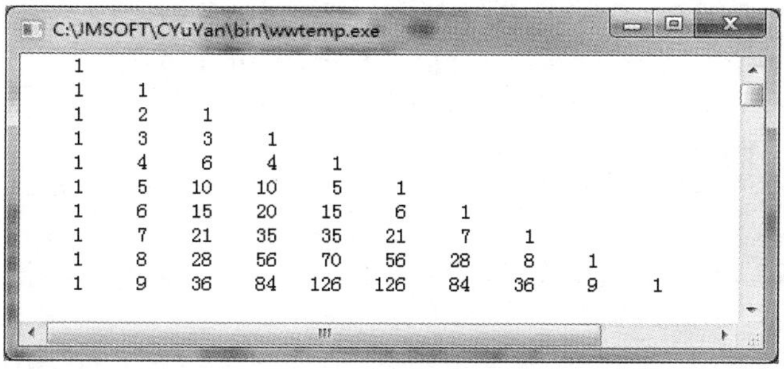

本章小结

数组是程序设计中最常用的数据结构。它是一种构造类型，使用数组，可以将类型相同的相关数据连续存放。数组汇总的各个数据称为数组元素，不同元素用其在数组的位置（即下标）标识。

数组可分为一维数组或多维数组。本章主要介绍了一维数组和二维数组。在定义数组时，数组长度即元素个数必须是确定的，应该用常量来定义数组的长度而不能使用变量。数组定义由数组类型、数组名、数组长度三部分组成。数组元素又称为下标变量。数组类型是指数组元素的类型。定义数组时可以对其初始化，可只对部分元素初始化，也可以对全部元素初始化。当对全部元素初始化时，数组长度可以省略。

除了对字符串、字符串数组可以利用相应的字符串处理函数做整体运算外，对数组的任何操作都只能对数组元素进行。

数组元素的引用采用下标法。在 C 语言中，下标的取值从 0 开始，上限为数组长度减 1。在使用时应注意下标不可越界。

字符串是特殊的一维字符数组，以字符串结束标志'\0'结尾。可以使用字符串处理函数对字符串进行操作，使用字符串处理函数时，应包含头文件“string.h”。

学生自我完善练习

【上机 4-1】设计一个程序，输入一个字符串，将其逆序存放并显示。

解：字符串的输入、输出使用 gets、puts 函数，能输入、输出带空格的字符串。字符串的逆序存放可以通过一个 for 循环实现，即将第一个字符与最后一个字符交换，第二个字符与倒数第二个字符交换，以此类推，一直到中间字符为止。

编写程序代码

```
/* 上机 4-1 输入一个字符串，将其逆序存放并显示 */
#include "stdio.h"
#include "string.h"
void main()
{
    char c,str[40];
    int i,length;
    printf("请输入一个字符串:");
    gets(str);
    length=strlen(str);          /*求得该字符串的长度*/
    for(i=0;i<length/2;i++)      /*从开始字符到中间字符，交换前后对称位置的两个字符*/
    {   c=str[i];
        str[i]=str[length-i-1];   /*第 i 个字符和第 length-i-1 个字符为对称字符*/
        str[length-i-1]=c;
    }
    printf("逆序后的字符串为:");
    puts(str);
}
```

程序运行结果

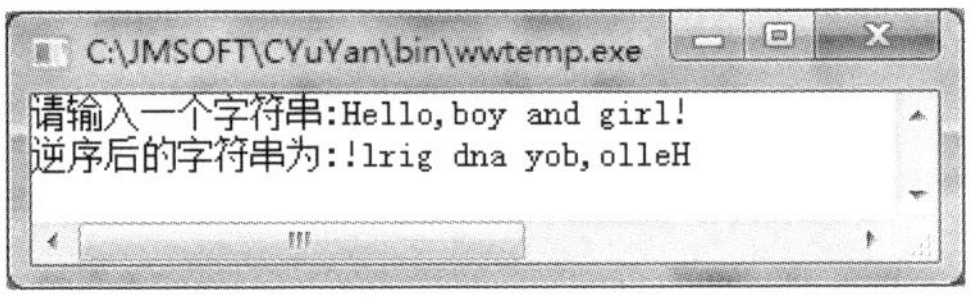

【上机 4-2】用数组的方法求 Fibonacci 数列的前 20 项，要求每行输出 5 个元素。

解：因为 Fibonacci 数列的第 1、2 个元素值为 1、1。从第 3 个元素开始，每后一个元素值为其前 1、2 个元素值之和。所以初始设一维数组 f 的第 1、2 个元素值都为 1。然后通过循环将后面每个元素值求出，对应语句为“f[i]=f[i-2]+f[i-1];”。最后设置下标值判断(i+1)%5==0，若其值为真则输出换行符，即可按每行 5 个元素输出 Fibonacci 数列的前 20 项之和。

编写程序代码

```
/* 上机 4-2 用数组的方法求 Fibonacci 数列的前 20 项 */
#include "stdio.h"
void main()
{
    int i,f[20];
    f[0]=f[1]=1;                  /*将数列前两个元素的值都设为 1*/
    for(i=2;i<20;i++)             /*从第 3 个元素开始，每后一项元素等于其前两个元素值之和*/
        f[i]=f[i-2]+f[i-1];
    for(i=0;i<20;i++)
    {
        printf("%6d", f[i]);
        if((i+1)%5==0) printf("\n");  /*每输出 5 个元素，输出一个换行符*/
```

```
    }
}
```

程序运行结果

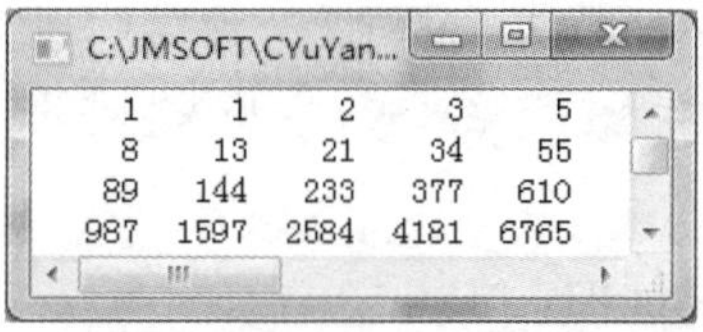

【上机 4-3】有 M 个学生，学习 N 门课程，已知所有学生的各科成绩。分别求每个学生的平均成绩和每门课程的平均成绩。设各学生成绩如表 4-1 所示。

表 4-1　学生成绩

学生编号	课程 1	课程 2	课程 3	课程 4
学生 1	82	81	80	66
学生 2	83	95	82	93
学生 3	78	65	64	77
学生 4	89	88	76	68
学生 5	69	60	50	72

解：可设一个二维数组 score，行数和列数分别为 6 和 5（因为需要求每个人平均成绩和每门课程的平均成绩，所以行数和列数比原始数据都加 1）。在二重循环内求第 i 个人的总成绩和求第 j 门课的总成绩。使用第 i 个人的总成绩除以 M 求得该人的平均成绩，再使用一个一重循环求每门课的平均成绩。

输出时，先输出表头，然后输出一行横线。之后输出二维数组的每行元素，一行输出后换行，最后再输出一行横线。下面输出每门课程的平均成绩。

编写程序代码

```
/* 上机 4-3 有 M 个学生，学习 N 门课程，已知所有学生的各科成绩。分别求每个学生的平均成绩
和每门课程的平均成绩 */
#include "stdio.h"
#define   N   5                          /*定义符号常量人数为 5*/
#define   M   4                          /*定义符号常量课程为 4*/
void main()
{
    int i,j;
    float score[N+1][M+1]={{82,81,80,66},{83,95,82,93},{78,65,64,77},{89,88,76,68},
                        {69,60,50,72}};
    for(i=0;i<N;i++)
    {
        for(j=0;j<M;j++)
        {
            score[i][M]+=score[i][j];           /*求第 i 个人的总成绩*/
            score[N][j]+=score[i][j];           /*求第 j 门课的总成绩*/
        }
        score[i][M]/=M;                         /*求第 i 个人的平均成绩*/
```

```
        }
    for(j=0;j<M;j++)
        score[N][j]/=N;                      /*求第 j 门课的平均成绩*/

    printf("学生编号    课程 1    课程 2    课程 3    课程 4    个人平均\n");    /*输出表头*/
    for(j=0;j<8*(M+2);j++)                   /*输出一条短横线*/
        printf("-");
    printf("\n");
    /*输出每个学生的各科成绩和平均成绩*/
    for(i=0;i<N;i++)
    {
        printf("学生%d\t", i+1);
        for(j=0;j<M+1;j++)
            printf("%6.1f\t", score[i][j]);
        printf("\n");
    }

    for(j=0;j<8*(M+2);j++)      /*输出一条短横线*/
        printf("-");
    printf("\n 课程平均");
    /*输出每门课程的平均成绩*/
    for(j=0;j<M;j++)
        printf("%6.1f\t", score[N][j]);
    printf("\n");
}
```

程序运行结果

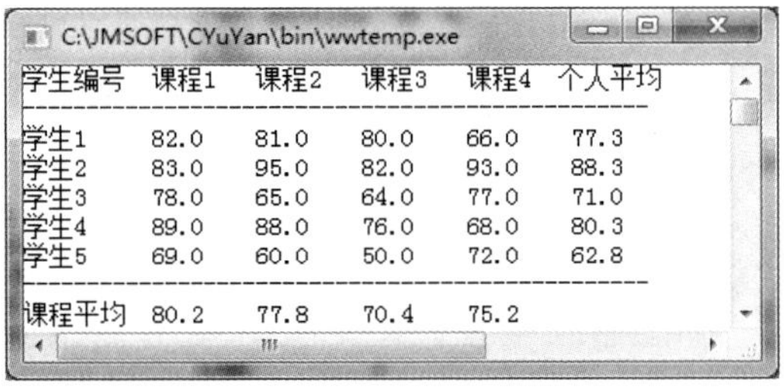

习题四

一、选择题

1．在 C 语言中，引用数组元素时，其数组下标的数据类型是__________。

A）整型常量　　B）整型表达式

C）整型常量或整型表达式　　D）任何类型的表达式

2．以下对一维整型数组 a 的正确定义是__________。

A）int a(10);　　B）int n=10,a[n];

C）int n;　　D）#define SIZE 10

scanf("%d ",&n);　　　　　　　　　　　　　int a[SIZE];

int a[n];

3．若有说明“int a[10];”，则对 a 数组元素的正确引用是____________。

A）a[10]　　B）a[3.5]　　C）a(5)　　D）a[10-10]

4．以下能对一维数组 a 进行正确初始化的语句是__________。

A）int a[10]=(0,0,0);　　B）int a[10]={ };

C）int a[]={0};　　D）int a[10]={10*1};

5．以下定义不正确的语句是__________ 。

A）double x[5]={2.0,9.0,8.9,0.0,1.5};　　B）int y[5]={1,2,3,4,5,6};

C）char c1[]={'1','2','3','4','5'};　　D）char c2[]={'\x10','\xa','\x8'};

6．以下对二维数组说明正确的是_____________。

A）int　a[3][ ];　　B）float　a(3,4);　　C）double　a[1][4];　　D）float　a(3)(4);

7．若有说明“int a[ ][3]={1,2,3,4,5,6,7};”，则 a 数组第一维的大小是__________。

A）3　　B）2　　C）4　　D）无确定值

8．有以下程序：

```
main()
{     int b [3][3]={0,1,2,0,1,2,0,1,2｝,i,j,t=1;
      for(i=0;i<3;i++)
          for(j=i;j<=1;j++)
              t+=b[i][j]+b[j][i]];
      printf("%d\n",t);
}
```

程序运行后的输出结果是_________。

A）1　　B）3　　C）4　　D）9

9．下面是对 s 的初始化，其中不正确的是_________。

A）char s[5]={"abc"};　　B）char s[5]={'a','b','c'};

C）char s[5]= "a";　　D）char s[5]="abcdef";

10．在 C 程序中使用字符串处理函数时，在#include 命令行中包括__________。

A）graphics.h　　B）ctype.h　　C）string.h　　D）math.h

11．表达式 strcmp("box","boss")的值是一个_________。

A）正数　　B）0　　C）负数　　D）不确定

12．有两个字符数组 a、b，则以下正确的输入语句是___________。

A）gets(a,b);　　B）scanf("%s%s",a,b);

C）scanf("%s%s",&a,&b);　　D）gets("a"),gets("b");

13．有如下定义“char　str[5]={ 'a','b','\0','c','\0'}；”，则语句“printf("%s",str);”的输出结果是________。

A）'a''b '　　B）ab　　C）abc　　D）ab c

14．下面叙述正确的是__________。

A）两个字符串所包含的字符个数相同时，才能比较字符串

B）字符个数多的字符串比字符个数少的字符串大

C）字符串"STOP　"与"STOP"相等

D）字符串"That"小于字符串"The"

15．下面对 C 语言字符数组描述中错误的是___________。

A）字符数组可以存放字符串

B）字符数组的字符串可以整体输入、输出

C）可以在赋值语句中通过赋值运算符“=”对字符数组整体赋值

D）不可以用关系运算符对字符数组中的字符串进行比较

二、填空题

1. 在C语言中，二维数组元素在内存中的存放顺序是__________。

2. 若有定义“double　x[4][5];”，则x数组中行下标的下限为________，列下标的上限为_________。

3. 若有二维数组a[3][4]，则元素a[2][2]在数组中的位置为_________。（假设a[0][0]位于数组的第一个位置上。）

4. 若有定义“int a[3][4]={{1,2},{0},{4,6,8,10}};”，则初始化后，a[1][2]得到的初值是________。

5. 下面程序的运行结果是________________。

```
main()
{    char ch[7]={"65ab21"};
     int   i, s=0;
     for(i=0 ; ch[i]>= '0' &&ch[i]<='9' ; i+=2)
          s=10*s+ch[i]-'0';
     printf("%d\n", s);
}
```

6. 以下程序段的输出结果是____________________。

```
main()
{   char   str[]="Happy new year!";
    str[5]='\0';
    puts(str);
}
```

7. 设有定义“char s[12]= "string";”，则“printf("%d\n",strlen(s));”的输出是_______________。

8. 下面程序可求出矩阵a的两条对角线上的元素之和，请填空。

```
main()
{   int   a[3][3]={1,3,6,7,9,11,14,15,17},sum1=0,sum2=0,i,j;
    for(i=0;i<3;i++)
      for(j=0;j<3;j++)
        if(i==j)
           sum1=sum1+a[i][j];
      for(i=0;i<3;i++)
        for(____;_____;j--)
          if((i+j)==2)
             sum2=sum2+a[i][j];
    printf("sum1=%d,sum2=%d\n",sum1,sum2);   }
```

9. 当从键盘输入16并回车后，下面程序的运行结果是________________。

```
main()
{   int   x,y,i,a[8],j,u,v;
    scanf("%d",&x);
    y=x;i=0;
    do
    {   u=y/2;
        a[i]=y%2;
        i++;
        y=u;
     }while(y>=1);
     for(j=i-1;j>=0;j--)
```

```
        printf("%d",a[j]);
    }
```

10．下面程序的运行结果是________________。

```
main()
{   int   i=1,n=3,j,k=3;
    int   a[5]={1,4,5};
    while(i<=n && k>a[i])
       i++;
    for(j=n-1;j>=i;j--)
       a[j+1]=a[j];
    a[i]=k;
    for(i=0;i<=n;i++)
       printf("%3d",a[i]);
}
```

11．若想通过以下输入语句使 a 中存放字符串 1234，b 中存放字符 5，则输入数据的形式应该是________。

```
char   a[10], b;
scanf("a=%s b=%c", a, &b);
```

12．以下程序可以把从键盘上输入的十进制数（long 型）以二到十六进制数的形式输出。请填空。

```
main()
{    int b[16]={'0', '1', '2', '3', '4', '5', '6', '7', '8', '9', 'A', 'B', 'C', 'D', 'E', 'F'};
     int c[64], d, i=0, base;
     long n;
     printf("Enter a number:\n"); scanf(“%ld”, &n);
     printf("Enter new base:\n"); scanf(“%d”, &base);
     do
     {    c[i]=____________;
          i++;
          n=n/base;
     }while(n!=0);
     printf("Transmite new base:\n");
     for(--i;i>=0;--i)
     {    d=c[i];
          printf("%c", __________);
     }
}
```

三、编程题

1．试从键盘输入 5 个整数，找出最大数和最小数所在的位置，并把二者对调，然后输出调整后的 5 个数。

2．已知矩阵 a、b，求 a、b 的和，并将结果存入矩阵 c 中，试以矩阵的形式输出矩阵 c。（说明：矩阵 a 为 3 行 4 列，其值为{3,-2,7,5,1,0,4,-3,6,8,0,2}，矩阵 b 为 3 行 4 列，其值为{-2,0,1,4,5,-1,7,6,6,8,0,2}。）

3．输入一行字符，统计其中单词的个数。（单词之间用空格分隔开。）

习题四参考答案

第5章

函数和编译预处理

本章简介 C 语言是通过函数来实现模块化程序设计的，较大的 C 语言应用程序往往是由多个函数组成的，每个函数分别对应各自的功能模块。在本章中，主要介绍函数的定义、调用和返回，函数的嵌套调用和递归调用，函数间的数据传递方法，作用域和存储类型的问题。在编译 C 源程序时，系统将自动调用编译预处理程序，编译预处理命令主要有宏定义、文件包含和条件编译。

知识点

1. 函数的定义、调用和声明
2. 函数的参数传递
3. 函数的嵌套调用与递归调用
4. 变量的作用域和存储类型
5. 编译预处理的宏定义
6. 编译预处理的文件包含
7. 编译预处理的条件编译

5.1 模块化的设计思想

视频讲解

在学习 C 语言函数之前，需要了解什么是模块化程序设计方法。人们在求解一个复杂问题时，通常采用的是逐步分解、分而治之的方法，也就是把一个大问题分解成若干个比较容易求解的小问题，然后分别求解。**程序员在设计一个复杂的应用程序时，往往也是把整个程序划分为若干功能较为单一的程序模块，然后分别予以实现，最后再把所有的程序模块像搭积木一样装配起来。这种在程序设计中分而治之的策略，称为模块化程序设计方法。**

如何设计和调用函数呢？将案例 3-7 用 while 循环语句实现 1～100 自然数之和的程序进行改写，用函数实现求 1～100 自然数之和。下面左侧为用子函数实现的源程序，右侧为案例 3-7 源程序。

```
#include "stdio.h"
int   add(int n)
{
      int sum=0,i=1;
      while(i<=n)
      {
            sum+=i;
            i++;
      }
      return   sum;
}
void main()
{
    printf("1+2+…+100=%d",add(100));
}
```

将循环体从主函数提出，构成子函数 add

子函数调用语句

```
#include "stdio.h"        /*案例 3-7*/
void main()
{
    int   sum=0, i=1;
    while(i<=100)
    {
        sum+=i;

        i++;
    }
    printf("1+2+…+100=%d\n",sum);
```

变量换成子函数调用语句

程序运行结果如下：

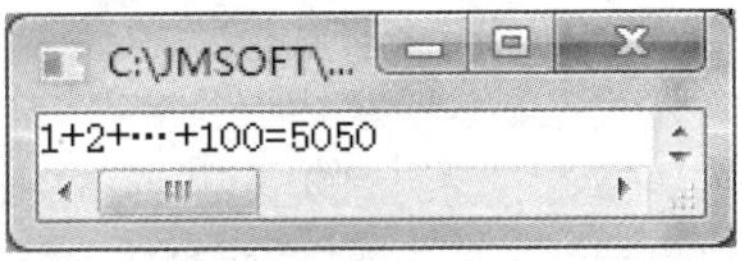

分析该程序，案例 3-7 中的循环体语句被构造成一个单独的模块 int add(int n){…}，该程序模块内部的语句和案例 3-7 的循环体语句基本一样，只不过多了输入和输出的变量 n 和 sum。程序模块 add 在 C 语言中称作函数。

函数可以实现程序的模块化，使得程序设计简单、直观，程序员还可以将一些常用的算法编写成通用函数，以便随时调用。因此无论程序的设计规模有多大、多复杂，都可划分为若干个相对独立、功能较单一的函数，通过对这些函数的调用，从而实现程序的功能。

C 语言函数有两种，一种是由系统提供的标准函数，这种函数用户可以直接使用，叫作**库函数**；另一种是**用户自定义的函数**，这种函数用户必须先定义后使用。

Turbo C 系统提供了 400 多个标准库函数，按功能可以分为：类型转换函数、字符判别与转换函数、字符串处理函数、标准 I/O 函数、文件管理函数和数学运算函数等。它们执行效率高，用户需要时，可在程序中直接进行调用。

从函数的形式上看，一个 C 语言程序必须包含一个且只有一个 main 函数，由 main 函数开始调用其他函数，其他函数也可相互调用，但最终返回主函数结束程序。其他函数一般就是由用户自定义的函数。

视频讲解

5.2 函数的定义、调用和函数声明

5.2.1 函数的定义

1. 函数的定义格式

函数的定义格式如下：

```
函数类型  函数名(形式参数列表)    ——  函数头
{
    函数体
}
```

说明：

（1）函数类型指定所定义函数返回值的类型，可以是简单类型、void 类型或构造类型等，默认为 int 型。当函数类型为 void 时，表示函数无返回值。当函数类型为 int 时，可省略其类型的说明。

（2）函数名是函数的标识符，遵循 C 语言标识符的命名规则，区分大小写。后面一对圆括号()里为函数的参数列表。**函数定义的第一行又可称为“函数头”。**

（3）函数体是一个复合语句，即用花括号{ }括起来的语句序列。

（4）对于有返回值的函数，必须用带表达式的 return 语句来结束函数的运行，返回值的类型应与函数类型相同。如果 return 语句中表达式值与函数定义的类型不一致，则以函数定义类型为准，并自动将 return 语句中的表达式的值转换为函数返回值的类型。

例如：

```
return;              /*当函数类型为 void 类型时无返回值，直接返回*/
return   0;          /*返回一个常量*/
```

```
return    a>b?a:b;      /*返回一个不带括号的表达式*/
return    (a+b);        /*返回一个带括号的表达式*/
```

（5）形式参数简称形参，处在函数定义部分的函数名后的圆括号中。形式参数列表可以为空，表示没有参数（无参函数），也可以由多个参数组成。当形式参数列表中有多个参数时，参数与参数之间用逗号隔开。

2. 形式参数列表说明

形式参数列表有以下两种形式。

（1）void 或空。

无参函数一般不需要返回函数值，因此可以不写类型标志符（或写成空类型 void）。例如：

```
int  sum(void)                    /*定义一个没有参数的函数 sum*/
{
     int  i,s=0;
     for(i=1;i<=10;i++)
         s+=i;
     return  s;
}
```

函数的功能是计算并返回 1 到 10 的整数和。

（2）参数类型名 1　参数 1，参数类型名 2　参数 2，…，参数类型名 n　参数 n

函数包含一个或多个参数，每个参数必须标注具体的数据类型，这样的函数又称为有参函数。例如：

```
int  max(int  a, int  b)          /*定义一个有两个参数 a、b 的函数 max*/
{
     int  m=0;
     if(a>b)     m=a;
     else        m=b;
     return  m;
}
```

函数的功能是求两个整数中的较大值。如果按照传统的函数写法，可以将参数列表中的变量定义放在函数头和函数左花括号之间。例如上例可改写为：

```
int  max(a,b)                     /*定义一个有两个参数的函数 max*/
int  a,b;                         /*将形式参数 a、b 的类型说明放在函数头和函数体之间*/
{
     int  m=0;
     if(a>b)     m=a;
     else        m=b;
     return  m;
}
```

这种写法适合于有多个参数的情况。

提示：函数头部分注意事项

无论函数是否有形式参数，函数名后的圆括号不可省略，并且圆括号之后不能接“;”。

5.2.2　函数的调用

函数的使用是通过函数调用语句来完成的。C 语言通过 main 函数来调用其他函数，其他函数之间可相互调用，但不能调用 main 函数。函数被调用时获得程序控制权，调用完成后，返回到调用语句的后面语句。

函数调用语句一般格式如下：

```
函数名(实际参数列表)
```

说明：

（1）函数调用可以出现在表达式中，也可以作为一条单独的语句出现。如：

```
s=sum();                /*计算 1+2+…+10 的值*/
z=max(5,8);             /*计算 5、8 中的较大值*/
z=max(5+4,8*2);         /*计算（5+4）和（8*2），即 9 和 16 中的较大值*/
z=max(x,y);             /*计算 x、y 中较大值，x、y 为实际参数*/
```

（2）函数的参数分为实际参数和形式参数两种，分别简称为实参和形参。**其中实际参数是在调用的函数中的参数，一般是具有实际的值的常量、变量或表达式，而形式参数是写在函数头中函数名后面括号中的变量。**例如上面例子中函数头 int max(int a, int b)中的 a、b 就是形式参数，而语句“z=max(x,y);”中的 x、y 就是实际参数。

（3）实参的个数必须与形参的个数一致。实参的个数多于一个时，各实参之间用逗号隔开。

（4）在定义的函数中，必须指定形参的类型，并且实参的类型必须与形参的类型一一对应。

（5）实参可以和形参同名。

5.2.3 函数的声明

编译程序在处理函数调用时，必须从程序中获得完成函数调用所必需的接口信息。函数的声明是对函数类型、名称等的说明。为函数调用提供接口信息，对函数原型的声明是一条程序说明语句。

函数原型的声明就是在函数定义的基础上去掉函数体，后面加上分号“;”。其定义格式如下：

```
函数类型    函数名(形式参数列表);
```

例如：

```
int  max(int  a, int  b);          /*具有两个整型形参，函数类型为整型的函数声明*/
```

和完整的函数定义不同，形参表可以只给出形参的类型，形参名可以省略。例如：

```
int  max(int , int );              /*与上面声明功能相同，只不过省略了形参名*/
```

之所以需要函数的声明，是要获得调用函数的权限。如果在调用之前定义或声明了函数，则可以调用该函数。

被声明的函数往往定义在其他的文件或库函数中。可以把不同类型的库函数声明放在不同的库文件中，然后在自己设计的程序中包含该文件。例如：

```
#include  "math.h"
```

其中，math.h 文件包含了很多数学函数的原型声明。这样做的好处是方便调用和保护源代码。库函数的定义代码已经编译成机器码，对用户而言是不透明的，但用户可以通过库函数的原型获得参数说明并使用这些函数，完成程序设计的需要。

对于用户自定义的函数，也可以这样处理。和使用库函数不同的是，我们经常把自己设计的函数放在调用函数后。例如，我们习惯于先设计 main()函数，再设计自定义函数，这个时候需要超前调用自定义函数，在调用之前需要进行函数原型声明。

提示：声明和定义的区别

（1）变量的声明通常是对变量的类型和名称的一种说明，不一定分配内存，而变量的定义肯定会分配内存空间。

（2）函数的声明是对函数的类型和名称的一种说明，而函数的定义是一个模块，包括函数体部分。
（3）声明可以是定义，也可以不是，广义上的声明包括定义性声明和引用性声明，通常所说的声明指的是后者。

【案例 5-1】用函数实现求两个整数中较大的值。

程序分析

（1）在本程序中定义两个函数：main 函数和 max 函数。

（2）max 函数中定义一个变量 m，存放两个参数中较大的数，通过 return 语句把 m 的值返回调用函数。

（3）主函数中通过调用子函数 max 求两个数中较大的数，调用语句为“z=max(x,y);”。注意子函数的定义、调用和子函数的声明，如果子函数放在主函数的前面定义，则不需要子函数的声明语句。

编写程序代码

```
/*  案例 5-1  用函数实现求两个整数中较大的值  */
#include "stdio.h"
int   max(int   a,int   b);              /*子函数 max 的声明语句*/
main()
{   int   x,y,z;
    printf("请输入两个整数：");
    scanf("%d%d",&x,&y);
    z=max(x,y);                          /*子函数 max 在主函数中的调用语句*/
    printf("%d 和%d 的较大值为%d!",x,y,z);
}
int   max(int   a,int   b)               /*子函数 max 的函数头，其中变量 a、b 是形参*/
{   int   m;                             /*定义函数内部变量 m*/
    if(a>b)   m=a;
       else     m=b;
    return    m;                         /*子函数返回语句*/
}
```

程序运行结果

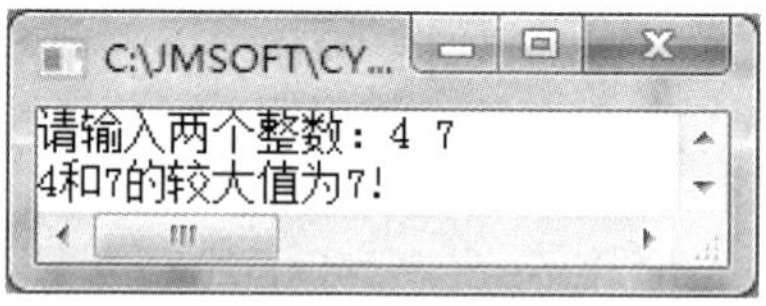

【练习 5-1】以下程序的输出结果是____________。

```
#include   "stdio.h"
void   fun(int   a,int   b,int   c)
{   c=a*b; }
main()
{
    int   c;
    fun(2,3,c);
    printf("%d",c);
}
```

A）0　　B）1　　C）6　　D）无定值

解：因为普通变量作为函数参数，其参数传递方式都为值传递方式，所以形参值的改变对实参无影响。子函数调用语句“fun(2,3,c);”相当于将形参 a 赋值为 2，b 赋值为 3，主函数中的 c 传给子函数形参 c，值为不确定的值。而子函数中语句“c=a*b;”只是对子函数中的形参 c 赋值，对主函数中的实参 c 无影响。所以主函数中输出的结果应该是无定值，答案为 D。

5.3 函数的参数传递

视频讲解

函数调用需要向子函数传递数据，一般通过实参将数值传递给形参。实参向形参的参数传递有两种形式：**值传递和地址传递**。

（1）值传递：指单向的数据传递（将实参的值赋给形参），传递完成后，对形参的任何操作都不会影响实参的值。

（2）地址传递：将实参的地址传递给形参，使形参指向的数据和实参指向的数据相同（相当于实参和形参在内存中共用同一个空间），因而被调函数的操作会直接影响实参指向的数据。**地址传递又称为指针传递或传址**，在后面的指针章节中详细介绍。

下面通过一个案例来了解值传递和地址传递的特点。

【案例 5-2】编写一个子函数 change，有两个整型形参，在子函数中交换这两个形参的值。编写子函数 add，有一个数组作为函数形参，在该函数中将数组中每个元素的值都乘 2。通过该程序了解值传递和地址传递的区别。

程序分析

因为值传递后，形参值的改变不会影响实参，所以在 change 子函数中交换两个形参值后输出这两个值，在主函数中再重新输出两个实参值，会发现两个实参的值并没有改变。这也证明了值传递方式是单向的数据传递。

在 add 函数中将数组作为函数参数，则相当于实参和形参共用同一个数组空间，那么对形参中每个数组元素值的改变，也同样会改变实参数组中的每个元素值。在主函数中再输出实参的每个数组元素，可以发现，数组的元素值都被乘以 2 了。

要注意两个子函数的形参书写格式和两个子函数的调用格式。

编写程序代码

```
/* 案例 5-2 函数值传递和地址传递程序 */
#include "stdio.h"
void  change(int  x,int  y)          /*该子函数功能是交换两个形参的值*/
{  int  t;
   printf("子函数 change 中两个参数交换前：x=%d,y=%d\n",x,y);
   t=x;
   x=y;
   y=t;
   printf("子函数 change 中两个参数交换后：x=%d,y=%d\n",x,y);
}
void  add(int  a[])                  /*该子函数功能是批量将每个数组元素值乘 2*/
{  int  i;
   for(i=0;i<10;i++)
```

```
        a[i]*=2;                          /*每个数组元素值乘 2*/
}
void main()
{
    int  a,b,i;
    int  x[10]={1,3,5,7,9,11,13,15,17,19};
    printf("请输入两个整数：");
    scanf("%d%d",&a,&b);
    change(a,b);                          /*子函数 change 调用语句*/
    printf("主函数中两个实参在调用子函数 change 后的值为：a=%d,b=%d\n",a,b);

    printf("\n 原数组 x 中的 10 个元素值为：\n");
    for(i=0;i<10;i++)
        printf("%5d",x[i]);
    add(x);                               /*子函数 add 调用语句*/
    printf("\n 调用子函数 add 后，数组 x 中的 10 个元素值为：\n");
    for(i=0;i<10;i++)
        printf("%5d",x[i]);
}
```

程序运行结果

程序运行后，输入两个整数 4 和 8，运行结果如下：

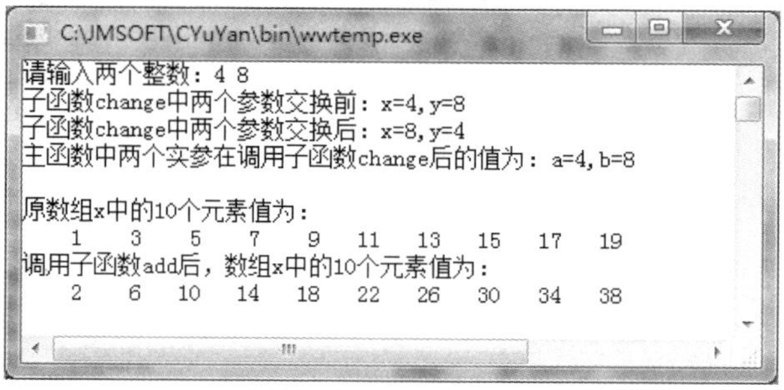

【练习 5-2】以下程序的输出结果是__________。

```
#include  "stdio.h"
int  f(int  b[],int  n)
{
    int  i,r=1;
    for(i=0;i<=n;i++)
        r=r*b[i];
    return  r;
}
main()
{
    int  x,a[]={2,3,4,5,6,7,8,9};
    x=f(a,3);
    printf("%d",x);
}
```

A）720　　B）120　　C）24　　D）6

解：子函数有两个参数，一个是数组 b，一个是整数 n。因为数组的参数传递方式是地址传递，所以函数调用语句“x=f(a,3);”相当于把实参 a 的地址传给形参 b，两个数组相当于一个数组。而 3 相当于子函数的第二个实参值，把 3 赋给形参 n。f 函数的功能是将数组 b 的前 4 个元素值（因为 n=3 为数组下标值）都乘到变量 r 上，然后返回乘积 r。数组中的各值相乘，最终值应该为 2×3×4×5=120。答案为 B。

5.4 函数的嵌套调用

视频讲解

C 语言程序执行时都从 main 函数开始，在 main 函数中遇到子函数调用语句，则调用该子函数，若有其他函数也可相互调用，但执行完子函数后最终必须返回主函数，直到程序结束。**函数的嵌套调用是指在执行被调用函数时，被调用函数又调用了其他函数。**

例如，在 main 函数中可以调用 A 函数，在调用 A 函数的过程中可以调用 B 函数；B 函数调用结束后返回到 A 函数，A 函数调用结束后，再返回到 main 函数，这就是函数的嵌套调用。其调用过程如图 5-1 所示。

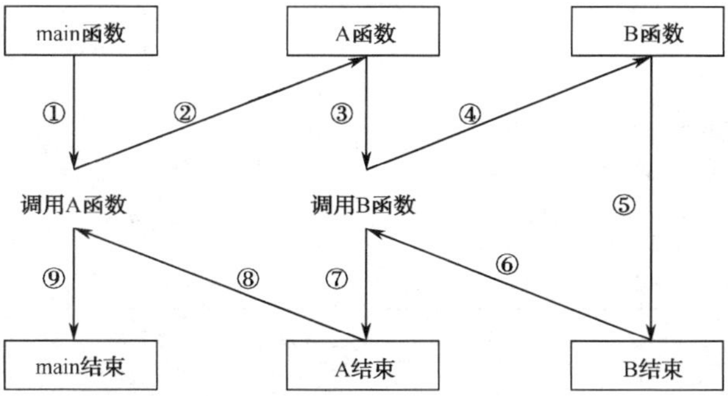

图 5-1 函数的嵌套调用过程示意图

在图 5-1 中，①～⑨表示执行嵌套调用过程的序号。即从①开始，先执行 main 函数的函数体中的语句，当遇到调用 A 函数时，由②转去执行 A 函数；③是执行 A 函数的函数体中的语句，当遇到调用 B 函数时，由④转去执行 B 函数，⑤是执行 B 函数的函数体中的所有语句，当 B 函数调用结束后，通过⑥返回到调用 B 函数的 A 函数中；⑦是继续执行 A 函数体中的剩余语句，当 A 函数调用结束后，通过⑧返回到调用 A 函数的 main 函数中；⑨表示继续执行 main 函数的函数体中的剩余语句，结束本程序的执行。

函数嵌套调用时需要注意以下两点。

（1）C 语言程序中的函数定义都是平行、相互独立的。也就是说在一个函数定义的内部，不能定义其他函数，即函数的定义不允许嵌套。

（2）一个函数既可以被其他函数调用，也可以调用其他函数，这就是函数的嵌套调用。

【案例 5-3】编写两个子函数，子函数 fac 求一个整数 n 的阶乘，子函数 add 求两个整数 a 和 b 的阶乘的和。在主函数中输入两个正整数，求这两个数的阶乘的和。

程序分析

这个案例主要介绍函数的嵌套调用。所以设计子函数 fac 求整数 n 的阶乘，再设计子函数 add 的求和的功能。在求和语句中再调用子函数 fac，即可实现程序的功能。

在主函数中调用求和的子函数 add，在子函数 add 中再调用求阶乘的子函数 fac，形成函数的嵌套调用。

```
/* 案例 5-3 函数的嵌套调用程序 */
#include "stdio.h"
long  fac(int n)              /*函数功能为求 n 的阶乘*/
{
      int  i;
      long s=1;               /*注意结果 s 值会很大，所以需要设为长整型或 double 类型*/
      for(i=1;i<=n;i++)
          s=s*i;
      return  s;
}
long  add(int a,int b)        /*函数功能为求两个阶乘的和*/
{
      long  s;
      s=fac(a)+fac(b);        /*在子函数 add 中调用子函数 fac 求阶乘，即函数的嵌套调用*/
      return  s;
}
void main()
{
     int  x,y;
     long  s;
     printf("请输入两个正整数（取值在 2 到 10 之间）：");
     scanf("%d%d",&x,&y);
     s=add(x,y);              /*调用函数 add 求和*/
     printf("%d!+%d!=%ld",x,y,s);
}
```

程序运行结果

【练习 5-3】在 C 语言程序中，以下描述正确的是__________。

A）函数的定义可以嵌套，但函数的调用不可以嵌套

B）函数的定义不可以嵌套，但函数的调用可以嵌套

C）函数的定义和函数的调用均不可以嵌套

D）函数的定义和函数的调用均可以嵌套

解：由前面知识点可知，函数在定义时必须是平行的，定义完一个子函数后再定义另一个子函数，不能嵌套定义两个函数（在一个函数定义内部又定义另一个子函数）。但函数的调用是可以嵌套的，如主函数调用子函数 A，子函数 A 再调用子函数 B。子函数 B 执行完后回到子函数 A，子函数 A 执行完后回到主函数，直到程序结束。所以答案选 B。

5.5 函数的递归调用

视频讲解

函数通过其函数体中的语句直接或间接地调用自身，称为递归调用，这样的函数称为递归函数。

递归函数一般都有一个条件语句，执行语句分两部分，一个是结束递归的终值，一个是递归的返回表达式，表达式中有该函数的自身调用。

递归函数可以无终止地调用自身，要避免这种情况的发生。使用递归解决的问题应满足两个基本条件。

（1）问题的转化。有些问题不能直接求解或难以求解，但它可以转化为一个新问题，这个新问题比原问题简单或更接近解决方法。这个新问题的解决与原问题一样，可以转化为下一个新问题……

（2）转化的终止条件。原问题到新问题的转化是有条件的，次数是有限的，不能无限次数地转化下去。这个终止条件也称为边界条件，相当于递推关系中的初始条件。

【案例 5-4】设计递归函数 fact(n)，计算并返回 n 的阶乘值。

程序分析

一个整数 n 的阶乘可表示为：

$$n! = \begin{cases} 1 & (n=0 \text{ 或 } n=1) \\ 1*2*\cdots*n & (n>1) \end{cases}$$

阶乘定义还可以表示为：

$$n! = \begin{cases} 1 & (n=0 \text{ 或 } n=1) \\ n*(n-1)! & (n>1) \end{cases}$$

现在定义一个函数 fact(n)来求 n!时，可以使用如下的方式:

$$\text{fact}(n) = \begin{cases} 1 & (n=0 \text{ 或 } n=1) \\ n*\text{fact}(n-1) & (n>1) \end{cases}$$

从上面可以看到，当 n>1 时，fact(n)可以转化为 n*fact(n−1)，而 fact(n−1)与 fact(n)，只是函数参数由 n 变成 n−1；而 fact(n−1)又可以转化为(n−1)*fact(n−2)……每次转化时，函数参数减 1，直到函数参数的值为 1 时，1!的值为 1，递归调用结束。

递归调用的过程如图 5-2 所示，假设输入 n=5，倾斜箭头表示函数调用，旁边的数字表示传

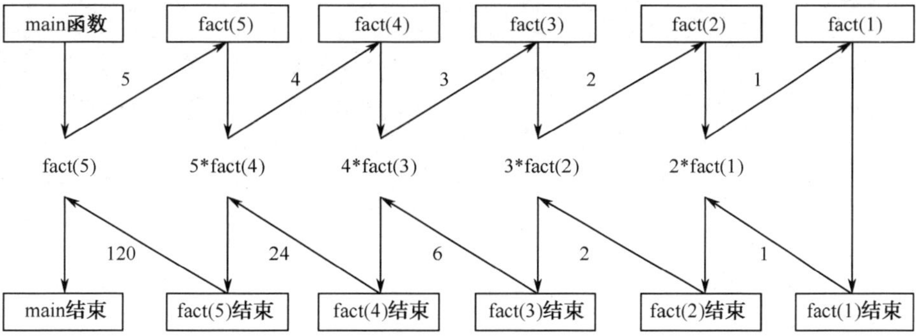

图 5-2　fact 函数的递归调用过程示意图

递的参数；下面的箭头表示函数返回，旁边的数字表示函数返回值。fact 函数反复调用自身，fact(5)调用 fact(4)，fact(4)调用 fact(3)，fact(3)调用 fact(2)……参数逐次减小，当最后调用 fact(1)时，结束调用，于是开始逐级完成乘法运算，最后计算出 5!结果为 120。

编写程序代码

```
/* 案例 5-4  递归函数求 n!  */
#include  "stdio.h"
double  fact(int  n)           /*递归函数的定义*/
{
    if( n==0 || n==1)           /*递归函数结束的条件 n 值为 0 或 1*/
        return(1);
    else
        return(n*fact(n-1));    /*返回带该函数名 fact 的一个表达式*/
}
void  main()
{
    int  num;
    printf("本程序功能是求 n!，请输入一个正整数 n：");
    scanf("%d",&num);
    printf("%d 的阶乘（1*2*…*%d）值为：%.0lf",num,num,fact(num));
}
```

程序运行结果

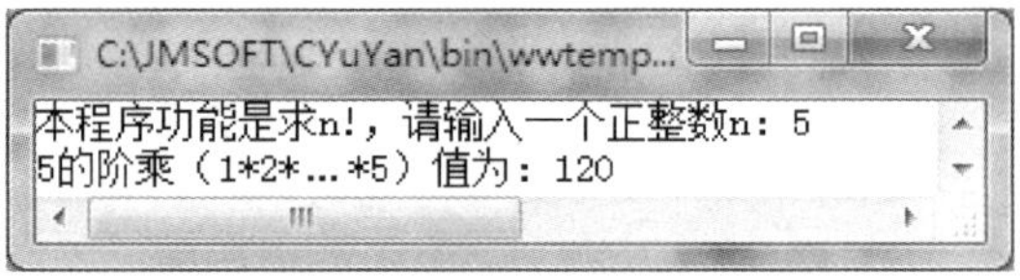

【练习 5-4】以下程序的输出结果是____________。

```
#include  "stdio.h"
int  f(int  n)
{
    if(n==1)
      return 1;
    else
      return f(n-1)+1;
}
main()
{
    int  i,j=0;
    for(i=1;i<3;i++)
        j+=f(i);
    printf("%d",j);
}
```

A）4　　B）3　　C）2　　D）1

解：该程序定义了一个递归函数，该函数每次返回的值为下一次调用结果值加 1，所以该函数的功能相当于每次将参数值加 1 返回，即 f(1)=1，f(2)=1+1=2。主函数在循环体中两次将调用函数 f(i)加到 j 上，即将 f(1)和 f(2)加到 j 上。所以 j 的值为 3，答案为 B。

5.6 变量的作用域和存储类型

视频讲解

5.6.1 变量的作用域

在 C 语言中，由用户名命名的标识符都有一个有效的作用域。**不同的作用域允许相同的变量和函数出现**，同一作用域变量和函数不能重复。

依据变量作用域的不同，C 语言变量可以分为**局部变量**和**全局变量**两大类。在函数内部或复合语句内部定义的变量，称为局部变量。函数的形参也属于局部变量。在函数外部定义的变量，称为全局变量。有时将局部变量称为内部变量，全局变量称为外部变量。

变量的作用域要注意以下几点。

（1）主函数中定义的变量只能在主函数中使用，不能在其他函数中使用。因为主函数也是一个函数，它与其他函数是平等关系。

（2）不同的函数内可以定义相同名字的内部变量，它们互不影响。

（3）形参变量属于被调函数的内部变量，实参变量属于主调函数的内部变量。

（4）在函数体内的复合语句中可以定义变量，其作用域只在复合语句范围内，这种复合语句也称为“分程序”“程序块”或“程序段”。

（5）在同一源程序文件中，如果全局变量与局部变量同名，则在局部变量的作用范围内全局变量不起作用。

（6）全局变量的使用会降低函数的通用性、可靠性、清晰性，因此建议没有必要时不要使用全局变量。

5.6.2 变量的生存期

变量的生存期是指变量值在程序运行过程中的存在时间。C 语言变量的生存期可以分为静态生存期和动态生存期。

一个程序占用的内存空间通常分为两个部分：**程序区和数据区**，数据区也可以分为**静态存储区**和**动态存储区**。其中，程序区中存放的是可执行程序的机器指令：静态存储区中存放的是静态数据，如静态常量、静态变量；动态存储区中存放的是动态数据，如动态变量；动态存储区分为堆内存区和栈内存区，堆和栈是不同的数据结构，栈由系统管理，堆由用户管理。

静态变量是指 main 函数执行前就已经分配内存的变量，其生存期为整个程序执行期；动态变量是在程序执行到该变量声明的作用域才临时分配内存，其生存期仅在其作用域内。

生存期和作用域是不同的概念，分别从时间和空间上对变量的使用进行界定，相互关联又不完全一致。例如，静态变量的生存期贯穿整个程序，但作用域是从声明位置开始到文件结束。

下面通过一个案例来了解不同作用域的变量使用范围。

【案例 5-5】变量作用域演示程序。

编写程序代码

```
/* 案例 5-5 变量作用域演示程序 */
#include "stdio.h"
int   s=30,x=12;        /*定义全局变量 s 和 x，作用域为从定义开始到文件结尾*/
int   add(int x,int y)
{
      return x+y;        /*形参 x、y 作用域为子函数 add 内部*/
}
void main()
{
    int   x=5,y=3,z;   /*定义局部变量 x、y、z，作用域为主函数 main 内部，屏蔽全局变量 x*/
    printf("主函数 main 初始：s=%d,x=%d,y=%d,z=%d\n",s,x,y,z);
    {
        int   x=1;     /*定义程序块内的局部变量 x，屏蔽主函数的变量 x 和全局变量 x*/
        y=20;          /*修改 main 中定义的局部变量 y 值*/
        z=add(x,y);
        printf("程序块中：s=%d,x=%d,y=%d,z=%d\n",s,x,y,z);
    }
    z=add(x,y);
    s=15;              /*在 main 函数中直接修改全局变量 s*/
    printf("主函数 main 修改：s=%d,x=%d,y=%d,z=%d\n",s,x,y,z);
}
```

程序分析

（1）全局变量 s=30 和 x=12，但因为在主函数和程序块内都有同名变量，所以变量 x 都被屏蔽了。s 在函数外定义完，在 main 函数和各子函数内都可以被改变，所以在 main 函数中被改为 15。

（2）在 main 函数内定义的变量 x=5 作用域在 main 内部，而程序块内又定义了变量 x=1，所以块内的 x 值为 1，直到块结束。而 main 函数内的变量 y=3 可以在块内被直接改变，所以 y 值改为 20。“z=add(x,y);”调用语句中的 x、y 值就分别为 1 和 20，则返回值为 21，即 z 值为 21。

（3）在程序块后面重新调用函数“z=add(x,y);”，则语句中的 x、y 值就分别为 5 和 20 了。返回值为 25，即 z 值为 25。

程序运行结果

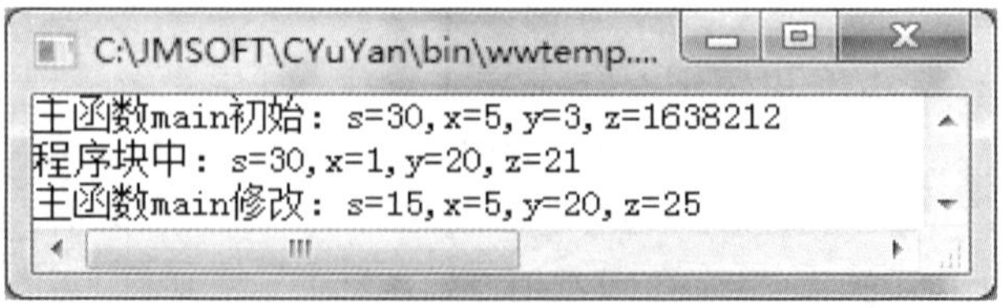

5.6.3 变量的存储类型

变量的存储类型有 4 种，分别由 4 个关键字表示：auto（自动）、register（寄存器）、static（静态）和 extern（外部）。例如，在前面章节各程序中所使用的变量，它们的存储类型均为 auto 类型。

```
存储类型  类型名  变量名表;
```

例如：

```
auto   int   x;          /*定义一个自动整型变量x，auto可省略*/
register  float  y;      /*定义一个寄存器浮点型变量y*/
static  double  z;       /*定义一个静态双精度浮点型变量z*/
extern  long  s;         /*声明（不是定义）一个外部长整型变量s*/
```

1．自动（auto）类型

用 auto 定义的变量称为自动变量，可省略 auto。自动类型变量值是不确定的，如果初始化，则赋初值操作是在调用时进行的，且每次调用都要重新赋一次初值。

在函数中定义的自动变量只在该函数内有效，函数被调用时分配存储空间，调用结束就释放。在复合语句中定义的自动变量只在该复合语句中有效，退出复合语句后，便不能再使用，否则将引起错误。

2．寄存器（register）类型

用 register 定义的变量是一种特殊的自动变量，称为寄存器变量。这种变量建议编译程序将变量中的数据存放在寄存器中，而不像一般的自动变量那样，占用内存单元，可以大大提高变量的存取速度。

一般情况下，变量的值都是存储在内存中的。为提高执行效率，C 语言允许将局部变量的值存放到寄存器中，这种变量就称为寄存器变量。

3．静态（static）类型

全局变量和局部变量都可以用 static 来声明，但意义不同。

全局变量总是静态存储，默认值为 0。全局变量前加上 static 表示该变量只能在本程序文件内使用，其他文件无使用权限。对于全局变量，static 关键字主要用于在程序包含多个文件时限制变量的使用范围，对于只有一个文件的程序有无 static 都是一样的。

局部变量定义在函数体（或复合语句）内部，用 static 来声明时，该变量为**静态局部变量**。静态局部变量属于静态存储，在程序执行过程中，即使所在函数调用结束也不释放。

静态局部变量定义并不初始化，则自动赋以数字“0”（整型和实型）或'\0'（字符型）。每次调用定义静态局部变量的函数时，不再重新为该变量赋初值，只是保留上次调用结束时的值，所以要注意多次调用函数时，静态局部变量每次调用时的值。

4．外部（extern）类型

在默认情况下，在文件域中用 extern 声明（注意不是定义）的变量和函数都是外部的。但对于作用域范围之外的变量和函数，需要使用 extern 进行引用性声明。

对外部变量的声明，只是声明该变量是在外部定义过的一个全局变量，在这里引用。而对外部变量的定义，则是要分配存储单元。一个全局变量只能定义一次，却可以多次引用。用 extern 声明外部变量的目的是可以在其他的文件中调用。

下面通过两个案例来了解一下静态类型和外部类型的使用方法。

【案例 5-6】静态变量示例。

编写程序代码

```
/*  案例 5-6  静态变量示例  */
#include    "stdio.h"
func(int a,int b);
void    main()
{
    int    k=4,m=1,p;
    p=func(k,m);
    printf("第一次调用子函数后结果为%d。",p);
    p=func(k,m);
    printf("\n 第二次调用子函数后结果为%d。",p);
}
func(int a,int b)
{
    static    int    m=0,i=2;    /*定义静态变量 m 和 i，从第二次起每次调用时初值为上次调用结果*/
    i+=m+1;
    m=i+a+b;
    return(m);
}
```

程序分析

用 static 在函数内部的定义变量是静态局部变量，它们只在函数第一次被调用时赋一次初值。以后该函数再次被调用时，其静态变量值为上次函数调用后的终值。所以在该程序中注意多次调用函数时静态局部变量 m 和 i 的初值即可。

第一次调用时，子函数 func 中的静态变量 m 初值为 0，i 初值为 2。所以第一次调用后 i 的值为 0+1+2=3，m 的值是 3+4+1=8。第二次调用子函数时，m 初值为 8，i 初值为 3，调用后 i 的值为 3+8+1=12，m 的值为 12+4+1=17。所以程序运行结果第一次为 8，第二次为 17。

程序运行结果

【案例 5-7】外部变量和外部函数示例。

编写程序代码

该程序有两个源文件，其中存放主函数的文件名为 5_7_1.c，存放子函数的文件名为 5_7_2.c。

源程序 5_7_1.c：

```
#include "stdio.h"
#include "5_7_2.c"          /*将其他 C 源程序包含到该文件中*/
int    a;                    /*全局变量 a 的定义*/
extern void    fun ();       /*外部函数的声明*/
main()
{
    a=35;
```

```
    printf("主函数中 a=%d\n",a);
    fun();
    printf("调用子函数 fun 后，主函数中 a=%d\n",a);
}
```

源程序 5_7_2.c：

```
1   extern   int   a;              /*全局变量 a 的声明（不是重新定义）*/
2   void   fun()
3   {
4       a=48;
5       printf("子函数 fun 中外部全局变量 a 值为%d\n",a);
6   }
```

程序分析

本案例主要了解外部函数和外部变量的使用方法。注意外部函数和外部变量都是将已定义完的函数或变量在该位置重新声明一下，而不是重新定义。因为是两个文件，所以需要在包含 main 函数的文件 5_7_1.c 中将另一个源文件 5_7_2.c 包含到本文件中才能运行。包含命令为“#include "5_7_2.c"”。而语句“extern void fun();”是对另一个源文件中的子函数 fun 进行声明，声明后才能在本文件的 main 函数中使用。

在 main 函数中对全局变量 a 进行赋值为 35，然后输出该变量值，之后调用 fun 子函数。在源文件 5_7_2.c 中对 5_7_1.c 中的全局变量 a 进行了声明（不是重新定义新变量 a），然后为其重新赋值 48，该值也改变了主函数中 a 的值（因为是同一个变量）。回到主函数中重新输出 a 的值，发现 a 的值也变成了 48。

读者可以试着将源程序 5_7_2.c 中的第 1 行程序“extern int a;”作为注释处理或删除，再运行该程序，则系统会提示未声明过变量 a。

程序运行结果

【练习 5-5】阅读下列程序，则运行结果为____。

```
#include "stdio.h"
fun()
{
    static   int x=5;
     x++;
     return x;
}
main()
{
       int i,x;
       for(i=0;i<3;i++)
```

```
        x=fun();
    printf("%d\n",x);
}
```

A）5　　B）6　　C）7　　D）8

解：在整个程序运行期间，静态局部变量在内存的静态存储区中占据着永久的存储单元，即使退出函数以后，下次再进入该函数时，静态局部变量仍使用原来的存储单元，静态局部变量的初值是在编译时赋予的，在程序执行期间不再赋予初值。本题由于连续三次调用函数 fun()，三次对静态变量 x 进行操作，x 的值应依次为 6、7、8。最终输出的是第三次调用后的返回值，所以答案为 D。

5.7　编译预处理

视频讲解

C 程序的编译可分成编译预处理和正式编译两个步骤。在编译 C 源程序时，系统将自动调用编译预处理程序，根据编译预处理命令对程序进行适当的加工，处理完毕自动进入对源程序的正式编译。预处理是 C 语言的一个重要功能，它由预处理程序负责完成。

C 语言提供了多种预处理功能，如**宏定义**、**文件包含**和**条件编译**等。预处理有以下几个特点。

✓ 预处理命令均以#开头，结尾不加分号。

✓ 预处理命令可以放在程序中任何位置，作用范围从定义到文件结尾。

5.7.1　宏定义

宏定义是用一个标识符（又称宏名）定义一个字符串（又称宏体）。在编译预处理时，对程序中所有在宏定义中定义的标识符，都用宏定义中的相应字符串替换，称为宏替换或宏展开。

C 语言的宏定义分为两种：一种是简单宏定义，即不带参数的宏定义；另一种是复杂宏定义，即带参数的宏定义（有参宏定义）。

1. 不带参数的宏定义

不带参数宏定义的一般形式如下：

```
#define　标识符　字符串
```

其中，#define 是宏定义的命令，标识符和字符串之间用空格分开。标识符称为宏名，字符串又称为宏体。

功能：在程序中凡出现该标识符（宏名）的位置，经编译预处理的加工，都被替换成对应的宏体字符串，称为宏展开。

例如：

```
#define PI 3.1415926        /*定义 PI 为一个宏，其值为 3.1415926*/
```

关于宏的几点说明如下。

（1）使用宏名代替一个字符串，可以减少程序中重复书写某些字符串的工作量，增加程序的可读性，而且不易出错。

（2）宏定义命令行放在源程序的函数外时，宏名的作用域从宏定义命令行开始到本源文件结束。

（3）宏名的作用域可以使用#undef 命令终止，形式如下：

```
#undef    标识符
```

在#define 语句定义了该宏之后，到#undef 命令之前的程序中，该宏定义都有效，但在#undef 命令后该宏则无效了。

（4）C 语言中，用宏名替换一个字符串是简单的转换过程，不作语法检查。若将宏体的字符串中的符号写错了，宏展开时照样代入，只有在编译宏展开后的源程序时才会提示语法错误。例如：

```
#define   PI   3.141592B                /*定义 PI 为一个宏，其值为 3.141592B，值出错*/
```

预处理时照样替换，而不管其含义是否正确，一直到对宏展开的结果进行编译时，才会产生错误提示。

（5）一个宏名只能被定义一次，否则会出现重复定义的错误。

（6）宏定义可以嵌套。在宏体中，可以出现已定义的宏名，例如：

```
#define   PI    3.1415926
#define   PIR   (PI*r)              /*PI 为已定义的宏名*/
```

（7）如果宏定义一行书写不下，可用反斜线“\”和回车键来结束本行，然后在下一行继续书写。例如，有如下程序：

```
#define   STR   "Hello,\
all the world people!"
main()
{ printf("%s\n",STR); }
```

运行程序将输出：

```
Hello,all the world people!
```

（8）程序中出现的由双引号括起来的字符串，即使和宏名相同，也不进行宏替换。例如，在输出函数 printf 中如果在双引号内有与宏名相同的字符串，也不认为是宏，只认为是普通字符串，原样输出。

2. 带参数的宏定义

带参数宏定义的一般格式如下：

```
#define    标识符(形参表)    形参表达式
```

其中，#define 是宏定义的命令，标识符后的圆括号内为形参表，后面形参表达式为圆括号内的各形参构成的表达式。例如：

```
#define   MAX(a,b)     (a>b)?(a):(b)
/*定义了一个带参数的宏 MAX，有两个参数 a、b，其功能是求 a 和 b 中的较大值*/
```

带参数的宏的调用格式如下：

```
标识符(实参表)
```

进行宏替换时，可以像使用函数一样，通过实参与形参传递数据。

带参数的宏展开是用宏调用提供的实参字符串，直接置换宏定义命令行中相应的形参字符串，非形参字符串保持不变。

带参数的宏展开时要注意以下两点。

✓ 带参数的宏展开是按#define 命令行中指定的字符串由左向右进行置换的。

✓ 如果宏体字符串中包含宏名中的形参，则将程序语句中相应的实参代替形参，如果字符串中的字符不是参数字符，则保留。

例如，在主函数中有如下语句：

```
int    x=3,y=5,m;
m=MAX(x*2,y*3);              /*使用带参数的宏，可以进行宏替换*/
```

则替换后相当于：

```
m=(x*2>y*3)?( x*2):( y*3);     /*替换时将 x*2 替换形参表达式中的 a，将 y*3 替换 b*/
```

带参数的宏定义的几点说明如下。

（1）定义有参数的宏时，**宏名应当与参数表的左括号紧紧相连**。否则，C 编译系统将空格以后的所有字符均作为替代字符串，而将该宏视为无参宏。

（2）宏定义时，应将整个字符串及其中的各个参数均用圆括号括起来，以确保宏展开后字符串中各个参数的计算顺序的正确性，避免出现错误。例如，宏定义为：

```
#define   S(a,b)   a*b
```

在程序中遇到如下语句：

```
m=S(a+1,b+1)*c;
```

对其进行宏展开如下：

```
m=a+1*b+1*c;
```

此时表达式变为 a+b+c，这与想要的((a+1)*(b+1))*c 不同，所以出错。

可将每个参数和整个字符串都用括号括起来，改为以下宏定义即得到想要的结果。

```
#define   S(a,b)   ((a)*(b))
```

再对以上语句进行宏展开，结果如下：

```
m=((a+1)*(b+1))*c;
```

（3）在宏定义中的形参是标识符，而宏展开的实参可以是表达式。例如上面的语句：

```
m=S(a+1,b+1)*c;
```

在宏调用的语句 S(a+1,b+1)中表达式 a+1 和 b+1 为 S 的两个实参。

【案例 5-8】设计一个程序，从三个数中找最大数，用带参数的宏定义实现。

程序分析

因为条件语句可以通过一条语句实现求三个数中最大值的功能，该语句为：

```
a>b?(a>c?a:c):(b>c?b:c)
```

因为带参数的宏定义在宏替换时是将实参的表达式替换到每个形参位置，所以将 a、b、c 三个形参和整个表达式都括起来，防止出现替换错误。

所以可以设一个带三个参数的宏定义，宏的值用一个条件语句来实现。

编写程序代码

```
/*  案例 5-8  设计一个程序，从三个数中找最大数，用带参数的宏定义实现  */
#include   "stdio.h"
#define   MAX(a,b,c)   ((a)>(b)?((a)>(c)?(a):(c)):((b)>(c))?(b):(c))
void   main()
{
    int   a,b,c,max;
    printf("请输入三个整数：");
    scanf("%d%d%d",&a,&b,&c);
    max=MAX(a,b,c);                /*带参数的宏语句*/
    printf("三个数%d、%d 和%d 中的最大值为%d。",a,b,c,max);
}
```

程序运行结果

5.7.2 文件包含

一个大程序，通常分为多个模块，并由多个程序员分别编程。有了文件包含处理功能，就可以将多个模块共用的数据（如符号常量和数据结构）或函数，集中到一个单独的文件中。这样，凡是要使用其中数据或调用其中函数的程序员，只要使用文件包含处理功能，将所需文件包含进来即可，不必再重复定义它们，从而减少重复劳动。

1. 文件包含命令的两种格式

文件包含功能是把指定的一个源文件的全部内容插入到源程序该命令行。文件包含命令格式主要有以下两种。

（1）只检索 C 语言编译系统所确定的标准目录，格式如下：

```
#include  <文件名>
```

（2）首先对使用包含文件的源文件所在的目录进行检索，若没有找到指定的文件，再在标准目录中检索，格式如下：

```
#include  "文件名"
```

2. 文件包含命令的几点说明

（1）编译预处理时，预处理程序将查找指定的被包含文件，并将其复制到#include 命令出现的位置上。

（2）常用在文件头部的被包含文件，称为“标题文件”或“头部文件”，常以“h”（head）作为后缀，简称头文件。在头文件中，除可包含宏定义外，还可包含外部变量定义、结构类型定义等。

（3）一条包含命令，只能指定一个被包含文件。如果要包含 n 个文件，则要用 n 条包含命令。

（4）文件包含可以嵌套，即被包含文件中又包含另一个文件。

5.7.3 条件编译

所谓条件编译，是指对源程序进行选择性编译。通常情况下，C 语言程序的所有程序行都需要进行编译，但有时可能希望程序的某个程序段在满足一定条件时才决定进行编译或不进行编译。使用条件编译功能，为程序的调试和移植提供了有力机制，使程序可以适应不同系统和硬件设置的通用性和灵活性。常用条件编译有以下两种形式，下面分别介绍。

1. #ifdef 命令（或#ifndef 命令）

#ifdef（或#ifndef）命令的一般格式如下：

```
#ifdef  标识符
    程序段 1
[#else
    程序段 2]
#endif
```

或

```
#ifndef  标识符
    程序段 1
[#else
    程序段 2]
#endif
```

功能：#ifdef 命令的功能是如果“标识符”已经被#define 命令定义过，则编译程序段 1，否则编译程序段 2。

#ifndef 命令格式与#ifdef 命令一样，功能与#ifdef 命令相反。如果“标识符”未被#define 命令定义过，则编译程序段 1，否则编译程序段 2。

2．#if 命令

#if 命令一般格式如下：

```
#if  常量表达式
    程序段 1
[#else
    程序段 2]
#endif
```

功能：#if 命令的功能是当表达式为非 0（“逻辑真”）时，编译程序段 1，否则编译程序段 2。

3．条件编译和 if 语句的区别

（1）if 语句控制某些语句是否被执行，#if 命令控制某个程序段是否被编译。

（2）用 if 语句调试程序成功后，其调试语句仍被编译成目标代码，只是不再执行，成为废码。而使用条件编译调试程序成功后，其调试语句不再被编译，不生成目标代码，没有废码产生，空间利用率较高。

下面通过一个案例来了解条件编译语句的使用方法。

【案例 5-9】输入一行字母字符串，根据需要设置条件编译，使之能将字母全改为大写输出，或全改为小写字母输出。

程序分析

定义一个常量 LETTER，通过判断 LETTER 的值来对某些程序进行条件编译。当 LETTER 已经被定义过时将字符串 str 中的全部字符转换成大写字母，没有定义过 LETTER 时将大写字母转换成小写字母。注意条件编译的语句格式。

编写程序代码

```
/* 案例 5-9  输入一行字母字符串，根据需要设置条件编译 */
#include  "stdio.h"
#define   LETTER  1                    /*加上该行宏定义和删去该行程序运行结果相反*/
```

```c

void  main()
{
    char  str[100];
    int  i;
    i=0;
    printf("请输入一串字母字符串：");
    gets(str);                          /*输入带空格的字符串必须用 gets 函数*/
    while(str[i]!='\0')                 /*当输入字符不是字符串结束标志时*/
    {
        #ifdef  LETTER                  /*若已定义了常量 LETTER*/
            if(str[i]>='a' &&  str[i]<='z')
                str[i]=str[i]-32;       /*将小字字母转换成大写字母*/
        #else                           /*若没有定义常量 LETTER*/
            if(str[i]>='A' && str[i]<='Z')
                str[i]=str[i]+32;       /*将大字字母转换成小写字母*/
        #endif
        i++;
    }
    #ifdef  LETTER
        printf("已定义常量，该程序功能是将该字符串中的小写字母转换成大写字母。\n 新字符串为：");
    #else
        printf("未定义常量，该程序功能将该字符串中的大写字母转换成小写字母。\n 新字符串为：");
    #endif
    puts(str);                          /*输出转换后的新字符串*/
}
```

程序运行结果

将宏定义“#define LETTER 1”加上或删去，程序运行结果分别如下：

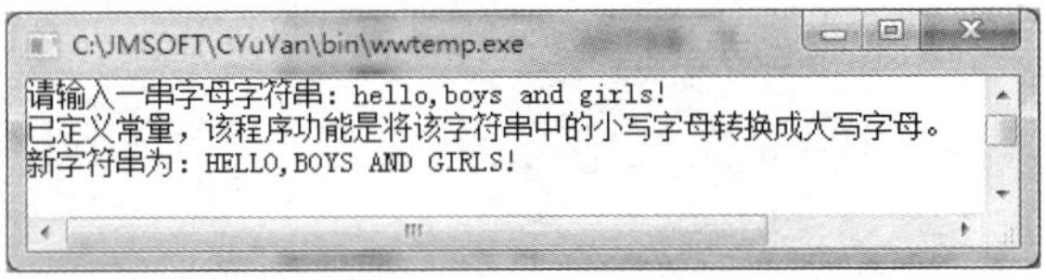

5.8 程序案例

5.8.1 典型案例——编写函数求 x^n

【案例 5-10】编写函数求 x 的 n 次幂。

程序分析

数学上经常碰到求 x^n 的问题，即计算 n 个 x 的乘积，当用 C 语言求解方程时会经常用到。计算时根据指数运算的定义，用一个函数实现其运算，根据 n 的不同采取不同的计算方法：如果 n=0，则结果为 1；如果 n>0，则结果是 x^n；如果 n<0，则结果为 $1/x^n$。然后在主函数中调用此函数即可。

用自然语言表示的算法如下。（1）接受用户输入的指数和底数。（2）调用函数进行计算。（3）输出结果。

编写程序代码

```
/*  案例 5-10  编写函数求 x 的 n 次幂  */
#include "stdio.h"
double   pow(double   x,int   n)   /*求 x 的 n 次幂子函数*/
{
    double   s=1;                    /*乘积的初值为 1*/
    int   i;
    if(n==0)                         /*求 x 的 0 次幂*/
        return(1.0);
    else   if(n>0)                   /*求 x 的正数次幂*/
    {   for(i=1;i<=n;i++)
            s=s*x;
        return(s);
    }
    else                             /*求 x 的负数次幂*/
    {   for(i=1;i<=-n;i++)
            s=s*x;
        return(1/s);
    }
}
void main()
{
    int   x,n;
    printf("求 x 的 n 次幂！请输入 x 值:");
    scanf("%d",&x);
    printf("请输入次幂 n 值:");
    scanf("%d",&n);
    printf("%d 的%d 次幂值为:%.3f\n",x,n,pow(x,n));
}
```

程序运行结果

运行三次，输入 x 的值都是 5，次幂 n 分别为 0、3 和-3，程序运行结果分别如下：

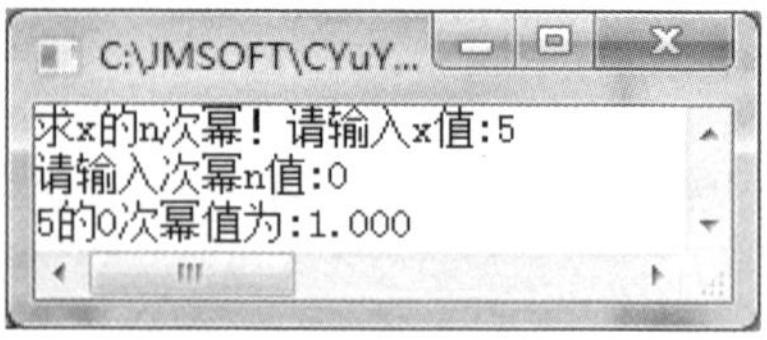

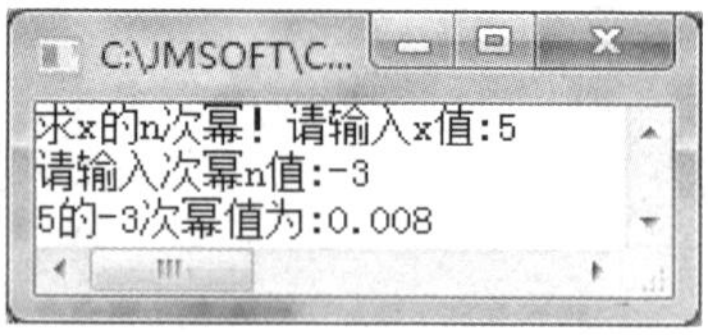

5.8.2　典型案例——设计递归函数 gcd(x,y)

【案例 5-11】设计递归函数 gcd(x,y)，求 x 和 y 的最大公约数。

程序分析

如果 x%y==0，x 和 y 的最大公约数就是 y；否则求 x 和 y 的最大公约数等价于求 y 与 x%y 的最大公约数。这时可以把 y 当作新的 x，x%y 当作新的 y，问题又变成了求新的 x 与 y 的最大公约数。它又等价于求新的 y 与 x%y 的最大公约数……如此继续，直到新的 x%y==0 时，其最大公约数就是新的 y。

例如，求 48 与 36 的最大公约数，等价于求 36 与 48%36 的最大公约数，即求 36 与 12 的最大公约数。此时 36%12==0，最大公约数就是 12。

求 x 和 y 的最大公约数，用函数 gcd(x,y)表示如下：

$$gcd(x,y)=\begin{cases} y & (x\%y==0) \\ gcd(y,x\%y) & (x\%y!=0) \end{cases}$$

编写程序代码

```
/* 案例 5-11  求 x 和 y 的最大公约数  */
#include "stdio.h"
int   gcd(int   x,int   y)
{
    if(x%y==0)   /*若 x 除以 y 能整除，则 y 为这两个数的最大公约数*/
        return(y);
    else              /*若 x 除以 y 不能整除，则将 y 和 x 除以 y 的余数作为下次的两值继续计算*/
        return(gcd(y,x%y));
}
void main()
{
    int   x,y;
    printf("求两个正整数的最大公约数！");
    printf("\n 请输入 x 值:");
    scanf("%d",&x);
    printf("请输入 y 值:");
    scanf("%d",&y);
    printf("%d 和%d 的最大公约数是%d。",x,y,gcd(x,y));
}
```

程序运行结果

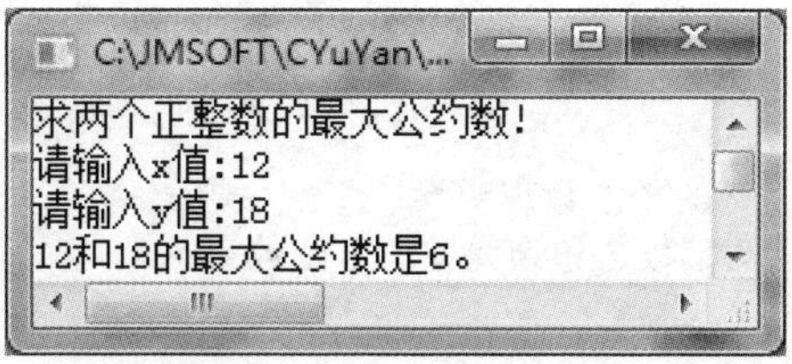

5.8.3　典型案例——设计函数验证任意偶数为两个素数之和

【案例 5-12】设计函数 even，验证任意偶数为两个素数之和，输出这两个素数。

程序分析

（1）在 main 函数中，首先从键盘输入一个不小于 4 的偶数 n，然后调用函数 even 将 n 拆分为两个素数的和，并输出这两个素数。

（2）函数 prime 的功能是判断参数 n 是否为素数。如果参数 n 为素数，返回 1，否则返回 0。

（3）函数 even 的功能是将参数 n 拆分为两个素数的和，并输出两个素数。该函数的算法步骤描述如下。

①i 初值为 2。

②判断 i 是否是素数。若是，执行步骤③；若不是，执行步骤⑤。

③判断 n−i 是否是素数。若是，执行步骤④；若不是，执行步骤⑤。

④输出结果，返回调用函数。

⑤使 i 增 1。

⑥重复执行步骤②。

主函数及两个子函数的流程图如图 5-3 所示。

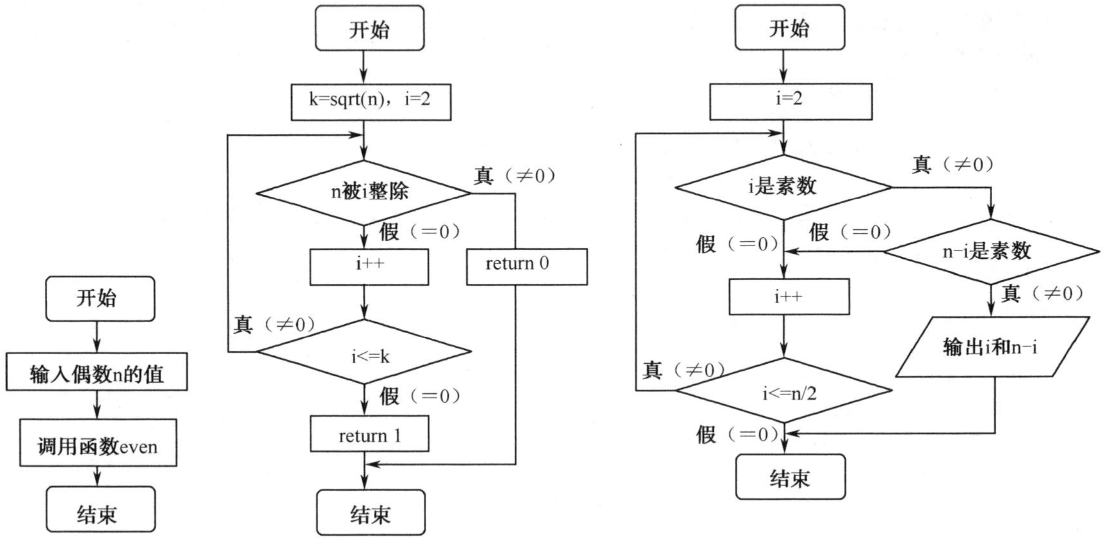

（a）main函数流程图　（b）even函数流程图　（c）prime函数流程图

图 5-3　案例 5-12 的程序流程图

编写程序代码

```
/*  案例 5-12  设计函数验证任意偶数为两个素数之和并输出这两个素数  */
#include "stdio.h"
#include   "math.h"
int   prime(int   n);        /*求素数的子函数声明*/
void   even(int   n);      /*验证两素数之和为偶数的子函数声明*/
void   main()
{
        int   n;
       printf("请输入 n 值:");
       do
       {
            scanf("%d",&n);
       }while(n>=4 && n%2!=0);
       even(n);
}
void   even(int   n)        /*验证两素数之和为偶数的子函数定义*/
{
        int   i=2;
```

```
    do
    {
        if(prime(i)&&prime(n-i))   /*若 i 和 n-i 都为素数*/
        {
          printf("%d 的值为素数%d 和%d 之和。\n",n,i,n-i);
            return;
        }
        i++;
    }while( i<=n/2 );              /*当 i 小于 n 值的一半时*/
}
int  prime(int n)                  /*求素数的子函数定义*/
{
    int  i=2,k;
    k=(int)sqrt(n);                /*k 值为根号 n*/
    do
    {
        if(n%i==0)                 /*若能整除，说明 n 不是素数*/
            return  0;
        i++;
    }while(i<=k);                  /*i 值为从 2 到根号 n 时执行循环*/
    return  1;
}
```

程序运行结果

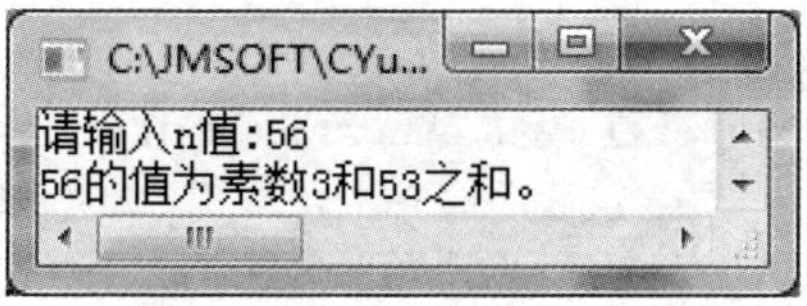

5.8.4 典型案例——编写函数实现任意进制数的转换

【案例 5-13】编写函数实现将一个无符号整数转换为任意 d 进制数（2≤d≤16）。

程序分析

求 n 整除 d 的余数，就能得到 n 的 d 进制数的最低位数字，重复上述步骤，直至 n 为 0，依次得到 n 的 d 进制数的最低位至最高位数字。由各位数字取出相应字符，就能得到 n 的 d 进制数的字符串。主函数用于测试 trans 函数，要求输入一个待转换的正整数，接着调用 trans 函数进行转换，并输出该正整数的 2～16 进制数转换结果。

编写程序代码

```
/* 案例 5-13 编写函数实现将一个无符号整数转换为任意 d 进制数（2≤d≤16）。*/
#include "stdio.h"
#define M sizeof(unsigned int)*8
int trans(unsigned n, int d, char s[]) /*子函数功能是将正整数 n 转换为任意进制数 d 所表示的字符串 s */
{
      static char digits[] ="0123456789ABCDEF";  /*十六进制数字的字符*/
      char buf[M+1];                             /*存放 n%d 之后的各余数*/
      int j, i = M;
      if( d<2 || d>16 )
```

```
    {
        s[0]='\0';                          /*不合理的进制，置 s 为空字符串*/
        return 0;                           /*不合理的进制，函数返回 0 */
    }
    buf[i]='\0';
    do
    {
        buf[--i]=digits[n%d];/*溢出最低位，对应为 0～F 中的某个字符存入对应工作数组中*/
        n/=d;
    }while(n);
    /*将溢出在工作数组中的字符串复制到 s */
    for(j=0;(s[j]=buf[i])!='\0';j++,i++);            /*其中控制条件可简写成 s[j]=buf[i] */
    return j;
}
/*  主函数用于测试函数 trans() */
main()
{
    unsigned int num;
    int scale[]={2,3,4,5,6,7,8,9,10,11,12,13,14,15,16,1};       /*各种进制数 d*/
    char str[33];
    int i;
   printf("请输入一个正整数：");
       scanf("%d",&num);
    for(i=0;i<sizeof(scale)/sizeof(scale[0]);i++)
    {
        if(trans(num,scale[i],str))
            printf("%5d = %s(%d 进制)\n",num,str,scale[i]);
        else
            printf("%5d => (%d)  错误! \n",num,scale[i]);
    }
}
```

程序运行结果

程序运行时，输入 54，则将 54 转换成 2～16 进制数，程序运行结果如下：

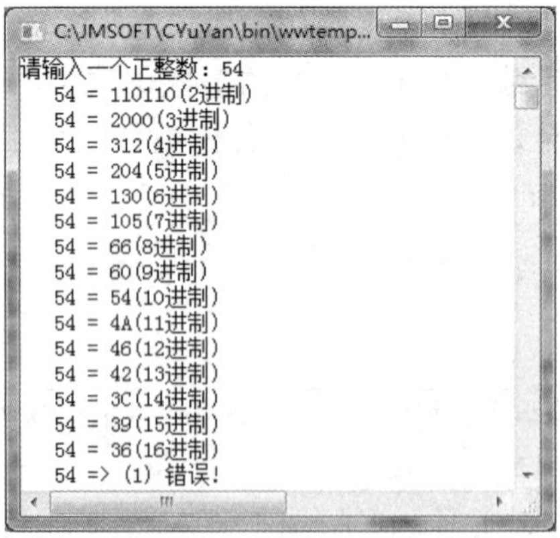

本章小结

本章着重介绍了函数的定义、函数的调用和函数声明；递归函数的定义及调用；函数与函数之间的数据传递。同时还介绍了模块化的程序设计及 C 源程序基本结构；变量及函数的作用域和存储类型。

C 语言函数有两种，一种是由系统提供的标准函数，这种函数用户可以直接使用；另一种是用户自定义的函数，这种函数用户必须先定义后使用。在对函数进行定义时，有返回值的函数必须用“return 表达式;”结束函数的运行；若函数是以“return;”结束运行的，说明该函数是无返回值函数。

函数声明是提供函数调用接口信息的说明形式，其格式就是在函数定义格式的基础上去掉了函数体，可见函数定义涵盖函数声明，同样能提供有关的接口信息。

函数可以作为表达式调用，也可以作为语句调用。函数调用时通常以传递值的方式传递参数，改动形参变量的值不会影响对应实参变量。定义于函数外的变量称为全局变量，用 static 修饰的全局变量只允许被本文件中的函数访问，而没有用 static 修饰的全局变量则允许同一程序任何文件中的函数访问。定义于函数内的变量称为局部变量，只允许定义该变量的复合语句内的语句使用。用 static 修饰的局部变量称为静态局部变量，可用于在本次调用与下次调用之间传递数据。用 static 修饰的函数只允许被本文件中的函数调用，而没有用 static 修饰的函数则允许同一程序任何文件中的函数调用。

C 语言提供了多种编译预处理命令，常用的有宏定义、文件包含和条件编译。

宏定义命令为#define，是用一个标识符来代表一个字符串，这个字符串可以是常量、变量或表达式。在宏展开中将用该字符串代替宏名。宏定义还可以带参数，宏展开时除用字符串代替宏名外，还应用实参代替形参。

文件包含命令为#include，是把一个或多个文件嵌入另一个源文件中进行编译，结果将生成一个目标文件。

条件编译根据条件成立与否，选择编译程序中满足条件的程序段，便于程序调试，并使生成的目标程序较短，减少内存开销，提高程序运行效率。

学生自我完善练习

【上机 5-1】任意输入三个整数，利用函数的嵌套调用求出三个数中的最小值。

解：程序设计思路如下。在 main 函数中接收用户输入的三个数，再通过函数调用来求出最小值。在 main 外先定义 int mintwo(int,int)函数，求出两个整数中的最小值，然后定义 int minthree(int,int,int)函数，并在此函数中调用 mintwo(int,int)函数，求出三个数中最小值。

编写程序代码

```
/* 上机 5-1  任意输入三个整数，利用函数的嵌套调用求出三个数中的最小值。*/
#include "stdio.h"
void main()
{
      int x,y,z,min;
      int mintwo(int,int),minthree(int,int,int);
      printf("请输入三个整数：");
      scanf("%d%d%d",&x,&y,&z);
      min=minthree(x,y,z);                    /*函数调用语句，三个实参进行传递*/
      printf("这三个数的最小值为%d。",min);
}
int mintwo(int    a,int    b)                 /*求两个整数较小值的函数定义*/
{
       return(a<b?a:b);                       /*使用条件语句，并将计算结果返回*/
```

```c
}
int minthree(int    a,int    b,int    c)                /*求三个整数最小值的函数定义*/
{
    int    z;
    z=mintwo(a,b);                                     /*函数内嵌套调用函数 mintwo*/
    z=mintwo(z,c);
    return(z);
}
```

程序运行结果

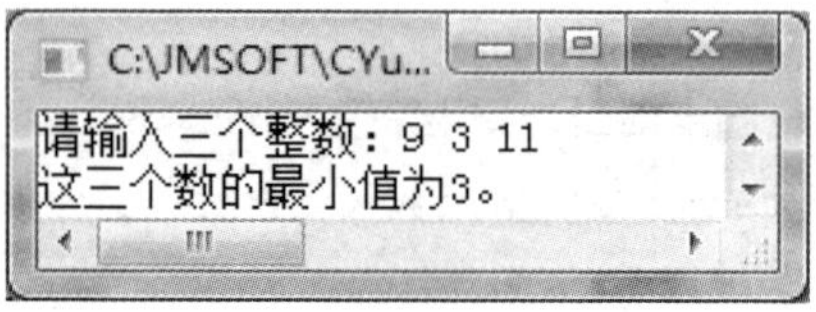

【上机 5-2】有一个 3×4 的矩阵，求矩阵所有元素中的最大值。

解：程序设计思路如下。首先将该数组第 0 行第 0 列元素赋给最大值 max，然后双重循环将数组中每个元素 arr[i][j]与最大值 max 比较，若大于 max 则将该值赋给最大值 max，最后返回 max 值。

编写程序代码

```c
/* 上机 5-2 有一个 3×4 的矩阵，求矩阵所有元素中的最大值。*/
#include "stdio.h"
int fmax(int arr[][4],int m,int n)    /*arr 为二维数组名，整型变量 m、n 为二维矩阵的行数和列数*/
{
    int i,j,max ;
    max=arr[0][0];                    /*将 max 设为二维数组第 1 行第 1 列的元素*/
    for(i=0;i<m;i++)
        for(j=0;j<n;j++)
            if(arr[i][j]>max)         /*若有某元素大于 max，则替换*/
                max=arr[i][j];
    return(max);
}
void main()
{
    int i,j;
    int a[3][4]={{1,3,5,7},{2,4,6,8},{15,17,34,12}}; /*定义二维数组 a*/
    printf("已知二维数组为：\n");
    for(i=0;i<3;i++)
    {
        for(j=0;j<4;j++)
            printf("%4d",a[i][j]);
        printf("\n");
    }
    printf("该二维数组中的最大元素值为%d\n",fmax(a,3,4)); /*调用 fmax 函数，二维数组 a 作实参*/
}

```

程序运行结果

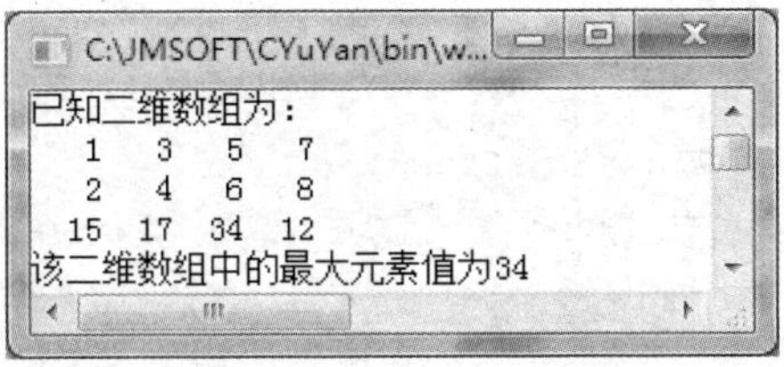

【上机 5-3】分析下列程序运行结果。

编写程序代码

```
/* 上机 5-3 分析下列程序运行结果 */
#include "stdio.h"
int n=1;
void func();
void main()
{
    static int x=5;
    int y;
    y=n;
    printf("MAIN:x=%2d y=%2d n=%2d\n",x,y,n);
    func();
    printf("MAIN:x=%2d y=%2d n=%2d\n",x,y,n);
    func();
}
void func()
{
    static int x=4;
    int y=10;
    x=x+2;
    n=n+10;
    y=y+n;
    printf("FUNC:x=%2d y=%2d n=%2d\n",x,y,n);
}
```

解：程序分析如下。

首先，main 函数中的静态变量 x 被赋初值为 5，y 赋值为全局变量 n 的值 1。输出 3 个变量，结果为 x=5，y=1，n=1。

然后调用 func 函数，在该函数中，局部静态变量 x 被赋值为 4；y 被赋值为 10，然后 x 加上 2 变为 6；n 为全局变量，在主函数中为 1，则现在加上 10 变成 11；y 又被加上 n（为 11）后值为 21。再输出 3 个变量，结果为 x=6，y=21，n=11。

返回到主函数中，输出主函数中的 3 个变量，上次主函数中的 3 个值为 x=5，y=1，n=1。而 x 为局部静态变量，则还为 5；而 y 是局部变量，也是原来值 1；但 n 是全局变量，在 func 函数中变成 11，则回到主函数中也为 11。所以输出结果为 x=5，y=1，n=11。

再次调用 func 函数，局部静态变量 x 上次的值是 6；y 不是静态变量，所以重新被赋值为 10；全局变量 n 值还是主函数中的 11。x 的值加上 2 变成了 8，n 的值加上 10 变成了 21，y 的值加上 n 值为 10+21 等于 31。所以输出结果为 x=8，y=31，n=21，程序运行结束。

程序运行结果

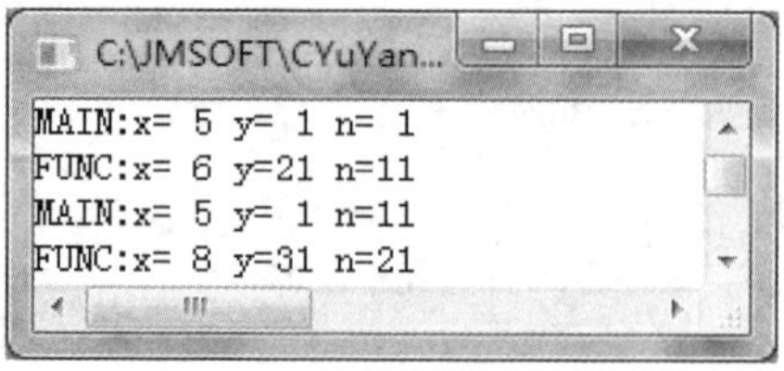

习题五

一、选择题

1．以下函数定义形式正确的是__________。

A）double fun(int x,int y)　　B）double fun(int x;int y)

C）double fun(int x,int y);　　D）double fun(int x,y);

2．若有程序段如下，则以下叙述中不正确的是__________。

```
void  f(int n);
main() { void  f(int  n);  f(5);}
void  f(int  n) { printf("%d",n); }
```

A）若只在主函数中对函数 f 进行声明，则只能在主函数中正确调用函数 f

B）若在主函数前面对函数 f 进行声明，则在其后的函数中都可以正确调用函数 f

C）对于以上程序，编译时系统会提示出错信息，对 f 函数重复声明

D）函数 f 无返回值，所以可用 void 定义 f 的函数类型

3．C 语言规定，简单变量作实参时，它和对应形参之间的数据传递方式是__________。

A）地址传递　　B）单向值传递

C）由实参传递给形参，再由形参传回给实参　　D）由用户指定传递方式

4．C 语言允许函数值类型缺省定义，此时该函数值隐含的类型是__________。

A）float 型　　B）int 型　　C）long 型　　D）double 型

5．如果在一个函数中的复合语句中定义了一个变量，则该变量__________。

A）只在该复合语句中有效　　B）在该函数中有效

C）在本程序范围内均有效　　D）为非法变量

6．以下程序的输出结果是__________。

```
#include  <stdio.h>
int   f(int t [ ],int n);
main()
{   int a[4]={1,2,3,4},s;
    s=f(a,4);   printf("%d\n",s);
}
int   f(int t[], int n)
{    if (n>0)   return t[n-1]+f(t,n-1);
     else        return 0;
}
```

A）4　　B）10　　C）14　　D）6

7．以下程序的输出结果是____________。

```
#include <stdio.h>
int fun()
{       static   int   x=1;
        x*=2; return   x;
}
main()
{    int i,s=1;
     for (i=1;i<=2;i++)   s=fun();
     printf("%d\n",s);
}
```

A）0　　B）1　　C）4　　D）8

8．以下程序的输出结果是____________。

```
#include   "stdio.h"
int   f(int   n)
{   if(n==1)
       return 1;
    else
       return f(n-1)+1;
}
main()
{   int   i,j=0;
    for(i=1;i<3;i++)
        j+=f(i);
    printf("%d",j);
}
```

A）4　　B）3　　C）2　　D）1

9．若调用一个函数，且此函数中没有 return 语句，则正确的说法是该函数__________。

A）没有返回值　　B）返回若干个系统默认值

C）能返回一个用户所希望的函数值　　D）返回一个不确定的值

10．下面函数调用语句含有实参的个数为___________。

```
func((exp1,exp2),(exp3,exp4,exp5));
```

A）1　　B）2　　C）4　　D）5

11．以下程序的输出结果是_____________________。

```
#include   <stdio.h>
void   fun(int p)
{    int   d=2;
     p=d++;   printf("%d",p);
}
main()
{    int   a=1;
     fun(a);   printf("%d\n",a);
}
```

A）32　　B）12　　C）21　　D）22

12．以下程序的输出结果是____________。

```
#include   "stdio.h"
int   func(int   a,int   b)
{   return(a+b); }
main()
```

```
{   int   x=2,y=5,z=8,r;
    r=func(func(x,y),z);
    printf("%d",r);
}
```

A）12　　B）13　　C）14　　D）15

13．以下程序的输出结果是____________________。

```
#include "stdio.h"
char fun(char   ch) {if(ch>='A'&&ch<='Z')   ch=ch-'A'+'a'; return(ch);}
main()
{ char   s[]="CHINA+abc=defDEF",i=0;
    while(s[i])   {s[i]=fun(s[i]);i++;}
    printf("%s",s);
}
```

A）CHINA+abc=DEFdef　　B）CHINA +abc=defdef

C）chinaABCDEFdef　　D）china+abc=defdef

14．以下程序的输出结果是___________。

```
void   f(int   b[])
{   int i;
    for(i=2;i<6;i++)     b[i]*=2;
}
main()
{   int   a[10]={1,2,3,4,5,6,7,8,9,10},i;
    f(a);
    for(i=0;i<10;i++)
        printf("%d,",a[i]);
}
```

A）1，2，3，4，5，6，7，8，9，10，　　B）1，2，6，8，10，12，7，8，9，10，

C）1，2，3，4，10，12，14，16，9，10，　　D）1，2，6，8，10，12，14，16，9，10，

15．若用数组名作为函数调用的实参，传递给形参的是____________。

A）数组的首地址　　B）数组第一个元素的值

C）数组中全部元素的值　　D）数组元素的个数

16．下列语句中，正确的是____________。

A）#define　MAX=3　　B）#include　math.h

C）#define　max=6　　D）#include　<math.h>

17．在宏定义#define　PI　3.14159 中，用宏名 PI 代替了一个____________。

A）常量　　B）单精度数　　C）双精度数　　D）字符串

18．设有如下宏定义，执行语句“z=2*(N+Y(5+1));”后，z 的值为________。

```
#define   N   3
#define   Y(n)   ((N+1)*(n))
```

A）48　　B）54　　C）出错　　D）42

19．以下叙述中正确的是____________。

A）预处理命令行都必须以“#”开头

B）在程序的一行上可以出现多个有效的预处理命令行

C）使用带参数的宏定义时，参数的类型应与宏定义时的一致

D）以下是正确的宏定义：#define　IBM-PC

20．以下关于文件包含命令的说法正确的是____________。

A）文件包含命令为#define

B）一个源程序中只能有一条文件包含命令

C）编译含有文件包含命令的源程序时会产生多个目标文件

D）文件包含命令有两种格式

21．下列叙述中正确的是____________。

A）宏名必须用大写字母表示

B）引用带参数的宏时，实参类型应与宏定义中的形参类型一致

C）在程序的一行上可以出现多个有效的宏定义

D）宏展开不占用运行时间，只占用编译时间

22．以下程序的运行结果为____________。

```
#define   ADD(x)   x+x
main()
{   int   a=1,b=2,i=3;
    int   sum;
    sum=ADD(a+b)*i;
    printf("sum=%d",sum);
}
```

A）sum=18　　B）sum=60　　C）sum=10　　D）sum=12

23．设有以下宏定义：

```
#define N 3
#define Y(n) ((N+1)*n)
```

则执行语句“z=2*(N+Y(5+1));”后，z 的值为____________。

A）出错　　B）42　　C）48　　D）54

24．下列程序执行后的输出结果是________。

```
#define   MA(x)   x*(x-1)
main()
{   int   a=1,b=2;
printf("%d\n",MA(1+a+b));
}
```

A）6　　B）8　　C）10　　D）12

25．若有如下宏定义：

```
#define   MOD(x,y)   x%y
```

则执行以下程序段后，输出结果为____________。

```
int   z,a=15,b=100;
z=MOD(b,a);
printf("%d",z++);
```

A）10　　B）11　　C）4　　D）宏定义错误

二、填空题

1．以下程序的运行结果是____________________。

```
#include "stdio.h"
void  dd();
int  m[10];
main()
{  int  i;
   for(i=0;i<10;i++)
      m[i]=i;
   dd();
   for(i=0;i<10;i++)
      printf("%d ",m[i]);
}
void  dd()
{  int  j;
   for(j=0;j<10;j++)
      m[j]=m[j]*10;
}
```

2．以下程序的运行结果是______________________________。

```
#include  "stdio.h"
main()
{  int  k=4,m=1,p;
   p=func(k,m);
   printf("%d,",p);
   p=func(k,m);
   printf("%d\n",p);
}
func(int a,int b)
{  static  int  m=0,i=2;
   i+=m+1;
   m=i+a+b;
   return(m);
}
```

3．以下程序的功能是用递归方法计算学生的年龄，已知第 1 位学生的年龄最小为 10 岁，其余学生一个比一个大 2 岁，求第 5 位学生的年龄。请写出空白处的程序。

递归公式如下：

$$age(n)=\begin{cases} 10 & (n=1) \\ age(n-1)+2 & (n>1) \end{cases}$$

```
#include  <stdio.h>
age(int  n)
{  int  c;
   if(n==1)
      c=10;
   else
      c=________;
   return(c);
}
main()
{  int n=5;
```

```
    printf("age:%d\n",________);
}
```

4．以下程序的运行结果是________________，其算法是______________。

```
main()
{  int  a[5]={5,10,-7,3,7},i;
   sort(a);
   for(i=0;i<=4;i++)
     printf("%d ",a[i]);
}
sort(int a[])
{  int  i,j,t;
   for(i=0;i<4;i++)
     for(j=0;j<4-i;j++)
       if(a[j]>a[j+1])
        {  t=a[j];
           a[j]=a[j+1];
           a[j+1]=t;
        }
}
```

5．以下程序的运行结果是______________________。

```
main()
{  increment();
   increment();
   increment();
}
increment()
{  static  int  x=0;
   x+=1;
   printf("%d ",x);
}
```

6．以下程序的运行结果是_____________________。

```
#include <stdio.h>
main()
{  int  f,f1,f2,i;
   f1=0;f2=1;
   printf("%d %d",f1,f2);
   for(i=3;i<=5;i++)
   {  f=f1+f2;  printf(" %d",f);
      f1=f2; f2=f;
   }
   printf("\n");
}
```

7．以下程序的运行结果是_____________________。

```
#include <stdio.h>
int a=5;
void fun(int b)
{  int  a=10;
   a+=b;
   printf("%d ",a);
}
main()
{  int c=20;
```

```
    fun(c);
    a+=c;
    printf("%d\n",a);
}
```

8．有以下程序：

```
#include <stdio.h>
main()
{   char a[20]="How are you?",b[20];
    printf("please input a string:");
    scanf("%s",b); printf("%s %s\n",a,b);
}
```

程序运行时从键盘输入“How are you?”后按回车键，则输出结果为______________________。

9．以下程序的功能是输出 x 和 y 的乘积，在程序中填入应包含的编译预处理命令_______________。

```
main()
{   int   x=2,y=4;
    printf("%d\n",POW(x,y));
}
```

10．设有以下宏定义：

```
#define   WIDTH     80
#define   LENGTH    WIDTH+40
```

则执行赋值语句：

```
v=LENGTH*20;
```

后，v（v 为 int 型变量）的值是_______________。

11．以下程序的运行结果为_______________ 。

```
#define   MUL(z)   (z)*(z)
main()
{
     printf("%d\n",MUL(1+2)+3);
}
```

12．以下程序的运行结果是_______________。

```
#define   EXCH(a,b)   { int   t; t=a; a=b; b=t; }
main()
{   int   x=5,y=9;
    EXCH(x,y);
    printf("x=%d,y=%d\n",x,y);
}
```

13．以下程序的运行结果是_______________ 。

```
#define   A   4
#define   B(x)   A*x/2
main()
{   float   c,a=4.5;
    c=B(a);
    printf("%5.1f\n",c);
}
```

三、编程题

1．利用递归函数 xpower(x,n)计算 x 的 n 次方的值，其中，n 为非负整数。

2．已有变量定义和函数调用语句“int a=1,b=-5,c;c=fun(a,b);”。fun 函数的作用是计算两个数之差的绝对值，并将结果返回调用函数。

3．设计一个程序，输入某年某月某日，判断这一天是这一年的第几天。

4．输入两个整数，求它们相除的余数，用带参数的宏来编程实现。

5. 试定义一个带参数的宏 swap(x,y)，以实现两个整数之间的交换，并利用它们将一维数组 a 和 b 的值进行交换（假设数组中都是十个元素）。

6. 设计一个程序，判断给定的年份 year 是否为闰年，用带参数的宏定义实现。

7. 从键盘输入一行字符，按回车键结束输入。用条件编译求其中大写字母的个数或小写字母的个数并显示。

习题五参考答案

第6章 指针

本章简介 在前面的章节中，对数据的存取基本上都是通过变量名实现的，没有直接对地址进行操作，但事实上每个变量名都与一个唯一的内存地址相对应。在本章中，将要学习一种特殊的专门用于存储地址的变量——指针，通过指针实现间接访问指针所指的数据。在本章中，主要介绍指针的概念、赋值，指针的运算，指针和数组的关系，指针在函数中的应用。

知识点		
	1．指针的概念、赋值	2．指针变量的运算
	3．指针和数组的关系	4．指针在函数中的应用

6.1 地址和指针的关系

视频讲解

计算机中的所有数据都是顺序存放在存储器中的。一般把存储器中的一个字节称为一个**内存单元**（亦称存储单元），不同数据类型的值所占用的内存单元数亦不同。为了正确地访问这些内存单元，必须为每个内存单元编上号。根据一个内存单元的编号即可准确地找到该内存单元。内存单元的编号也叫作**地址**，通常也把这个地址称为指针。

内存单元的指针和内存单元的内容是两个不同的概念。可以用一个通俗的例子来说明它们之间的关系。例如，有一个超市叫“欣欣超市”，地址是“沈阳市大东区劳动路 12 号 3 单元 1 楼 2 号”，里面住的人叫“张三”。这里的“欣欣超市”就相当于变量名（方便记忆），而地址就相当于指针，而住的人“张三”就相当于变量的值。现实中既可以通过欣欣超市来找到张三，也可以通过地址来找到张三。同理，在 C 语言中，既可以通过变量名来使用所存储的值，也可以通过指针来使用其所指变量的值。

下面了解一下与指针相关的一些概念。

（1）**存储地址**：计算机中数据都存放于从某个特定的地址开始的一个或若干个存储单元中，这个特定的地址即为该数据的存储地址，程序中通过变量名与这个存储地址进行对应。

（2）**指针变量**：是用于存储数据地址的变量，由于地址指明了数据存储的位置，因此指针变量被形象地称为“指针”，该地址中存放的数据也被形象地称为“指针所指向的数据”，如图 6-1 所示。

（3）**直接访问**：指对数据的存取操作通过变量名进行，而没有通过地址进行操作。

（4）**间接访问**：指通过使用指针而不使用变量名访问指针所指向的数据。

（5）**指针的类型**：指针的类型就是指针所指向的数据的类型。例如，有一个整型指针，它所指向的变量就必须是整型变量。

（6）**指针的长度**：是指针变量所占的内存字节数。若地址值是 16 位的，则指针变量的长度是 2；若地址值是 32 位的，则指针变量的长度就是 4。

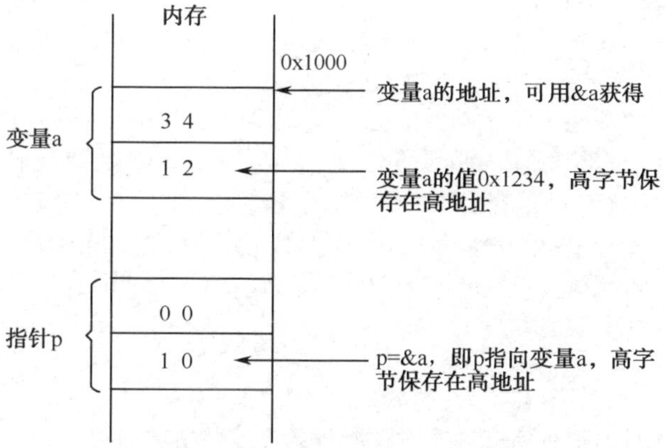

图 6-1　指针及其所指向数据示意图

6.2　指针变量的定义和赋值

视频讲解

6.2.1　指针变量的定义及初始化

指针变量的定义格式如下：

```
数据类型  *指针变量名;
```

指针变量的定义并初始化格式如下：

```
数据类型  *指针变量名 = &变量名;
```

说明：数据类型可以是任意类型，是指针所指向的变量的类型。“*”是一个说明符，用来说明其后的变量是一个指针变量。

没有指向的指针变量的值是随机的。只有被赋值以后，指针变量才有确定的指向，没有初始化的指针变量必须在使用之前进行赋值操作，使其有所指向。

例如：

```
int  a=5;       /*定义了一个整型变量 a，a 中存储的值是 5*/
int  *p;        /*定义一个指向整型变量的指针 p，但 p 没有指向任何变量*/
int  *q=&a;     /*定义一个指向整型变量的指针 q，并将它指向变量 a*/
```

6.2.2　指针变量的赋值

一个指针变量除了在定义的同时被赋值（初始化）外，也可以在定义后通过不同的“渠道”获得一个确定的地址值，从而指向一个具体的对象。

（1）通过取地址运算符“&”获得一个变量的地址值。先定义指针变量，然后通过赋值语句给指针一个初值，例如：

```
int  k,*q;       /*定义了一个整型变量 k 和整型指针 q，指针 q 没有指向任何变量*/
q=&k;            /*将 k 的地址赋给指针 q，即相当于指针 q 指向了变量 k*/
```

（2）通过数组名给指针变量赋值。

```
int  a[10],*q;   /*定义了一个整型数组 a 和整型指针 q*/
q=a;             /*将数组名赋值给指针 q，相当于指针 q 指向了数组的首地址*/
```

（3）通过指针变量获得地址值。

```
int  k,*p;           /*定义了一个整型变量 k 和整型指针 p，指针 p 没有指向任何变量*/
int  *q=&k;          /*定义指针 q 并将其指向变量 k*/
p=q;                 /*将指针 q 的值赋给指针 p，相当于 p 和 q 指向同一个变量 k*/
```

（4）通过标准函数获得地址值。通过调用 malloc 和 calloc 函数，在内存中开辟动态存储区域，并把所开辟的动态存储区域的地址赋给指针变量。

```
int   *p1;           /*定义一个指向整型变量的指针 p1，但 p1 没指向任何变量*/
p1=(int *)malloc(sizeof(int));       /*动态开辟一个整型变量空间，并将 p1 指向该变量空间*/
```

（5）给指针变量赋 NULL 值。

```
int  *p;
p=NULL;              /*指针 p 被赋为空指针，即不指向任何变量*/
```

（6）把函数的入口地址赋予指向函数的指针变量。例如：

```
int (*pf)( );        /*定义一个指向函数的指针（后面会有详细介绍）*/
pf=f;                /*将指针 pf 指向函数 f，其中 f 为函数名*/
```

6.3 指针变量的运算

视频讲解

指针也是一种变量，那么就应该可以作为操作数，和操作符一起组合成表达式，从而实现更复杂的功能。但是，指针也是一种特殊的变量，它保存的是地址值，对这样的指针变量，可以参与哪些运算呢？

*6.3.1 运算符和&运算符

*运算符作用在指针（地址）上，代表该指针所指向的存储单元（及其值），实现间接访问，因此又叫“间接访问运算符”。

例如：

```
int  a=5;      /*定义了一个整型变量 a，a 中存储的值是 5*/
int  *p=&a;    /*定义一个指向整型变量的指针 p，并将它指向变量 a*/
```

*p 的值为 5，与 a 等价。*运算符为单目运算符，与其他的单目运算符具有相同的优先级和结合性（右结合性）。根据*运算符的作用，*运算符和取地址运算符&互逆，即：

```
*(&a)==a      &(*p)==p
```

提示：*的意义

在定义指针变量时，“*”表示其后的是指针变量；在执行部分表达式中，“*”指向运算符。

6.3.2 指针的算术运算和关系运算

有意义的指针运算还包括算术运算和关系运算。不过，参与算术运算和关系运算的指针有一定限制，通常在指针代表一些连续的存储单元的情况下才有实际意义。

1. 指针的算术运算

四种可以应用于指针的算术运算符：++（自增）、--（自减）、+（加）、-（减）。

（1）指针的自增或自减运算。作用是使指针指向下一个或前一个同类型的数据。

（2）指针变量加上或减去一个正整数 n。作用是将该指针移到当前位置之后或之前第 n 个数据的位置。

（3）两个指针变量的减法运算。作用是求两个指针位置相差的变量个数，结果是一个整数。

例如：

```
char str[10]="Hello Baby!"     /*定义一个字符数组 str 并将字符串“Hello Baby!”存入*/
char *p=str,*q;                /*定义指针 p 和 q，并将 p 指向字符数组首地址，即指向字符“H”*/
```

这里应说明的是，并不是把整个字符串装入指针变量，而是把存放该字符串的字符数组的首地址装入指针变量。即指针 p 指向字符数组的首地址，指向字符“H”。

若有语句：

```
p++;
```

则指针 p 向右移动一个字符位置，即指向字符“e”。

若有语句：

```
q=p+5;
```

则相当于指针 q 移动到字符“B”上。

此时若有语句：

```
int n;
n=q-p;
```

则相当于求得指针 p 和 q 之间相差的数组元素个数，即 n 值等于 5。

指向数组的指针也可以有下标运算。即指针也可与数组的下标结合，表示数组中的某个元素。例如，当 p 指向字符“e”时，p[0]就表示该数组元素“e”。同理可写为 p[4]、q[2]等。

2. 指针的关系运算

在两个指向相同类型变量的指针之间可以进行各种关系运算，用来表示它们指向的地址位置之间的关系。

关系运算符有：>、>=、<、<=、!=、==，可以对两个指针进行大小（地址值高低）的比较。指向后方的指针大于指向前方的指针；如果两个指针相等，则表明它们指向同一个数据。

例如，上面例子中的指针 p 和 q，若有条件 q>p，则结果为真。

在进行一些指针运算之前，常常需要先检查指针是否为空，再确定能否进行之后的数据访问操作。常用的判断指针 p 是否为空的语句为：

```
if(p==NULL)    { … }
```

或

```
if(!p)         { … }
```

【案例 6-1】指针的赋值及运算示例。

编写程序代码

```
/*  案例 6-1  指针的赋值及运算示例  */
#include "stdio.h"
void main()
{
    float   x=2.5,*p=&x;          /*定义一个浮点型变量 x 和浮点型指针 p，并将 p 指向变量 x*/
    float   a[5];                 /*定义一个浮点型数组 a*/
    float   *qx=a;                /*定义一个浮点型指针 qx 指向数组第一个元素 a[0]*/
    float   *qy=&a[4];            /*定义一个浮点型指针 qy 指向数组中最后一个元素 a[4]*/
    printf("变量 x 的地址为%x,指针 p 值为%x",&x,p);  /*输出 x 地址和 p 值，二者应相同*/
    printf("\n 变量 x 的值为%.2f，指针 p 所指变量的值为%.2f",x,*p);
    /*输出 x 值和 p 所指变量值，应相同*/
    printf("\n 输出 p++值为%x（先输出 p 值再自加）",p++);
    /*将指针 p 值输出后地址值加 1，注意移动 4 个字节*/
```

```
        printf("\n 输出当前 p 值为%x",p);                                /*输出指针 p 值*/
        printf("\n 继续输出++p 值为%x（p 先自加后再输出）",++p);
        /*将指针 p 中地址值加 1 后输出，注意也移动 4 个字节*/
        printf("\n 输出数组的首地址%x，指针 qx 的值为%x",a,qx);
        /*输出数组首地址和指针 qx，两者相同*/
        printf("\nqx+3 的值为%x，即 qx 后移 3 个元素位置",qx+3);
        /*输出 qx 后移 3 个元素位置的地址值*/
        printf("\n 输出数组的最后一个元素地址为%x，地址 qy 的地址为%x",a+4,qy);
        /*输出数组最后一个元素地址与 qy 的值*/
        printf("\nqy-qx 等于%d，即两指针相差的元素个数",qy-qx);
}
```

程序分析

该程序中，指针 p 指向一个浮点型变量 x，用指针 qx、qy 指向数组 a 来学习指针和变量之间的关系，而指针自增、自减时移动的位置是一个该类型的变量的长度（如本案例中每个单精度浮点型变量移动 4 字节位置）。指针加一个整数 n 表示指针向后移动 n 个元素的位置，其地址值为原来 p 值+n×(该类型的字节数)。所以 qx+3 会向后移动 3 个元素共 12 个字节的位置。同理，qy−qx 的值即这两个指针所指位置相差的元素个数，即 a[4]到 a[0]相差 4 个元素。

程序运行结果

该程序若定义变量和指针为整型，若在 VC 环境下运行，那么 1 个整型变量占 4 个字节；若在 TC 环境下运行，则 1 个整型变量占 2 个字节。程序运行结果是不同的，请读者自行验证。在 VC 环境中程序运行结果如下：

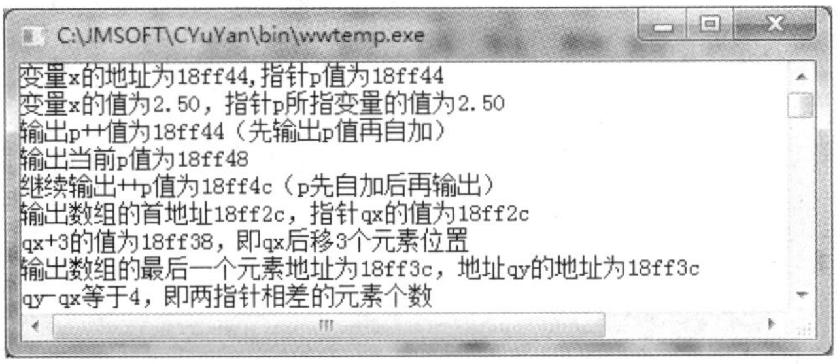

6.4 指针和数组的关系

视频讲解

指针和数组有着密切的关系，任何能由数组下标完成的操作也都可用指针来实现，但程序中使用指针可使编程代码更紧凑、更灵活。

6.4.1 指针与一维数组

在 C 语言中，一维数组的数组名实际上就是指向数组下标为 0 的元素的指针。

例如，若有如下定义：

```
int   a[5]={1,2,3,4,5},*p;
p=a;
```

则数组 a 中的元素与数组名 a 及指针 p 的关系如图 6-2 所示。其中，数组名 a 的类型是整型指针 int *，并且指向数组元素 a[0]，即 a 中存放的地址为&a[0]。在前面已经介绍，通过指针运算符“*”可以访问指针所指向的数据，因此可以用*a 来访问元素 a[0]。当然，以这种方式不仅可以访问数组元素 a[0]，还可以访问数组中的其他元素。例如，*(a+1)可以访问 a[1]，*(a+2)可以访问 a[2]……一般来说，用*(a+i)可以访问 a[i]，即*(a+i)和 a[i]是完全等价的。

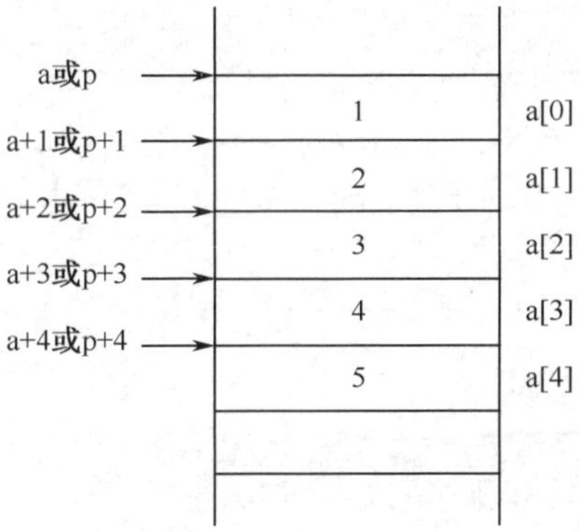

图 6-2　一维数组元素与元素地址关系示意图

同样，指向一维数组首元素的任何指针也可以像一维数组名那样使用。由于指针 p 和数组名 a 均是指向数组 a 的首元素的指针，即 p 和 a 是完全等价的，因此，访问数组 a 中下标为 i 的元素可以使用如下四种表示形式：a[i]、p[i]、*(a+i)、*(p+i)。

提示：数组名特点

对于数组名 a 来说，在 C 语言中认为是指针常量而不是变量，所以不能改变 a 的值，若写成“a++”是错误的。

【案例 6-2】使用数组名和指针来访问一维数组中的每个元素。

程序分析

在前面的章节中，已经学习过使用“数组名[下标]”的方法访问数组中的指定元素，下面来学习如何通过指针的运算来访问一维数组中的数组元素。

先请读者阅读下面的程序代码，注意程序中通过使用 a[i]、p[i]、*(a+i)、*(p+i) 和*p 来访问一维数组中的每个元素。

编写程序代码

```
/* 案例 6-2 使用数组名和指针来访问一维数组中的每个元素 */
#include "stdio.h"
void main()
{
    int  i,*p;
    int  a[5]={1,3,5,7,9};
    printf("使用数组名和指针访问一维数组的每个元素：\n");
    for(i=0;i<5;i++)
        printf("%3d",a[i]);        /*按数组名 a、下标值方式访问每个数组元素*/
    printf("\n");
    for(i=0;i<5;i++)
        printf("%3d",*(a+i));      /*按数组名 a、指针方式访问每个数组元素*/
    printf("\n");
    p=a;                           /*将指针 p 指向数组的首地址*/
    for(i=0;i<5;i++)
        printf("%3d",*(p+i));      /*按指针名 p、指针方式访问每个数组元素*/
```

```
        printf("\n");
        p=a;
        for(i=0;i<5;i++)
            printf("%3d",p[i]);        /*按指针名 p、下标值方式访问每个数组元素*/
        printf("\n");
        p=a;
        for(i=0;i<5;i++)
        {    printf("%3d",*p);         /*使用*p 访问每个数组元素*/
             p++;                      /*指针 p 向后移动一个元素位置*/
        }
}
```

程序运行结果

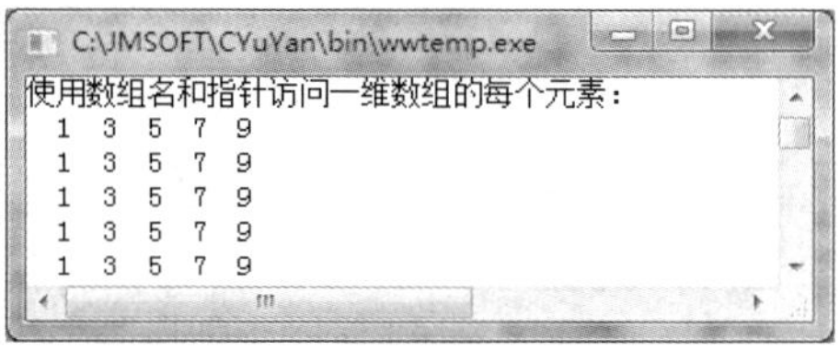

【练习 6-1】以下程序的输出结果是______。

```
main()
{
    int  a[]={2,4,6,8,10},y=1,x,*p;
    p=&a[1];
    for(x=0;x<3;x++)y+=*(p+x);
    printf("%d", y);
}
```

A）17　　　　B）18　　　　C）19　　　　D）20

解：因为语句“p=&a[1];”为将指针 p 指向数组 a 的第二个元素 4，所以 p+1 和 p+2 指向的是第三、四个元素 6 和 8，for 循环含义是求这三个位置的整数累加和，所以结果为 18，答案为 B。

6.4.2　指针与字符数组

在 C 语言中，没有字符串类型，而是通过字符型数组作为字符串的存储空间的。数组名就是指针，那么任何指向字符型数组首元素的指针都可以代表存储于该处的字符串。

因为字符数组中存放字符串，使用很广泛，所以也可使用指针对字符数组进行访问，使字符串的各种操作更加方便。在字符串处理过程中，若指针 p 已指向某个字符串，若要判断字符串是否到尾部，一般采用如下语句进行判断。

```
while(*p!='\0')
……
```

对字符串的操作通常可以进行字符串的复制、比较等。所以可以使用两个指针分别指向两个字符串，复制字符串或比较对应位置字符是否相同，读者应熟练掌握指针在字符数组中的使用。

【案例 6-3】使用指针来访问一维字符数组。

程序分析

当字符指针指向某个字符数组后，可使用该指针对字符串进行整体输入/输出，还可以将该字符串按单个字符逐个进行输出。若有两个字符串，可用两个指针分别指向这两个字符串首部，进行逐个赋值，实现字符串复制或比较的功能。程序中给出字符串复制的方法，请读者自行实现将两个字符串进行比较的功能。

编写程序代码

```
/* 案例 6-3 使用指针来访问一维字符数组 */
#include "stdio.h"
void main()
{
    char  str1[30]="Hello,boys and girls!",str2[30];
    char  *p,*q;
    p=str1;                     /*指针 p 指向字符串首地址*/
    printf("使用指针按整体输出整个字符串：");
    printf("%s",p);             /*按数组首地址输出整个字符串，与数组名相同*/

    /*使用循环语句按单个字符输出字符串*/
    printf("\n 使用指针按单个字符输出整个字符串：");
    while(*p!='\0')             /*当指针所指元素不为字符串结束标志时*/
        printf("%c",*p++);      /*输出每个字符后，指针 p 后移一位*/

    /*字符串复制*/
    p=str1; q=str2;             /*将指针 p 定位到 str1 地址*/
    while(*p!='\0')
        *q++=*p++;              /*将指针 p 所指字符复制到指针 q 所指的数组元素中*/
    *q='\0';                    /*为复制好的字符串添加结束标志*/
    printf("\n 复制后的字符串 2 为：%s",str2);
}
```

程序运行结果

【练习 6-2】若有如下的程序段:

```
char  str[]="hello";
char  *ptr=str;
```

则*(ptr+5)的值为______。

A）'o'　　B）'\0'　　C）不确定的值　　D）'o'的地址

解：因为指针 ptr 指向了数组 str 的首地址，即指向字符“h”，那么 ptr+5 即为该指针后移 5 个字符位置，*(ptr+5)的值为字符串结束标志'\0'。答案选 B

6.4.3 指针与二维数组

1. 指向二维数组的行指针

二维数组其实可以看成是由几个一维数组构造而成的，相当于几个队列构成一个矩形队列。例如，有一个 m 行 n 列的二维数组，可以看成由 m 个一维数组构成的矩形队列，每个一维数组由 n 个元素构成。前面讲的普通指针只能指向该二维数组中的每个元素，若要想将一种指针指向二维数组的每一行，就得定义另一种类型的指针，二维数组的行指针，也称为指向一维数组的指针。

二维数组的行指针定义如下：

```
类型名    (*指针名)[常量表达式];
```

其中，类型名为指针所指向数组元素的类型，指针名为合法的标识符，中括号中的常量表达式为该一维数组中的元素个数，即二维数组每一行中的元素个数。例如：

```
char  str[3][10];      /*定义了一个 3 行 10 列的二维数组 str*/
char  (*p)[10];        /*定义了一个指向有 10 个字符型元素的一维数组的指针 p*/
p=str;                 /*指针 p 指向了二维数组 str 的首地址*/
```

提示：二维数组的行指针注意事项

将一个二维数组的行指针指向一个二维数组每行首地址后，即可访问二维数组中的每个元素，即二维数组的行指针也是一个指向一维数组的指针，因此，要保证二维数组中任一行中的元素个数与定义时声明的指针所指的一维数组元素个数相同。例如上面二维数组为 10 列，则下面的指针 p 定义时的中括号中的值也必须为 10。

在使用二维数组的行指针来表示数组中每个元素时，可以使用与数组名相同的方法，既可以使用 str[i][j]、*(*(str+i)+j)，也可以使用 p[i][j]、*(*(p+i)+j)的方式来表示二维数组中的每个元素。

2. 指向二维数组的行指针的运算及应用

假设有如下语句：

```
int  a[3][5];          /*定义了一个 3 行 5 列的二维数组 a*/
int  (*pa)[5];         /*定义了一个指向有 5 个整数元素的一维数组的指针 pa*/
pa=a;                  /*指针 pa 指向了二维数组 a 的首地址*/
```

那么 pa+1 指向什么地址空间？

（1）语句“int (*pa)[5];”声明了一个指向有 5 个整数元素的一维数组的指针。a 是一个 3×5 的二维整型数组，将数组名 a 赋值给指针 pa，使指针 pa 指向二维数组 a 下标为 0 的第 1 行。

（2）算术运算：pa 是一个指向有 5 个整型元素的一维数组的指针，因此这个 1 的单位应该是 5×sizeof(int)=10 字节，所以若 pa=pa+1，则 pa 指向数组 a 的下一行行首。

3. 普通指针、二维数组的行指针与二维数组的关系

当行指针 pa 指向二维数组的首地址时，*pa 表示第一行的首地址，pa+1 为第二行首地址……当使用行指针表示二维数组的每个元素时，每行的第 j 个元素地址为*pa+j，该元素可以表示成*(*(pa+i)+j)。

若有普通指针 p 指向该二维数组 a，则将指针 p 指向该数组的某一行，只能写成 p=a[i]或是 p=*(pa+i)，因为普通指针 p 比行指针 pa 低一个级别。则有 p+1 为该行第 2 个元素地址，p+2 为该行第 3 个元素地址……普通指针、二维数组的行指针与二维数组的关系示意图如图 6-3 所示。

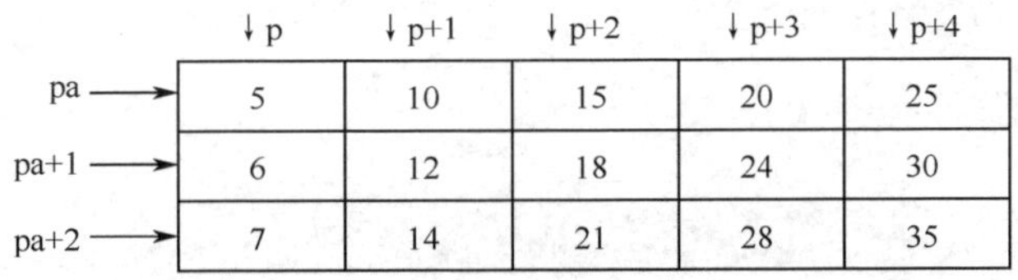

图 6-3　普通指针、二维数组的行指针与二维数组关系示意图

下面通过一个案例来了解普通指针与二维数组的行指针都指向二维数组的区别。

【案例 6-4】使用普通指针和二维数组的行指针访问二维数组示例。

编写程序代码

```
/* 案例 6-4 使用普通指针和二维数组的行指针访问二维数组示例 */
#include "stdio.h"
void main()
{
    int  i,j,*p;
    int  a[3][5]={5,10,15,20,25,6,12,18,24,30,7,14,21,28,35};
    int  (*pa)[5];                        /*定义指向二维数组的行指针 pa*/
    pa=a;                                 /*将行指针 pa 指向数组 a 的首地址，此时 pa 与 a 等价*/

    /*使用行指针指向二维数组*/
    printf("使用二维数组的行指针输出二维数组的每个元素：\n");
    for(i=0;i<3;i++)
    {
        for(j=0;j<5;j++)
            printf("%d\t",*(*(pa+i)+j));  /*使用行指针表示二维数组的每个元素并输出*/
        printf("\n");
    }
    printf("使用普通指针输出二维数组的每个元素：\n");

    /*使用普通指针指向二维数组*/
    for(i=0;i<3;i++)
    {
        p=*(pa+i);                        /*将普通指针指向每行的第一个元素，也可以写成 p=a[i];*/
        for(j=0;j<5;j++)
            printf("%d\t",*(p+j));        /*p 指向每行第一个元素，则 p+j 为该行第 j 个元素地址*/
        printf("\n");
    }
}
```

程序分析

该程序定义了两种指针，一种是二维数组的行指针 pa，一种是普通指针 p。这两种指针的区别在于行指针 pa 在赋值时可直接将二维数组名赋给 pa，但普通指针在赋值时就不能将二维数组名直接赋给它，只能将二维数组的每行的首地址赋给它，如“p=*(pa+i);”。

两种指针在表示数组中每个元素时写法也不同。对于行指针 pa，它与二维数组同级别，所以可用*(*(pa+i)+j)表示，其中，pa+i 表示二维数组每行的首地址，而*(pa+i)+j 表示第 i 行第 j 列的地址，再取一次对象就为第 i 行第 j 列的元素。而普通指针 p 应该比 pa 降了一个级别，p 与*(pa+i)同级别（也可以写成 a[i]），表示该行的首地址。在输出时，p+j 表示这一行的第 j 个元素地址，则该元素表示为*(p+j)。

程序运行结果

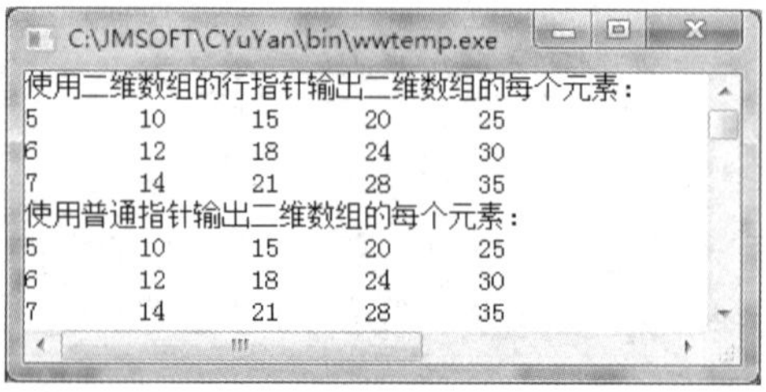

【练习 6-3】若有定义“int a[2][3]={2,4,6,8,10,12};”，则以下描述不正确的是______。

A）*(a+1)为元素 a[1][0]的指针　　B）a[1]+1 为元素 a[1][1]的指针

C）*(a+1)+2 为元素 a[1][2]的指针　　D）*a[1]+2 的值是 12

解：因为二维数组名为该数组的首地址，所以 a+1 为第二行的首地址，*(a+1)为第二行第一个元素的地址，答案 A 正确。同理，a[1]为第二行的首地址，a[1]+1 为第二行第二个元素的地址，答案 B 也正确。*(a+1)+2 为第二行第三个元素的地址，所以为元素 a[1][2]的指针正确。而*a[1]+2 应为第二行第三个元素的地址，而不是变量值，所以答案为 D。

6.4.4 指针数组

数组是一组具有相同数据类型的数据的有序集合。指针也是一种数据，那么可不可以也作为数组中的元素，形成一个数据元素类型为指针的数组呢？答案是可以，指针数组就是数组元素为指针的数组。

（1）指针数组的定义格式如下：

```
类型名    *指针数组名[常量表达式];
```

例如：

```
int *px[5]; /*定义一个元素个数为 5 的整型指针数组 px，每个元素都可以指向一个整型变量*/
```

（2）初始化。指针数组可以在定义的同时被初始化，一般用来保存指向字符串的指针。例如：

```
char *lesson[3]={"Data Structure","Computer Design", "C Language"};
/*定义字符型指针数组 lesson 并初始化，其 3 个元素分别指向一个字符串的首地址*/
```

指针数组 lesson 有 3 个元素，每个元素都是一个字符指针，存放的是字符串的首地址。其中，元素 lesson[0]指向字符串"Data Structure"，lesson[1]指向字符串"Computer Design"，lesson[2]指向字符串"C Language"。lesson 数组中的元素指向如图 6-4 所示。

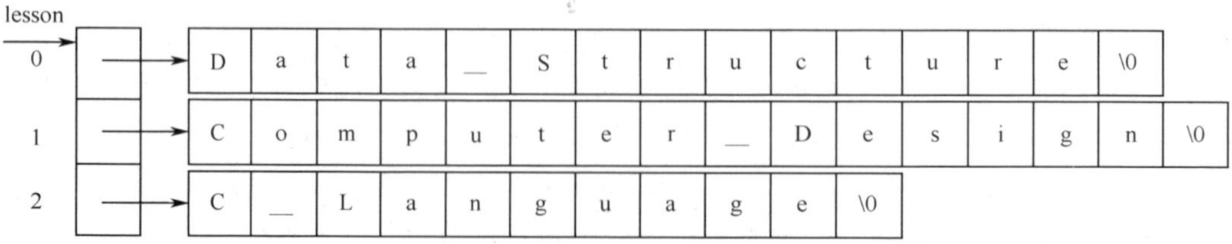

图 6-4　字符指针数组 lesson 的元素指向字符串示意图

（3）赋值。指针数组的赋值与普通数组相同，但要注意所赋予的值应该是地址值，而且所赋地址的类型要与指针数组的类型相同。例如：

```
int   i;
int   a=10,b=20,c=30;            /*定义三个整型变量 a、b 和 c 并分别赋初值*/
int   *p[3]={&a,&b,&c};          /*定义整型指针数组 p，p 的三个元素指向上面定义的三个整型变量*/
for(i=0;i<3;i++)
    printf("%5d",*p[i]);         /*使用指针数组 p 输出 a、b 和 c 值*/
```

该程序段的内存示意图如图 6-5 所示。

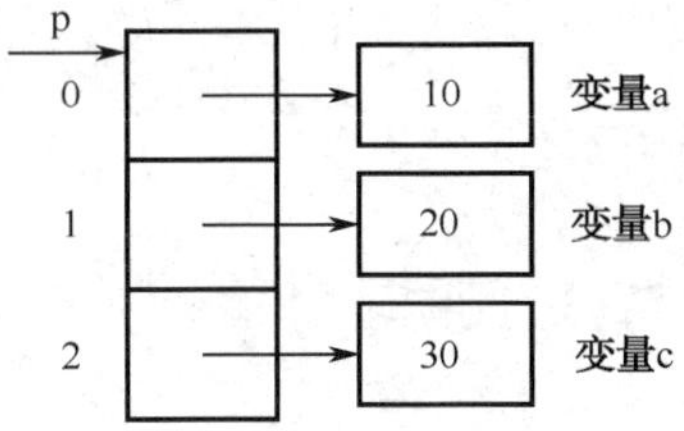

图 6-5　整型指针数组 p 中的元素指向整型变量示意图

6.4.5　指向指针的指针——二级指针

如果一个指针变量存放的又是另一个指针变量的地址，则称这个指针变量为指向指针的指针变量，又称为**二级指针**。

在前面的内容中已经介绍过，通过指针访问变量称为间接访问。由于指针变量直接指向变量，所以也称为单级间访。而如果通过指向指针的指针变量来访问最终变量则构成了二级或多级间访。C 语言程序设计中，对间接访问的级数并未明确限制，但是间接访问级数太多时不仅不容易理解，也更容易出错，因此，一般很少超过二级间访。

指向指针的指针变量（二级指针）的定义格式如下：

```
类型名    **指针名;
```

例如：

```
int   **pp,*p,i;        /*定义一个二级指针变量 pp、一级指针变量 p 和普通变量 i*/
p=&i;                   /*将一级指针变量 p 指向普通变量 i*/
pp=&p;                  /*将二级指针变量 pp 指向一级指针变量 p*/
```

其中，pp 是一个二级指针变量，它指向另一个指针变量 p，而指针变量 p 指向一个整型变量 i，指针和变量之间的关系如图 6-6 所示。

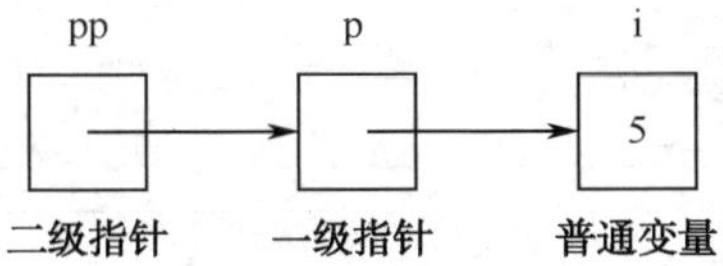

图 6-6　一级指针、二级指针和普通变量关系示意图

若使用二级指针 pp 为变量 i 赋值，可使用如下语句：

```
**pp=5;                 /*通过二级指针 pp 为变量 i 赋值为 5*/
```

下面通过一个案例了解指针数组和二级指针之间的关系和使用方法。

【案例 6-5】指针数组和二级指针的示例。

编写程序代码

```
/*  案例 6-5  指针数组和二级指针的示例  */
#include "stdio.h"
void main()
{
    char *lesson[3]={"Data Structure","Computer Design", "C Language"};
    char    **px;
    int    i;

    printf("使用指针数组名输出每个指针元素所指字符串：");
    for(i=0;i<3;i++)
        printf("\n%s",lesson[i]);

    printf("\n 使用二级指针指向指针数组，输出各字符串：");
    px=lesson;                          /*将指针 px 指向指针数组 lesson 首地址*/
    for(i=0;i<3;i++)
    {
          printf("\n%s",*px);         /*此处的*px 相当于 lesson[i]*/
          px++;                         /*指针 px 后移到 lesson 下一个元素位置*/
    }
}
```

程序分析

该程序定义了一个字符指针数组 lesson，lesson 中每个元素都指向一个字符串的首地址，可用数组元素来输出每个字符串。又定义了一个字符型二级指针 px，语句“px=lesson;”将 px 指向数组的首地址，此时*px 就相当于 lesson[0]，也可以输出第一个元素所指字符串，语句“px++;”将指针 px 后移一位，即可输出每个字符串。

程序运行结果

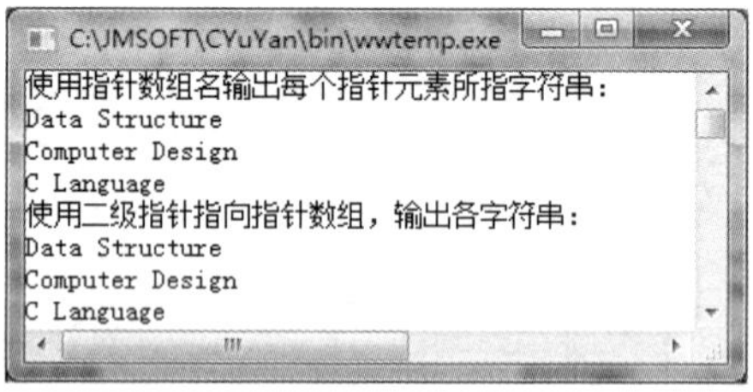

【练习 6-4】以下程序的输出结果是______。

```
main()
{
    char   *p[5]={"ABCD","EF","GHI","JKL","MNOP"};
    char   **q=p;
    int   i;
    for(i=0;i<=4;i++) printf("%s",q[i]);
}
```

A）ABCDEFGHIJKL	B）ABCD
C）ABCDEFGHIJKLMNOP	D）AEJM

解：因为指针数组 p 中各元素分别指向各个字符串的首地址，而二级指针 q 指向该数组的首地址，所以程序中的 for 循环输出 q[i]即输出数组 p[i]所指的各个字符串。所以答案为 C。

6.5 指针在函数中的应用

视频讲解

变量、数组在内存中有地址，同理，一个函数也有内存地址。指针可以指向变量和数组，也可以指向函数，本节就介绍一下指针和函数的关系。

指针与函数的关系主要表现在三个方面：函数的参数是指针、函数的返回值是指针和指向函数的指针（函数指针）。

6.5.1 函数的参数是指针

在函数应用中，函数的参数不仅可以是整型、实型、字符型、数组等数据，也可以是指针类型，以实现将地址传送到另一函数中参与操作。

当函数的形参为指针类型时，调用函数时将实参变量的地址传递给形参（此时形参应是一个指针），则相当于形参指针指向实参变量，那么对形参所指对象的改变，也会改变实参的值。

【案例 6-6】编写函数实现交换两个变量的值，要求函数中参数为指针。

程序分析

若要在子函数中改变主函数的两个变量值，则必须将子函数的两个参数设为指针，在主函数中子函数调用语句“swap(&a,&b);”相当于把变量 a 和 b 的地址传递给形参的两个指针，即指针 p 指向变量 a，指针 q 指向变量 b。所以在子函数 swap 中对*p 和*q 的改变，也就相当于对变量 a 和 b 值的改变了。

编写程序代码

```
/* 案例 6-6 编写函数实现交换两个变量的值，要求函数中参数为指针 */
#include "stdio.h"
void  swap(int  *p,int  *q)       /*函数两个参数为两个指针变量*/
{
      int  temp;
     temp=*p;                      /*将指针 p 所指数据保存到临时变量 temp 中*/
     *p=*q;                        /*将指针 q 所指数据保存到 p 所指变量中*/
     *q=temp;                      /*将 temp 中的指针 p 所指数据保存到 q 所指变量中*/
}
void main()
{
     int  a,b;
     printf("请输入两个整数 a 和 b：");
     scanf("%d%d",&a,&b);
     printf("a=%d,b=%d\n",a,b);
     swap(&a,&b);                  /*调用交换函数，a 和 b 的地址作为函数参数*/
     printf("交换值后两个整数 a 和 b：");
```

```
    printf("\na=%d,b=%d\n",a,b);
}
```

程序运行结果

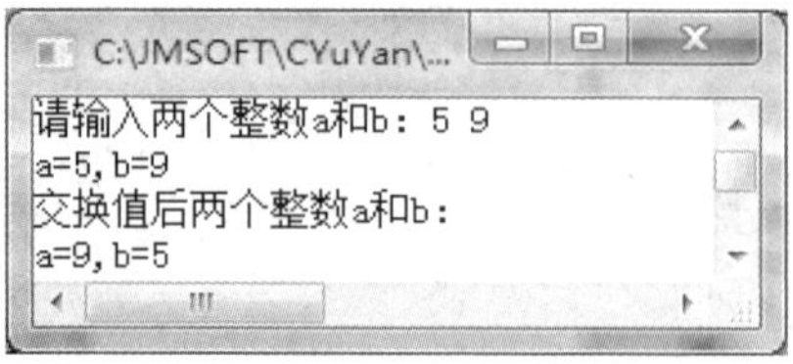

【练习 6-5】下列程序是用来判断数组中特定元素的位置所在的。

```
#include    <conio.h>
#include    <stdio.h>
void fun(int *s, int t, int *k)
{
   int i;
   *k=0;
   for(i=0;i<t;i++)
       if(s[*k]<s[i])      *k=i;
}
main()
{
    int   a[10]={ 876,675,896,101,301,401,980,431,451,777},k;
    fun(a, 10, &k);
    printf("%d, %d\n",k,a[k]);
}
```

如果输入整数 876 675 896 101 301 401 980 431 451 777 ，则输出结果为__________。

A）7,431　　B）6　　C）980　　D）6,980

解：本题中直接使用指针变量 k，但在使用时要注意对 k 的指针运算。此外，一开始应知道*k 的值为数组中的某一下标值，即*k=0，主函数中语句“fun(a, 10, &k);”即将数组首地址 a、元素个数 10 和最大值变量地址 &k 传给子函数。本函数的功能是找出数组中的最大元素的位置（*k 存放的是最大下标值）。所以答案为 D。

6.5.2　函数的返回值是指针

所谓函数类型，是指函数返回值的类型。函数可以返回一个整型、浮点型和字符型变量，也可以返回一个指针类型的变量。定义指针型函数的一般形式为：

```
函数类型    *函数名(形参表)
{
        函数体
}
```

即在函数名前面加“*”，表示该函数返回值为一个指针类型。返回值是指针的函数的定义和使用方法与普通函数一样，只是返回语句 return 中返回的是一个指针变量。

【案例 6-7】设计一个函数，在一个字符串中查找一个指定的字符。如果指定字符在字符串中，返回字符串中指定字符出现的第一个地址；否则，返回 NULL 值。要求使用指针函数实现在字符串中查找指定字符。

程序分析

按照功能要求，设计函数 Search 有两个形式参数，一个是要查找的字符串指针 sp，一个是指定的用于查找的字符变量 ch。当子函数中指针 sp 所指的字符不等于 ch 时，sp 后移；如果等于 ch，则该字符为所找字符，返回该字符地址，即该字符在字符串中第一次出现的地址。

编写程序代码

```
/*   案例 6-7  设计一个函数，在一个字符串中查找一个指定的字符  */
#include "stdio.h"
char   *Search(char   *sp,char   ch)            /*返回值为指针类型的函数 Search*/
{
     while(*sp!='\0')
         if(*str==ch)       return(str);        /*若指针 sp 所指字符等于 ch，则返回该字符地址*/
         else               sp++;               /*若不等于则指针 sp 后移*/
     return       NULL;                         /*若没找到，则返回空指针*/
}
void main()
{
     char    *p,ch,str[20];
     printf("请输入一个字符串: ");
     gets(str);                                 /*gets 可读入带空格的字符串，scanf 不能*/
     printf("请输入要查找的字符: ");
     ch=getchar();                              /*读入要查找的字符*/
     p=Search(str,ch);                          /*调用 Search 函数进行查找*/
     if(p!=NULL)
     {
          printf("该字符串的起始地址为:%x",str);
          printf("\n 字符'%c'在字符串中第一次出现地址为:%x",ch,p);
          printf("\n 该字符在字符串是第%d 个字符。",p-str+1);   /*p-str 为相差元素个数*/
     }
}
```

程序运行结果

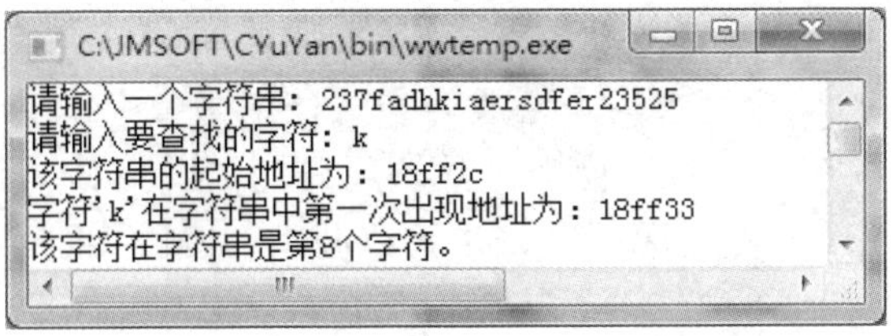

6.5.3 指向函数的指针

C 语言中每个函数经过编译后，其目标代码就在内存中连续存放，该代码的首地址就是函数执行时的入口地址。在 C 语言中，函数名本身就代表着该函数的入口地址。通过这个入口地址可以找到该函数，该入口地址称为函数的指针。

C 语言中可以定义一个指针变量，使它的值等于函数的入口地址，即指针是指向这个函数的，通过这个指针变量就可以调用此函数。这个指针变量称为指向函数的指针，又称为函数指针。

因为这个指针是指向函数的，所以它的定义是与某个函数原型声明相关的。指向该函数的函数指针变量应该定义为：

```
函数类型 (*指针变量名) (形参表);
```

即将函数原型声明中的函数名改为（*指针变量名）即可。

例如，若有一个函数原型声明为：

```
int  s;
int  sum(int  a , int  b);   /*声明一个函数 sum，该函数有两个整型形参 a 和 b*/
int  (*p)(int  a , int  b);  /*定义一个函数指针 p，p 可指向具有两个整型形参的函数*/
p=sum;                       /*指针 p 指向 sum 函数首地址*/
s=(*p)(2,6);                 /*使用指针 p 调用 sum 函数，两实参分别为 2 和 6*/
```

【案例 6-8】通过指向函数的指针调用所指向的函数示例。

编写程序代码

```
/*  案例 6-8  通过指向函数的指针调用所指向的函数示例   */
#include "stdio.h"
int  add(int  x, int  y)
{
     return(x+y);
}
void  main()
{
    int x,y;
    int s1,s2;
    int (*pt)(int x, int y);    /*定义指向函数的指针 pt，可指向函数 add*/
    printf("请输入两个整数: ");
    scanf("%d%d", &x,&y);
    pt=add;                     /*将函数名 add 赋给函数指针 pt，即 pt 指向函数 add*/
    s1=add(x,y);                /*使用函数名调用函数 add*/
    printf("通过函数名调用函数 add 求和，结果为%d。",s1);
    s2=(*pt)(x,y);              /*使用函数指针 pt 调用函数 add，功能同上*/
    printf("\n 通过函数指针调用函数求和，结果为%d。",s2);
}
```

程序分析

该程序中子函数 add 的功能为求两个整数的和，在主函数中定义一个函数指针 pt，语句为“int (*pt)(int x, int y);”。则在主函数中使用函数调用语句“s1=add(x,y);”和使用指针 pt 调用该函数，语句“s2=(*pt)(x,y);”为使用指针对 add 函数调用，两种调用结果是一样的。

程序运行结果

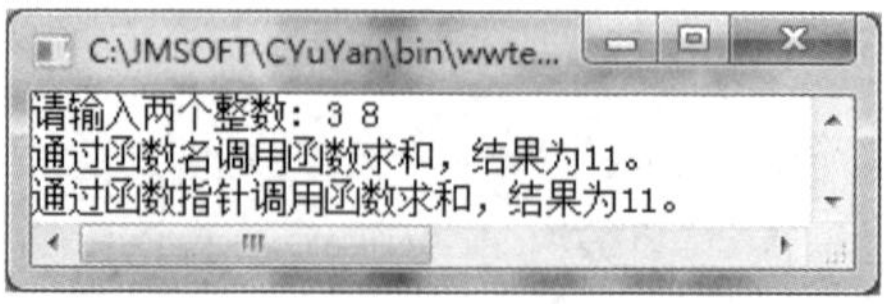

6.5.4 带参数的 main 函数

我们之前学习中定义的 main 函数，其参数表都是空的，那么 main 函数可以带参数吗？程序运行时参数又如何传递给 main 函数呢？

由不带参数的main函数所生成的可执行文件，在执行时只能输入可执行文件名(即命令名)，而不能输入参数；而在实际应用中，经常希望执行程序时，能够由带参数的命令行向程序提供所需要的信息，这就需要在程序中定义带参数的 main 函数。

（1）命令行参数。所谓“命令行”，是指在 DOS 提示符下输入的命令名（.exe 文件）及其参数，其中的参数称为命令行参数。带参数的命令行的一般格式为：

```
命令名　参数 1　参数 2　…　参数 n
```

命令名和参数以及参数和参数之间都由空格隔开，这些参数通过命令行传递到程序中。

（2）带参数的 main 函数。main 函数通常是不带参数的，若带参数可以带两个参数，函数的参数表格式如下：

```
main( int argc , char *argv[] )
```

第一个形参 argc 是一个整型变量，存放的是命令行中命令名与参数的总个数。第二个形参 argv 是一个指针数组，其元素可以指向带参数的命令行中命令名与参数所代表的字符串。

【案例 6-9】编写一个程序，显示带参数的命令行中的命令名和参数。

程序分析

若要显示带参数的命令行中的命令名和参数，就必须在主函数名后的括号中加上参数。格式为main(int argc,char *argv[])。这时如果运行程序，在 C/C++实验系统的“运行”下拉菜单中单击“带参数运行”按钮，在弹出的对话框的文本框中输入命令行和参数，然后单击“确定”按钮执行程序，出现运行结果。

注意：argv[0]中存放的是命令所在的路径，argv[1]中存放的是命令名，argv[2]中存放的是第一个参数，argv[3]中存放的是第二个参数，以此类推。所以，若要输出该命令的命令名和各参数，可用 for 循环，循环变量 i 小于 argv，在循环体中输出 argv[i]即可。

编写程序代码

```
/* 案例 6-9 带命令行的主函数示例，注意 main 函数的参数 argc 为命令名和参数个数之和，指针数组
argv 中各元素为命令名和参数存放首地址   */
#include "stdio.h"
void main(int argc, char *argv[])
{
    int i;
    printf("请输入一个带参数的命令（命令格式为“命令名  参数 1   参数 2 ... 参数 n”）：\n");
    for(i=0;i<argc;i++)          /*循环输出命令名和各参数*/
        printf("命令中的参数 argv[%d]：%s\n",i,argv[i]);
}
```

程序运行结果

输入命令行“copy hello boy and girl!”，则程序运行结果如下：

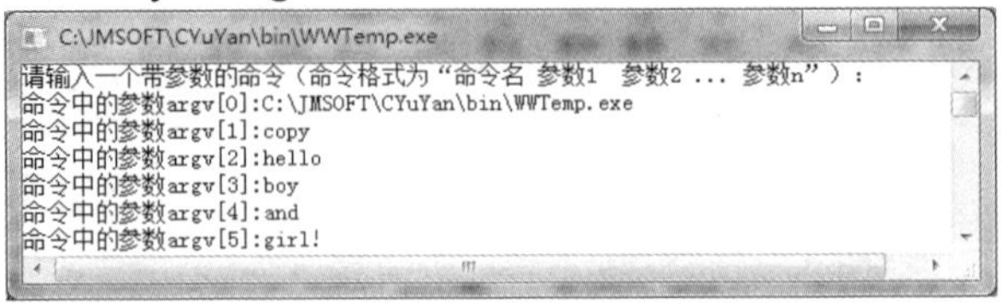

6.6 程序案例

6.6.1 典型案例——用指针统计字符串中各字符个数

【案例 6-10】输入一行字符（不超过 100 个），统计其中大写字母、小写字母、数字、空格及其他字符的个数。

程序分析

输入一个字符串后，可将一个字符型指针 p 指向该字符串首地址。当 p 所指字符不等于字符串结束标志'\0'时，使用复合 if 语句判断 p 所指字符是哪类字符，再将对应的变量自加，然后将指针 p 后移。直到循环结束，输出这些字符的个数即可。

编写程序代码

```
/*  案例 6-10 用指针统计字符串中大写字母、小写字母、数字、空格及其他字符的个数。  */
#include "stdio.h"
#include "string.h"
void  main()
{
    char  str[100],*p;
     int  upper,lower,number,space,other;
     upper=lower=number=space=other=0;           /*各计数变量赋初值 0 */
     printf("请输入一个字符串（不要超过 100 个字符）:\n");
     gets(str);                                  /*读入可带空格的一行字符串*/
     p=str;                                      /*指针 p 指向字符串首地址*/
     while(*p !='\0')
     {
          if(*p>='A' && *p<='Z')    upper++;     /*若字符为大写字母，则计数增 1*/
          else if(*p>='a' && *p<='z')  lower++;  /*若字符为小写字母，则计数增 1*/
          else if(*p>='0' && *p<='9')  number++; /*若字符为数字，则计数增 1*/
          else if(*p == ' ')        space++;     /*若字符为空格，则计数增 1*/
          else                      other++;     /*若字符为其他字符，则计数增 1*/
          p++;                                   /*指针 p 后移，指向下一个字符*/
     }
     printf("该字符串中大写字母个数为：%d\n",upper);
     printf("该字符串中小写字母个数为：%d\n",lower);
     printf("该字符串中数字个数为：%d\n",number);
     printf("该字符串中空格个数为：%d\n",space);
     printf("该字符串中其他字符个数为：%d\n",other);
}
```

程序运行结果

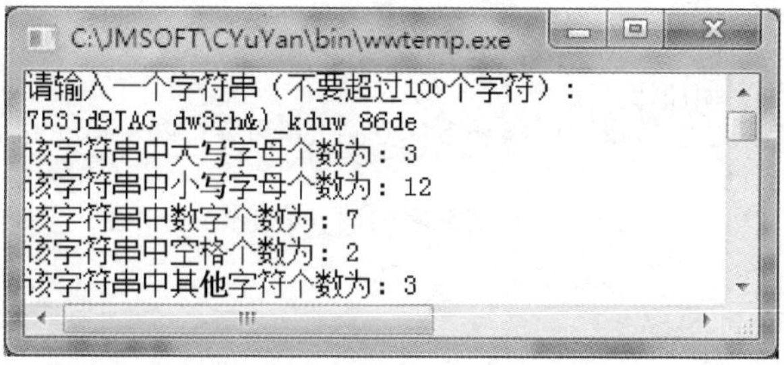

6.6.2　典型案例——找出多个字符串中最长字符串

【案例 6-11】求出形参 ss 所指字符串数组中最长字符串的长度，其余字符串左边用字符 * 补齐，使其与最长的字符串等长。字符串数组中共有 M 个字符串，且串长<N。

程序分析

设计一个 fun 函数，有三个功能要实现：第一个功能是实现求各字符串中最长字符串，并记录下该字符串的数组行下标。所以设长度最长的字符串的长度为 n，并记下此字符串在数组中的下标 k。第二个功能是将不是最长字符串的每个字符都向右移动，右对齐并空出前面的位置。即当前字符串不是最长字符串，则计算其长度 len，并将从下标 0 到 len 的字符向右移动 n-len 位。第三个功能是将其余不是最长字符串的前面空位添加*号，即在当前字符串前面补充 len-n 个*。

针对这三个功能，在 fun 函数中设计了三个循环体。在主函数定义一个二维字符数组并初始化各字符串，调用 fun 函数即可实现上述功能。

编写程序代码

```
/* 案例 6-11 求各字符串中长度最长的字符串，并将其他字符串左侧补*号后输出各字符串 */
#include "stdio.h"
#include "string.h"
#define  M  5
#define  N  20
void fun(char  (*ss)[N])
{
      int  i, j, k=0, n, m, len;
     for(i=0; i<M; i++)
     /*求出所有字符串中，长度最长的字符串的长度 n，并记下此字符串在数组中的下标 k*/
     {
         len=strlen(ss[i]);          /*len 存放当前字符串 ss[i]的长度*/
         if(i==0)  n=len;            /*若为第一个字符串，则 n 为第一个字符串长度*/
         if(len>n)
         {
            n=len;  k=i;             /*若当前字符串长度大于 n，则替换 n，记录当前行下标值 k */
         }
     }

     for(i=0; i<M; i++)              /*进行字符串右移并将左边的空位补*号*/
        if (i!=k)                    /*当前字符串不是最长字符串时*/
```

```
            {
                m=n;                    /*将 m 设为最长字符串长度 n*/
                len=strlen(ss[i]);      /*求该字符串的长度并存入 len 中*/
                for(j=len; j>=0; j--)
                    ss[i][m--]=ss[i][j];
/*如果当前字符串不是最长字符串，则将从下标 0 到 len 的字符向右移动 n-len 位*/
                for(j=0; j<n-len; j++)
                    ss[i][j]='*';       /*在当前字符串前面补充 len-n 个*号*/
            }
}
void main()
{   char   ss[M][N]={"shanghai","guangzhou","beijing","tianjing","cchongqing"};
    int   i;
    printf("各原始字符串为：\n");
    for(i=0; i<M; i++)
        printf("第%d 个字符串为：%s\n",i+1,ss[i]);
    fun(ss);
    printf("将除最长字符串之外的其他字符串左边加*号，各字符串为：\n");
    for(i=0; i<M; i++)
        printf("第%d 个字符串为：%s\n",i+1,ss[i]);
}
```

程序运行结果

6.6.3　典型案例——将矩阵元素右移

【案例 6-12】给定程序中，函数 fun 的功能是：有 N×N 矩阵，根据给定的 m（m<N）值，将每行元素中的值均右移 m 个位置，左边置为 0。

例如，N=3，m=2，有下列矩阵：

1	2	3
4	5	6
7	8	9

程序执行结果为：

0	0	1
0	0	4
0	0	7

程序分析

此程序的子函数 fun 需要两个参数，一个是指针数组（与二维数组名效果相同），另一个是要右移的位数 m。对每一行，都是从最后一个元素开始，向前进行赋值（移动）。对应下标值应该为将列下标为 j 的元素移动到第 j+m 上（j 初值为 N-1-m）。前面 m 列元素无用，则从第 1 列到第 m 列，将每列元素赋值为 0 即可。

编写程序代码

```c
/*  案例 6-12  将矩阵所有元素右移 m 位，左边补 0 并输出新矩阵  */
#include "stdio.h"
#define     N     4
void fun(int   (*t)[N], int   m)
    /* (*t)[N]为指针数组，m 为要右移的位数*/
{
    int   i, j;
    for(i=0; i<N; i++)                  /*每行元素从头开始循环*/
    {
         for(j=N-1-m; j>=0; j--)        /*从后向前，从最后一个元素开始，将每个元素右移*/
            t[i][j+m]=t[i][j];
        for(j=0; j<m; j++)              /*从第 1 列到第 m 列对空出来的元素赋值 0*/
            t[i][j]=0;
   }
}
void main()
{
    int t[][N]={21,12,13,24,25,16,47,38,29,11,32,54,42,21,33,10},i,j,m;
    printf("原始矩阵为:\n");
    for(i=0; i<N; i++)                  /*输出该矩阵*/
    {
         for(j=0; j<N; j++)
           printf("%2d   ",t[i][j]);
        printf("\n");
    }
    printf("请输入矩阵中元素右移的位数 m (m<=%d)：",N);
    scanf("%d",&m);
    fun(t,m);                           /*调用函数将矩阵元素右移*/
    printf("矩阵中元素向右移%d 位之后新矩阵为:\n",m);
    for(i=0; i<N; i++)                  /*输出新矩阵*/
    {
         for(j=0; j<N; j++)
           printf("%2d   ",t[i][j]);
        printf("\n");
    }
}
```

程序运行结果

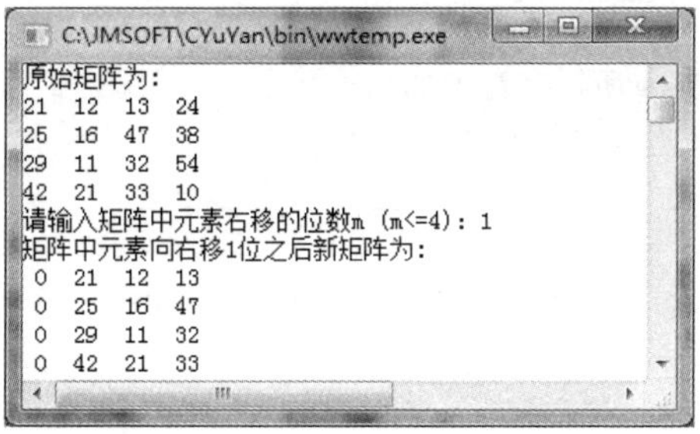

本章小结

本章着重介绍了各种类型的指针及其定义、指针的基本运算、指针与数组的关系、指针与函数的关系，还介绍了带参数的 main 函数的定义及应用。

指针是专门用来存放地址的变量。指针除了可以指向基本数据类型变量的地址，还可以指向数组、函数。一个数组名就是一个指针常量，一维数组的数组名指向其首地址，二维数组的数组名指向其首行。数组作为参数传递时，实际传递的是可以访问该数组的指针。

本章介绍指向数组的指针时，还详细介绍了指针数组，特别是字符指针数组。带参数的 main 函数就是字符指针数组的典型应用。

因为函数名是指向该函数的指针常量，指向一个函数并与函数名类型相同的任何指针都可以像函数名那样调用该函数。函数作为参数传递时，实际传递的是调用该函数的指针。

学生自我完善练习

【上机 6-1】分析下面程序的运行结果，学习指针函数的应用。

编写程序代码

```
/*  上机 6-1  分析下面程序的运行结果，学习指针函数的应用  */
#include "stdio.h"
char   *mystrcat(char   *str1,char   *str2);
void main()
{
     char str1[40],str2[20],*p;
     printf("请输入第一个字符串：");
     gets(str1);
     printf("请输入第二个字符串：");gets(str2);
     p=mystrcat(str1,str2);
     printf("调用函数后，输出第一个字符串：%s",str1);
     printf("\n 输出第二个字符串：%s",str2);
     printf("\n 输出调用函数返回的新字符串：%s",p);
}
char *mystrcat(char   *str1,char   *str2)
{
     char *str=str1;      /*字符指针 str 指向第一个字符串首地址*/
     while(*str)          /*当 str 所指字符串没结束时，指针 str 依次后移*/
          str++;
     while(*str2)         /*当 str2 所指字符串没结束时，将 str2 所指字符依次赋给 str 所指字符数组*/
          *str++=*str2++;
     *str='\0';           /*将 str 所指字符串加结束标志*/
     return(str1);        /*返回第一个字符串的首地址*/
}
```

解：程序分析如下。

（1）该程序功能是将字符串 str2 追加到 str1 后，即模拟实现标准库函数 strcat()。

（2）参数 str1 必须有足够的空间能够容纳连接后的字符串，即 str1 能够容纳的实际字符个数为 strlen(str1)+strlen(str2)+1。

程序运行结果

程序运行结果如下（假设 str1="Hello boy"，str2="□and girl!"）：

【上机 6-2】已知契比雪夫多项式的定义如下所示：

x	(n=1)
2*x*x-1	(n=2)
4*x*x*x-3*x	(n=3)
8*x*x*x*x-8*x*x+1	(n=4)

设计一个程序，从键盘输入整数 n 和浮点数 x，计算多项式的值。

解：该程序设计了四个子函数 fn1、fn2、fn3 和 fn4，分别计算当 n=1、2、3、4 时各多项式的值。然后在主函数中定义了一个指向函数的指针 fp，并在开关语句中根据输入的 n 值来确定将指针 fp 指向哪个对应的子函数，最后使用该指针调用对应的子函数，求得多项式的值。

编写程序代码

```
/*  上机 6-2  从键盘输入整数 n 和浮点数 x，计算契比雪夫多项式的值  */
#include "stdio.h"
float   fn1(float x),fn2(float x),fn3(float x),fn4(float x);/*函数说明语句*/
void main()
{
     float   (*fp)(float x);
     float   x;int   n;
     printf("程序功能为计算契比雪夫多项式的值。\n");
     printf("请输入多项式的 x 值：");
     scanf("%f",&x);
     printf("请输入多项式的 n 值：");
     scanf("%d",&n);
     switch(n)    /*开关语句的功能为将函数指针 fp 指向对应的多项式子函数头部*/
     {
          case 1 : fp=fn1;     break;
          case 2 : fp=fn2;     break;
          case 3 : fp=fn3;     break;
          case 4 : fp=fn4;     break;
          default: printf("数据错误！");
          return;
      }
      printf("该契比雪夫多项式的结果为：%.3f",(*fp)(x)); /*使用函数指针 fp 调用对应子函数*/
}
/*下面为求各多项式的子函数*/
float   fn1(float   x)
{   return(x);    }
float   fn2(float   x)
{   return(2*x*x-1);   }
float   fn3(float   x)
```

```
{       return(4*x*x*x-3*x);      }
float   fn4(float   x)
{       return(8*x*x*x*x-8*x*x+1);    }
```

程序运行结果

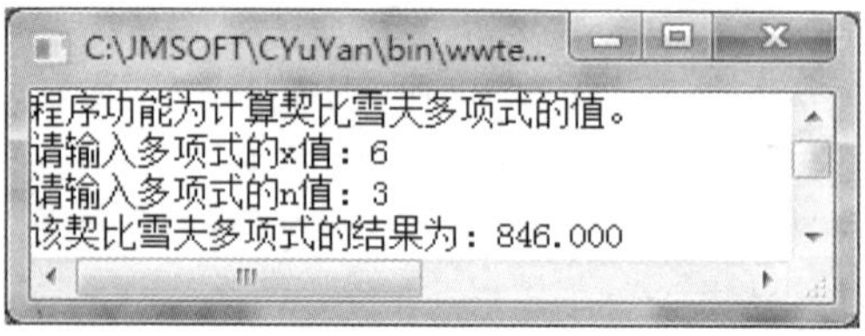

习题六

一、选择题

1．已知“int　a[]={1,3,5,7,9}，*p=a;”，则值为 7 的表达式是______。

A）*p+3　　B）*p+4　　C）*(p+3)　　D）*(p+4)

2．以下程序的输出结果是______。

```
main()
{   int a[10]={9,8,7,6,5,4,3,2,1,0},*p=a+2;
    printf("%d",*--p);
}
```

A）a[2]的地址　　B）7　　C）8　　D）9

3．在以下定义中，对标识符 ptr 描述正确的是______。

```
int (*ptr)[3];
```

A）定义不合法

B）是一个指针数组名，每个元素是一个指向整型变量的指针

C）是一个指针，它指向一个具有三个元素的一维数组

D）是一个指向整型变量的指针

4．在以下定义中，不能给 a 数组输入字符串的语句是______。

```
char a[10],*b=a;
```

A）gets(a);　　B）gets(a[0]);　　C）gets(&a[0]);　　D）gets(b);

5．设“int　a[]={1,2,3},i,*p=a;”，根据定义及语法分析不正确的是______。

A）a[p-a]　　B）　*(&a[i])　　C）　p[i]　　D）*(*(a+i))

6．以下程序的输出结果是______。

```
main()
{    char ch[2][5]={"6937","8254"},*p[2];
     int i,j,s=0;
     for(i=0;i<2;i++)    p[i]=ch[i];
     for(i=0;i<2;i++)
        for(j=0;p[i][j]>'\0';j+=2)
            s=10*s+p[i][j]-'0';
     printf("%d\n",s);
}
```

A）69825　　B）63825　　C）6385　　D）693825

7．以下程序的输出结果是______。

```
main()
{   int a=25, *p;
    p=&a;
    printf("%d", ++*p);
}
```

A）23　　B）24　　C）25　　D）26

8．以下程序的输出结果是______。

```
main( )
{   char *s="121";
    int k=0, a=0, b=0;
    do
    {   k++;
        if(k%2==0)   { a=a+s[k]-'0';   continue; }
        b=b+s[k]-'0';   a=a+s[k]-'0';
    } while(s[k+1]);
  printf("k=%d a=%d b=%d\n", k, a, b);
}
```

A） k=3 a=2 b=3　　B） k=3 a=3 b=2　　C）k=2 a=3 b=2　　D）k=2 a=2 b=3

9．对于基类型相同的两个指针变量之间，不能进行的计算是______。

A）<　　B）=　　C）+　　D）-

10．以下程序的输出结果是______。

```
main( )
{   char *s="12134211";
    int   v[4]={0,0,0,0},k,i;
    for(k=0;s[k];k++)
    {   switch (s[k])
        {   case '1': i=0;
            case '2': i=1;
            case '3': i=2;
            case '4': i=3;
        }
        v[i]++;
    }
    for(k=0;k<4;k++)
        printf("%d ",v[k]);
}
```

A）4 2 1 1　　B）0 0 0 8　　C）4 6 7 8　　D）8 8 8 8

11．执行以下程序段后，m 的值是______。

```
int a[2][3]={{1,2,3},{4,5,6}};
int m,*p;
p=&a[0][0];
m=(*p)*(*(p+2))*(*(p+4));
printf("%d", m);
```

A）6　　B）18　　C）15　　D）20

12．以下程序的输出结果是______。

```
#include   "string.h"
main()
{   char str[][20]={"hello","beijing"},*p=str[0];
    printf("%d",strlen(p+20));
```

```
    }
```

A）0　　B）5　　C）7　　D）20

13．库函数 strcpy 用以复制字符串。如有以下定义和语句：

```
char str1[]="string", str2[8], *str3, *str4="string";
```

则对库函数 strcpy 的调用不正确的是______。

A）strcpy(str1, "HELLO1");　　B）strcpy(str2, "HELLO2");

C）strcpy(str3, "HELLO3");　　D）strcpy(str4, "HELLO4");

14．以下程序运行后，如果从键盘上输入“ABCDE<回车>”，则输出结果为______。

```
#include   <stdio.h>
#include   <string.h>
func(char str[ ])
{   int num=0;
    while(*(str+num)!='\0')   num++;
    return(num);
}
main()
{   char str[10], *p=str;
    gets (p);
    printf("%d\n", func(p));
}
```

A）8　　B）7　　C） 6　　D）5

15．若有语句“int　(*p)();”则其中的标识符 p 是______。

A）指向整型变量的指针　　B）指向整型函数的指针

C）返回整型指针的函数　　D）返回整型变量的函数

16．以下程序的输出结果是______。

```
main()
{   char *s="abcde";
     s+=2;
     printf("%s",s);
}
```

A）cde　　B）字符 c

C）字符 c 的地址　　D）无确定的输出结果

17．main()函数中参数表示形式不合法的是______。

A）main(int a, char *c[]);　　B）main(int arc, char **arv);

C）main(int argc, char *argv);　　D）main(int argv, char *argc[]);

18．以下程序的输出结果是______。

```
#include   "string.h"
main()
{    char arr[2][4];
     strcpy(arr[0],"you");
     strcpy(arr[1],"me");
     arr[0][3]='&';puts(arr[0]);
}
```

A）you&me　　B）you　　C）me　　D）err

19．以下程序段正确的是______。

A）int　*p,x=6;　*p=x;

B）int　*s,k;　　*s=100;

C）int　*s,k;　　　char *p,c;　s=&k;　　p=&c;　　*p='a';

D）int　*s,k;　　　char *p,c;　s=&k;　　p=&c;　　s=p;　*s=1;

20．以下程序的输出结果是______。

```
void  func(int  *a,int  b[])  { b[0]=*a+6;}
main()
{  int a, b[5];
   a=0;
   b[0]=3;
   func(&a,b);
   printf("%d",b[0]);
}
```

A）6　　　　B）7　　　　C）8　　　　D）9

二、填空题

1．以下程序的输出结果是 ____________________。

```
main()
{  int a[5]={2,4,6,8,10},*p,**k;
     p=a;
     k=&p;
     printf("%d    ",*(p++));
     printf("%d    ",**k);
}
```

2．以下程序的输出结果是 ____________________。

```
main()
{  int a[3]={2,4,6},*ptr=&a[0],x=8,y,z;
    for(y=0;y<3;y++)    z=(*(ptr+y)<x)? *(ptr+y): x;
    printf("%d     ",z);
}
```

3．以下程序的输出结果是 ____________________。

```
main()
{  char b[]="ABCDEFG ",*chp=&b[7];
     while(--chp>=&b[0])     printf("%c     ",*chp);
}
```

4．以下程序的输出结果是 ____________________。

```
main()
{   char s[20]="goodgood",*sp=s;
     sp=sp+2;
     sp="to";
     printf("%s",s);
}
```

5．下面程序的输出结果是 ____________________。

```
main()
{    int a[10]={6,7,2,9,1,10,5,8,4,3},*p,*s;
     for(p=a,s=a; p-a<10; p++)
        if(*p>*s)   s=p;
     printf("%d",*s);
}
```

6．以下程序的输出结果是____________________。

```
void   f(int i)
{   static char s[]="T&W";
```

```
        char *p=s+i;
        while(--p>=s)   putchar(*p);
    }
    main()
    {   f(1);
        f(3);
    }
```

7．以下程序的运行结果是__________________。

```
    main()
    {   int a=0,b=0;
        char s[]="ahspks.ahedu.gov.cn",*t;
        t=s;
        while(*t)
        {   switch(*t++)
            {   case 'a':
                case 'h':
                default: a++;
                case '.': b++;
            }
        }
        printf("%d   %d\n",a,b);
    }
```

8．以下程序的运行结果是___________________。

```
    void   f(char   *p)
    {   if(*p!=NULL)
        {   f(p+1);
            printf("%c",*p);
        }
    }
    main()
    {   char s[]="139";
        f(s);
    }
```

三、编程题

1．有一个整型二维数组，大小为 m 行 n 列，要求分别找出其中最大值所在的行和列，以及该矩阵中的最大值。请编写一个函数 MaxVal，m 和 n 是该函数的形参，所求二维数组最大值通过函数值返回。数组元素的值在 main 函数中输入。

2．设计一个程序，实现运动员成绩管理。程序中有运动员姓名数组、运动员编号数组、运动员成绩数组，自定义数组名称及长度并赋初值，实现按照运动员成绩由高到低打印出运动员信息。

3．假定有 5 个学生，每个学生有 4 门功课的成绩。设计一个程序，查找某学生的成绩。假设被查学生的序号为 0～4，要求以指向数组的指针作为函数形参。

习题六参考答案

第7章 复合的数据类型

本章简介 在实际生活中，经常会遇到由若干个不同类型的数据组合成一个有机整体的情况。例如一个学生的信息包括学号、姓名、性别、年龄、成绩等，这些信息的类型各不相同，姓名为字符型数组，学号为整型，性别为字符型，成绩为浮点型等。为了解决这个问题，C 语言提供了一种构造数据类型——结构体，它可以将不同类型的数据存放在一起，形成一个整体。

因为最初的计算机存储空间的不足，C 语言又提供了共用体类型，让多个成员共用同一个存储空间。因为一些特殊的要求，如星期、月份等，只能取固定的几个值，C 语言提供了枚举类型。

本章主要介绍结构体、共用体、枚举等各种复合数据类型的定义及使用方法，介绍了使用 typedef 重新定义类型名的方法。

知识点

1. 结构体的概念、定义和使用
2. 结构体数组和结构体指针
3. 结构体在函数中的应用
4. 共用体的概念、定义和使用
5. 枚举的概念、定义和使用
6. 使用 typedef 定义新类型名

7.1 结构概念的引入

视频讲解

如何表示如图 7-1 所示的一个学生的相关数据信息呢？

学号： 2013011020001

姓名：宋晓倩　　**年龄：** 18

性别：女　　**民族：汉族**

手机： 15840231111

通信地址：沈阳市大东区劳动路32号

图 7-1　一个学生的数据信息

前面学习的数据类型都是单一数据类型，如整型、浮点型、字符型等，而数组中的每个元素也必须是一种数据类型。这里学生的“学号”“姓名”“性别”“民族”“手机”“通信地址”等信息可以用多个字符型数组存储，“年龄”可以用一个整型变量存储。

相关存储变量定义如下：

```
char   number[14             /*学号：2013011020001*/
char   name[10];             /*姓名：宋晓倩*/
```

```
    int     age                 /*年龄：18*/
    char    sex[3];             /*性别：女*/
    char    nation[20];         /*民族：汉族*/
    char    mobile[20];         /*手机：15840231111*/
    char    address[40];        /*通信地址：沈阳市大东区劳动路 32 号*/
```

但这只是一个学生的信息，如果想存储多个学生的信息呢？例如：

2013011020002、赵子强、19、男、汉族、13040887123、沈阳市沈河区惠工街 28 号
2013011020003、王　芳、18、女、汉族、15640337169、沈阳市铁西区北二路 17 号
……

上面这些数据就不能直接用简单类型来定义各个变量了。C 语言为用户提供了一种新的数据类型——结构体（struct），可以将这些简单数据“封装”在一起，构成一个复合的数据类型，这样就可以表示学生的相关信息。

7.2 结构体的描述与存储

视频讲解

7.2.1 结构体类型定义

结构体类型的定义格式如下：

```
struct    结构体类型名
{
     成员说明列表
};
```

此处的分号“;”不可省略

其中，**struct** 是结构体类型的关键字，不能省略，表示后面定义的类型是一个结构体类型，**结构体类型名**为合法的标识符，即用户可以定义一个新的结构体类型（注意是类型而不是变量）。注意右花括号后面的分号“;”作为结构体类型定义结束的标志，不能省略。

花括号内的成员列表用来定义构成该结构体类型的各个成员，对每个成员应进行类型说明，方法与定义其他简单类型变量一致。

例如，前面讲的学生数据可以表示如下：

```
struct    student
{
     char    number[14];        /*学号*/
     char    name[10];          /*姓名*/
     int     age;               /*年龄*/
     char    sex[3];            /*性别*/
     char    nation[20];        /*民族*/
     char    mobile[20];        /*手机*/
     char    address[40];       /*通信地址*/
};
```

注意：该定义只是定义了一个结构体类型，即 student 就像前面的简单类型 int、float 一样，是一个类型名。而要使用该类型存储数据，还必须用结构体类型定义对应的结构体变量或结构体数组，才能为其赋值并使用。

结构体类型的定义一般都放在主函数的前面，而不是放在主函数内部进行定义。

7.2.2 结构体变量定义

结构体类型定义后，就可以用它来定义结构体类型变量了。结构体类型的变量定义可以有以下三种方式。

1. 先声明结构体类型再定义结构体变量

这种方法是先定义出结构体类型，再使用这个类型来定义所需变量，是最通常的定义方法。其格式如下：

```
struct    结构体类型名
{
      成员说明列表
};
struct    结构体类型名   变量名表;
```

例如：

```
struct    student
{
      char   number[14];
      char   name[10];
      int    age;
      char   sex[3];
      char   nation[20];
      char   mobile[20];
      char   address[40];
};
struct    student    s1,s2;         /*定义 s1、s2 为 student 结构体类型变量*/
```

这种定义方法就是先定义出结构体类型，然后使用 struct 和结构体类型名再加上多个变量的定义方法。注意关键字 struct 不能省略。

2. 在定义结构体类型的同时定义结构体变量

这种方法是在定义出结构体类型的同时直接定义所需变量，好处是可以简化语句。

例如：

```
struct    student
{
      char   number[14];
      char   name[10];
      int    age;
      char   sex[3];
      char   nation[20];
      char   mobile[20];
      char   address[40];
}s1,s2;                          /*在定义结构体类型 student 时直接定义出变量 s1、s2*/
```

以上两种定义方法都可以在程序不同位置多次定义该类型的变量（例如在多个函数中都可以使用该类型来定义变量）。

3. 省略结构体名直接定义结构体变量

这种方法是省略结构体类型名来定义一个结构体类型。

例如：

```
struct                                /*此处省略了结构体类型名*/
{
    char   number[14];
    char   name[10];
    int    age;
    char   sex[3];
    char   nation[20];
    char   mobile[20];
    char   address[40];
}s1,s2;                               /*直接定义出变量 s1、s2，该类型不能在其他地方再定义变量*/
```

这种方法可以不指明结构体类型名而直接定义出各个变量，但有一个缺点，只能在定义类型的同时直接定义出变量，在以后程序其他位置因为没有定义结构体类型名而无法再定义其他该类型变量。

7.2.3 结构体变量初始化

同其他类型变量一样，在定义变量的同时，可以为其每个成员赋初值，称为结构体变量的初始化。所有结构体变量，不管是全局变量还是局部变量，自动变量还是静态变量均可如此。结构体变量的初始化的一般格式如下：

```
struct  结构体类型名  变量名={初值表};
```

其中，初值表为各成员的初值表达式。注意：初值表达式的类型应与对应成员的类型相同，否则会出错。各初值表达式之间用**逗号**分隔。例如：

```
struct   student
{
    char   number[14];
    char   name[10];
    int    age;
    char   sex[3];
    char   nation[20];
    char   mobile[20];
    char   address[40];
};
struct student s1={"2013011020001","宋晓倩",18,"女","汉族","15840231111","沈阳市大东区劳动路 32
号"};                               /*定义 s1 为 student 结构体类型变量，并为其各成员赋初值*/
```

上面定义语句不能改写为：

```
struct   student   s1;
s1={"2013011020001","宋晓倩",18,"女","汉族","15840231111","沈阳市大东区劳动路 32 号"};
```

这是因为 C 语言不允许将一组常量通过赋值运算符直接赋给一个结构体变量。同普通变量一样，当全局或静态结构体类型的变量未被初始化时，它的每个成员被系统自动置为 0；当自动结构类型的变量未被初始化时，它的每个成员的值是随意的，即是不确定的。

7.2.4 结构体变量和成员的引用及赋值

1. 结构体成员的引用方法

直接引用结构体变量成员的一般格式如下：

```
结构体变量名.成员名
```

例如，前面定义的 student 结构体类型的变量 s1，其成员 age 的表示方法为 s1.age，而不能直接写成 age。

2. 结构体成员的赋值

结构体变量是一个复合构造类型的变量，在赋值的时候只能对该结构体变量的每个底层成员进行赋值，而不能直接对结构体变量本身赋值。

例如：

```
s1.age=18;                    /*将 s1 的成员 age 的值赋为 18*/
strcpy(s1.name , "宋晓倩");    /*将 s1 的成员 name 的值赋为宋晓倩，字符串不允许直接赋值*/
```

又如，在程序中有语句：

```
scanf("%s", s1. number);      /*从键盘中输入一个字符串，将其赋给 s1 的成员 number*/
```

3. 结构体变量的整体赋值

结构体类型变量可以整体引用来赋值。假设变量 s1 中各成员已赋有初值，可以有如下整体赋值语句：

```
s2=s1;                        /*将结构体变量 s1 的成员各值全部赋给结构体变量 s2*/
```

即将变量 s1 的所有成员的值一一赋给变量 s2 的各成员。

结构体型变量只能对逐个成员进行输入或输出，不可进行整体的输入或输出。例如，下面语句为结构体变量 s2 的每个成员从键盘赋初值：

```
scanf("%s%s%d%s%s%s%s",s2.number,s2.name,&s2.age,s2.sex,s2.nation,s2.mobile,s2.address);
```

7.2.5 结构体变量的空间分配及查看方法

结构体类型变量占内存大小是它里面各成员所占内存大小之和。结构体变量在定义后，系统就为该变量分配了一段连续的存储单元。例如：

```
struct  data
{
    int    a;
    float  b;
    char   c;
}d1;
```

上述变量 d1 的内存分配如图 7-2 所示。可以用 sizeof 运算符测出一个结构体类型或结构体变量的字节数。在 TC 中，结构体变量 d1 共占有 7 个连续内存单元，a、b、c 三个成员所占的字节数分别是 2、4、1。

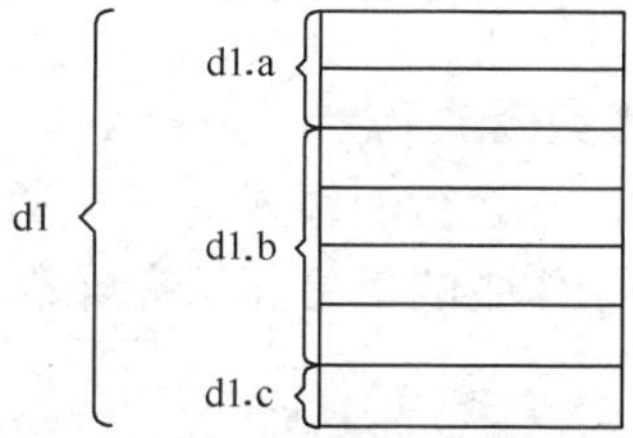

图 7-2 结构体变量 data1

计算结构体类型所占内存大小的语句格式为：

sizeof(结构体类型名)	或	sizeof(结构体变量名)

例如，表达式 sizeof(data)或 sizeof(d1)都可以计算该类型所占内存大小。在 TC 和 VC 环境中的结果分别为 7 和 12。

之所以在 TC 和 VC 中结果不同，是因为在不同的编译环境中，变量的内存空间要按某一规则在空间上排列，这就是对齐。字符类型 char 在 VC 环境中并不是只占 1 字节，char 类型在 VC 环境中要以 4 的倍数进行占位（虽然后 3 位字节不用），int 类型在 VC 环境中也是占 4 字符，所以在 VC 环境中计算的该结构体类型所占内存大小为 4+4+4 等于 12。而 TC 环境下就是按实际占的字符数来计算的，所以为 1+2+4 等于 7。对于初学者来说，只要记住结构体变量的所占字节数等于各成员所占字节数之和就行，本书相关习题以 TC 环境计算结果为准。

7.2.6 结构体类型的嵌套定义

结构体类型的定义可以进行嵌套，即一个结构体类型里的某一成员本身又是一个结构体类型。这时可以将里层的结构体先定义，外层的结构体类型后定义。如一个学生信息里要是想加上出生日期，出生日期应该包括年、月、日三个值，这就需要先定义一个结构体类型“出生日期”，然后定义结构体类型“学生”。定义语句如下：

```
struct   birthday                    /*定义结构体类型 birthday */
{  int   year;                       /*出生年份*/
   int   month;                      /*出生月份*/
   int   day;                        /*出生日期*/
};
struct   student                     /*该结构体类型定义为学生信息*/
{
     char   number[14];
     char   name[10];
     int    age;
     char   sex[3];
     char   nation[20];
     struct birthday   date;         /*定义出生日期的成员*/
     char   mobile[20];
     char   address[40];
};
struct   student   s1,s2;
```

这时如果想表示变量 s1 的成员 date 中的成员 year，就可以用两级直接引用符号来表示，如 s1.date.year，语句“s1.date.year=1996;”即给成员 s1.date.year 赋初值为 1996。

若对嵌套结构体变量赋初值，也按嵌套的结构体各成员顺序进行赋初值。例如：

```
struct student s1={"2013011020001","宋晓倩",18,"女","汉族",1996,04,17,"15840231111","沈阳市大东区劳动路 32 号"};                /*定义 s1 为 student 结构体类型变量，并为其各成员赋初值*/
```

【案例 7-1】定义一个结构体类型 student，定义两个学生变量，为一个学生变量在定义时赋初值，在运行时输入另一个学生的学号、姓名、年龄、性别、民族、手机、通信地址等信息，将两个学生的信息显示在屏幕上。

程序分析

通过分析，可以定义出学生 student 这样一个结构体类型，再定义这样两个变量，其中一个变量 s1 在定义时直接初始化，另一个变量 s2 使用键盘输入各成员值。最后输出这两个学生的信息。

编写程序代码

```
/*  案例 7-1  定义一个学生的结构体类型和两个该类型变量，为变量的各成员赋值并输出  */
#include "stdio.h"
struct     student                   /*学生结构体类型定义*/
{
     char   number[14];
     char   name[10];
```

```c
    int    age;
    char   sex[3];
    char   nation[20];
    char   mobile[12];
    char   address[40];
};
void main()
{
    struct student s1={"2013011020001","宋晓倩",18,"女","汉族","15840231111","沈阳市大东区劳动路 32 号"},s2;          /*定义两个变量并为 s1 赋初值*/
    printf("请输入第二个学生的详细信息：\n");
    printf("输入各信息顺序为:\n");
    printf("      学号        姓名     年龄   性别      民族           手机            通信地址\n");
    scanf("%s%s%d%s%s%s%s",s2.number,s2.name,&s2.age,s2.sex,s2.nation,s2.mobile,s2.address);
    printf("\n 这两个学生的信息为:\n");
    printf("      学号        姓名     年龄   性别      民族           手机            通信地址\n");
    printf("%13s%8s%5d%6s%10s%14s %-20s",s1.number,s1.name,s1.age,s1.sex,s1.nation,s1.mobile,s1.address);
    printf("%13s%8s%5d%6s%10s%14s %-20s",s2.number,s2.name,s2.age,s2.sex,s2.nation,s2.mobile,s2.address);
}
```

程序运行结果

为第二个学生输入以下信息：

2013011020002　赵子强　19　男　汉族　13040887123　沈阳市沈河区惠工街 28 号

程序运行结果如下：

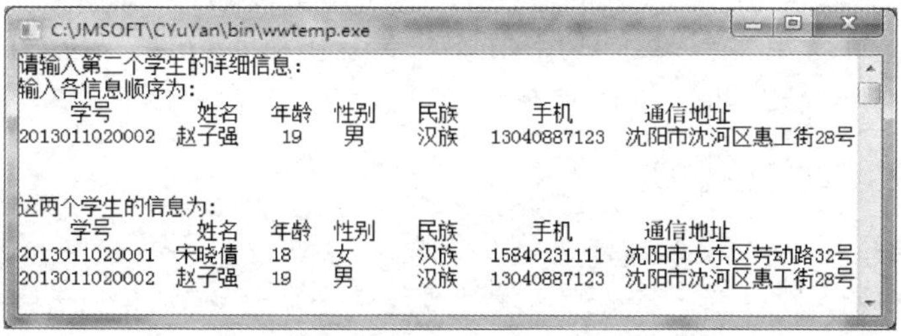

该程序中没有加上学生的出生日期，请读者自行增加该嵌套结构体类型的定义，修改该案例并上机运行验证。

【练习 7-1】若有如下定义：

```c
struct  data
{
    int   i;
    char   ch;
    double   f;
}b;
```

则结构体变量 b 占用内存的字节数是_____________。

A）1　　B）2　　C）8　　D）11

解：因为结构体类型变量所占内存空间的大小是其各成员所占空间之和，而在 TC 环境中，int 占 2 个字节，char 占 1 个字节，double 占 8 个字节，共计 11 个字节，所以答案选 D。

7.3 结构体数组和结构体指针的使用

视频讲解

7.3.1 结构体数组

1. 结构体数组的定义

与其他基本类型的数组一样，结构体型数组就是定义一组内存空间连续的数据元素，只不过每一个数据元素都是一个结构体类型的变量。结构体型数组的定义方式如下：

```
struct    结构体类型名
{
      成员说明表列
};
struct   结构体类型名   数组名[数组元素个数];
```

例如，若想存储一个班的所有 30 名学生的信息，可定义一个结构体类型的数组：

```
struct    student                    /*学生结构体类型定义*/
{
     char    number[14];
     char    name[10];
     int     age;
     char    sex[3];
     char    nation[20];
     char    mobile[12];
     char    address[40];
};
struct    student   stu[30];         /*定义一个学生类型的结构体数组 stu，可以存储 30 个学生信息*/
```

则定义了一个具有 30 个元素的结构体数组 stu，其中 stu[0]、stu[1]…stu[29]为数组中各元素，每个元素都是一个结构体变量，可以存储一个学生信息。

2. 结构体数组的初始化

结构体数组也可以像普通数组一样进行初始化，这时可以用两层花括号把初始值括起来，例如下面语句定义了一个具有两个元素的结构体数组 stu，并为这两个元素初始化：

```
struct    student   stu[2]={
   {"2013011020001","宋晓倩",18,"女","汉族","15840231111","沈阳市大东区劳动路 32 号"},
   {"2013011020002","赵子强",19, "男","汉族","13040887123","沈阳市沈河区惠工街 28 号"}};
```

提示：当结构体数组初始化时

在初始化的时候对应位置的成员赋值与其类型要一致，否则会出错。

3. 结构体数组各元素中成员的引用

结构体数组各元素中成员的引用方法如下：

```
数组名[数组下标值].成员名
```

在引用结构体类型数组中各元素时，变量名是“数组名[数组下标值]”，然后用直接运算符“.”连接结构体的“成员名”即可。例如：

```
stu[0].age=18;                  /*为结构体数组第一个元素的成员 age 赋初值为 18*/
```

7.3.2 结构体指针

1. 指向结构体变量的指针

可以定义一个结构体类型的指针来指向结构体变量，定义格式为：

```
struct 结构体类型名 *指针名=&结构体变量名;
```

若有一个结构体型指针指向一个结构体变量，则使用该指针表示结构体变量中的各成员可以表示为：

```
(*指针名).成员名
```

这里“(*指针名)”等价于“结构体变量名”。但因为“.”的运算优先级别高于“*”，所以必须将“*指针名”用圆括号括起来。

例如：

```
struct student s1,*p=&s1;    /*定义 student 类型的变量 s1 和指针 p，并将指针 p 指向变量 s1*/
(*p).age=18;                 /*使用指针 p 为变量 s1 的成员 age 赋初值为 18*/
```

如果在程序中大量使用指针来表示结构体变量中的各成员，书写起来很麻烦。这时就引入了另一个运算符——间接成员运算符（->）。间接成员运算符“->”由减号和大于号构成，也称“指向运算符”，它的优先级和“.”一样，属于优先级最高的运算符。指向运算符的左侧必须是结构体类型数据的指针，通过指向结构体变量的指针来访问结构体变量的成员，与直接使用结构体变量的效果一样。

间接成员运算符“->”的左边是一个**结构体指针变量**，右边是**所指结构体的一个成员名**。间接引用结构体变量成员的一般格式如下：

```
指针名->成员名
```

例如上面语句可改写为：

```
p->age=18;                   /*与语句“(*p).age=18;”等价*/
```

若程序中大量使用指针表示结构体的各成员信息，基本都使用这种间接引用方式表示所指成员。一般地说，如果指针变量已指向结构体变量，则可以用以下三种形式访问结构体变量的成员：

（1）结构体变量.成员　　（2）指针变量->成员　　（3）(*指针变量).成员

2. 指向结构体数组的指针

指向结构体类型数组的指针也可以像普通指针一样进行各种运算、指针前后移动等。指向结构体数组的指针定义格式如下：

```
struct 结构体类型名 *指针名=结构体数组名;
```

例如，下面程序段实现了使用指针对结构体数组的各元素的成员从键盘赋值的功能：

```
int i;
struct student stu[30] , *p=stu;    /*定义结构体数组 stu 和指针 p，并将 p 指向数组的首地址*/
for(i=0;i<30;i++)                   /*循环从键盘读入每个学生的信息*/
{
    scanf("%s%s%d%s%s%s%s",p->number,p->name,&p->age,p->sex,p->nation,p->mobile,p->address);
    p++;                            /*指针 p 后移到下一个元素上*/
```

```
}
```

使用结构体指针指向结构体数组要注意以下两点。

（1）如果 p 的初值为 stu，即指向第一个元素，则 p 加 1 后 p 就指向下一个元素的地址。例如：

```
(++p)->name        /*先使 p 自加 1（后移），然后得到它指向的元素中的 name 成员值*/
(p++)->name        /*先得到 p->name 的值，然后使 p 自加 1（后移），指向 stu[1]*/
```

（2）程序定义 p 是指向该结构体类型的指针，即 p 在自加或自减时都是指向结构体数组中每个元素的首地址，而不能将该指针指向结构体的该元素内的某一成员。

【案例 7-2】修改案例 7-1，使用结构体数组和结构体指针实现其功能，使用结构体指针指向该数组，实现对两个数组元素各成员的赋值及输出。

程序分析

定义一个 student 结构体类型，在主函数中定义该类型的一个数组 stu，有两个元素，再定义一个结构体指针 p，p 指向数组 stu 的首地址。使用 for 循环分别读入数组的两个元素的每个成员值，读完之后指针 p 后移；最后再次使用 for 循环输出该数组的两个元素的每个成员的值。

编写程序代码

```
/* 案例 7-2 修改案例 7-1，使用结构体数组和结构体指针实现对数组元素的各成员赋值并输出 */
#include "stdio.h"
struct    student                          /*学生结构体类型定义*/
{
      char   number[14];
      char   name[10];
      int    age;
      char   sex[3];
      char   nation[20];
      char   mobile[12];
      char   address[40];
};
void main()
{
      int   i;
      struct    student   stu[2],*p=stu;     /*定义结构体数组 stu 和指针 p，使指针 p 指向数组 stu*/
      for(i=0;i<2;i++)
      {
            printf("请输入第%d 个学生的详细信息：",i+1);
            printf("\n      学号     姓名     年龄   性别      民族           手机             通信地址\n");
            scanf("%s%s%d%s%s%s%s",p->number,p->name,&p->age,p->sex,p->nation,p->mobile,
p->address);
            p++;                          /*指针 p 后移*/
      }
      p=stu;                              /*将指针 p 重新指向数组 stu 的首地址*/
      printf("\n 这两个学生的信息为:\n");
      printf("      学号     姓名     年龄   性别      民族           手机             通信地址\n");
      for(i=0;i<2;i++)
      {              printf("%13s%8s%5d%6s%10s%14s
           %-20s",p->number,p->name,p->age,p->sex,p->nation,
p->mobile,p->address);
```

```
            p++;
        }
    }
```

程序运行结果

为第 1 个学生输入以下信息：

　　2013011020001　宋晓倩　18　女　汉族　15840231111　沈阳市大东区劳动路 32 号

为第 2 个学生输入以下信息：

　　2013011020002　赵子强　19　男　汉族　13040887123　沈阳市沈河区惠工街 28 号

程序运行结果如下：

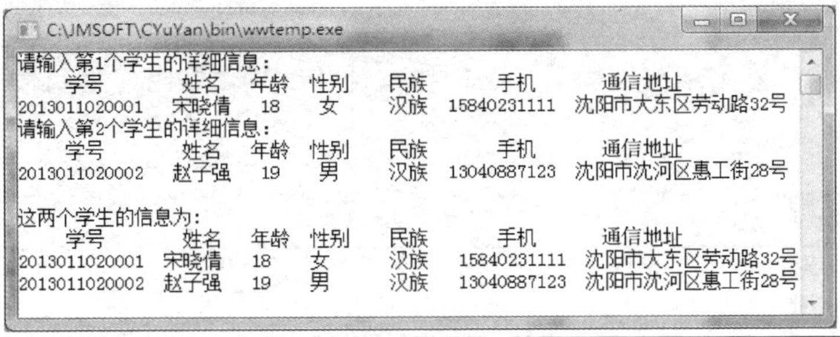

【练习 7-2】 若有以下说明和语句，则 scanf 函数调用语句中对结构体变量成员引用方式不正确的是______。

```
struct  pupil
{
    char  name[20];
    int  age;
    int  sex;
}pup[5],*p;
p=pup;
```

A）scanf("%s",pup[0].name);　　　　B）scanf("%d",&pup[0].age);

C）scanf("%d",p->sex);　　　　D）scanf("%d",&(p->age));

解：因为 pup 是结构体数组，p 是结构体指针并指向数组首地址，若使用数组名表示其元素的各成员为“pup[0].成员名”。因为是输入语句，所以%s 的成员前不加&符号，而%d 的成员前要加&符号，A 和 B 正确；若使用指针名表示元素的各成员为“p->成员名”,读入语句为前面加上&符号，所以答案 D 正确，C 是错误的。

7.4　结构体与函数的关系

视频讲解

结构体类型的数据（包括结构体变量、结构体数组和结构体指针）可以像普通变量一样作为函数的参数和返回值，下面来学习相关知识。

7.4.1　结构体变量、指针和数组作为函数参数

结构体类型的变量、指针和数组作为函数参数时需要注意以下几点。

（1）定义结构体类型时，应在子函数和主函数的外面定义，这样才能在两个函数中都使用该类型定义变量。因此，具有多个函数的 C 程序，应将共用的结构体类型定义为全局的，且放

在所有函数定义之前，以便所有的函数都可以使用该类型。

（2）子函数的形参为结构体类型，应与主函数中的调用语句的实参类型相同。

（3）指向结构体的指针变量也可以作为函数的参数。当函数的参数是结构体指针变量时，可以通过结构体指针变量间接地引用其所有成员。

（4）结构体数组作为函数的参数与普通数组作为函数参数相同，都是将实参数组的首地址传给形参数组，两个数组共用一个内存空间。因此改变形参数组中元素的各成员值，实参数组中元素的各成员值也会改变。

【案例 7-3】结构体变量、指针、数组分别作为函数参数示例。

程序分析

设计三个函数，分别用结构体变量、结构体指针和结构体数组作为函数的参数，完成结构体学生信息的输出。

编写程序代码

```
/*  案例 7-3  结构体变量、指针、数组分别作为函数参数示例  */
#include "stdio.h"
struct    student                    /*学生结构体类型定义*/
{
      char   number[14];
      char   name[10];
      int     age;
      char   sex[3];
      char   nation[20];
      char   mobile[12];
      char   address[40];
};

/*结构体变量作为函数参数，输出学生信息*/
void   output1(struct     student    s)
{
       printf("这个学生的信息为:\n");
       printf("       学号        姓名      年龄    性别       民族             手机             通信地址\n");
       printf("%13s%8s%5d%6s%10s%14s    %-20s",s.number,s.name,s.age,s.sex,s.nation,s.mobile,
s.address);
}
/*结构体指针作为函数参数，输出学生信息*/
void   output2(struct     student    *p)
{
       printf("这个学生的信息为:\n");
       printf("       学号        姓名      年龄    性别       民族             手机             通信地址\n");
       printf("%13s%8s%5d%6s%10s%14s    %-20s",p->number,p->name,p->age,p->sex,p->nation,
p->mobile,p->address);
}
/*查找结构体数组中给定学号的学生信息并返回*/
void   output3(struct     student    stu[],int n)
{
       int i;
       printf("这%d 个学生的信息为:\n",n);
       printf("       学号        姓名      年龄    性别       民族             手机             通信地址\n");
```

```
        for(i=0;i<n;i++)
            printf("%13s%8s%5d%6s%10s%14s   %-20s",stu[i].number,stu[i].name,stu[i].age,stu[i].sex,stu[i].nation,stu[i].mobile,stu[i].address);
}
void main()
{
    struct student s={"2013011020003","王   芳",18,"女","汉族","15640337169","沈阳市铁西区北二路17 号"};
    struct student stu[3]={
        {"2013011020001","宋晓倩",18,"女","汉族","15840231111","沈阳市大东区劳动路 32 号"},
        {"2013011020002","赵子强",19,"男","汉族","13040887123","沈阳市沈河区惠工街 28 号"},
        {"2013011020003","王   芳",18,"女","汉族","15640337169","沈阳市铁西区北二路 17 号"}};
    struct student *p=stu;          /*定义结构体指针 p，使指针 p 指向数组 stu 首地址*/
    struct student temp;            /*结构体变量，用于临时存放要交换的两个结构体变量值*/

    printf("结构体变量作为函数参数：\n");
    output1(s);                     /*调用结构体变量作为函数参数的函数*/

    printf("\n 结构体指针作为函数参数：\n");
    output2(p);                     /*调用结构体指针作为函数参数的函数*/

    printf("\n 结构体数组作为函数参数：\n");
    output3(stu,3);                 /*调用结构体数组作为函数参数的函数*/

    temp=stu[0];stu[0]=stu[2];stu[2]=temp;   /*交换数组第 1、3 个元素，结构体变量可整体赋值*/
    printf("\n 交换第 1、3 个学生信息后，重新输出 3 个学生信息：\n");
    output3(stu,3);
}
```

程序运行结果

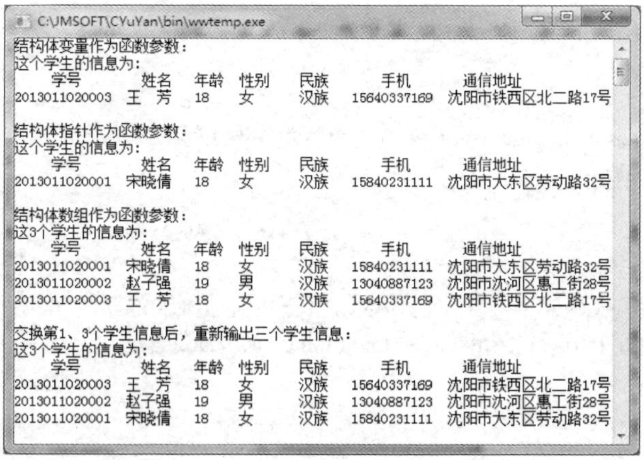

7.4.2 结构体变量和指针作为函数的返回值

前面讲过，函数的类型就是函数的返回值的类型，所以当结构体变量或指针作为函数参数时，在定义该函数时，要保证函数类型名与函数返回值类型一致。

结构体类型的变量作为函数返回值的使用方法与普通变量一致，就是将结构体变量名返回。需要注意的是使用这种方法时，结构体类型变量的传递方式是值传递方式。

结构体类型的指针作为函数返回值时，应在函数名前面加一个“*”，表示返回值为一个结构体类型的指针。

【案例 7-4】结构体变量、指针分别作为函数返回值示例。

程序分析

修改案例 7-3，增加了两个函数 search1 和 search2，分别为结构体变量和结构体指针，作为函数的返回值，实现在结构体数组中查找对应学生姓名的结构体变量，并返回该结构体变量或结构体指针。保留案例 7-3 中 output1 和 output2，实现输出学生信息的功能。

编写程序代码

```
/* 案例 7-4 结构体变量、指针分别作为函数返回值示例 */
#include "stdio.h"
#include "string.h"              /*字符串头文件，包含字符串比较函数 strcmp*/
struct   student                 /*学生结构体类型定义*/
{
    char   number[14];
    char   name[10];
    int    age;
    char   sex[3];
    char   nation[20];
    char   mobile[12];
    char   address[40];
};
/*结构体变量作为函数返回值，在结构体数组中查找对应姓名的学生信息并返回*/
struct student search1(struct   student   stu[],int n,char   name[])
{
    int i;
    for(i=0;i<n;i++)
    {
        if(strcmp(stu[i].name,name)==0) /*当数组中某元素的 name 成员值与给定 name 相同时*/
            break;
    }
    return   stu[i];                  /*返回对应的学生信息*/
}
/*结构体指针作为函数返回值，在结构体数组中查找对应姓名的学生信息并返回*/
struct student *search2(struct   student   stu[],int n,char   name[])
{
    int i;
    struct student *p=stu;            /*定义指针 p 并指向数组 stu 首地址*/
    for(i=0;i<n;i++)
    {
        if(strcmp(p->name,name)==0)   /*当数组中某元素的 name 成员值与给定 name 相同时*/
            break;
        p++;                          /*p 指针后移*/
    }
    return   p;                       /*返回对应的学生信息指针*/
}
```

```c
/*结构体变量作为函数参数，输出学生信息*/
void output1(struct student s)
{
      printf("这个学生的信息为:\n");
      printf("       学号       姓名     年龄   性别      民族            手机            通信地址\n");
      printf("%13s%8s%5d%6s%10s%14s    %-20s",s.number,s.name,s.age,s.sex,s.nation,s.mobile,
s.address);
}
/*结构体指针作为函数参数，输出学生信息*/
void output2(struct student *p)
{
      printf("这个学生的信息为:\n");
      printf("       学号       姓名     年龄   性别      民族            手机            通信地址\n");
      printf("%13s%8s%5d%6s%10s%14s    %-20s",p->number,p->name,p->age,p->sex,p->nation,
p->mobile,p->address);
}
void main()
{
     struct student stu[3]={
          {"2013011020001","宋晓倩",18,"女","汉族","15840231111","沈阳市大东区劳动路 32 号"},
          {"2013011020002","赵子强",19,"男","汉族","13040887123","沈阳市沈河区惠工街 28 号"},
          {"2013011020003","王   芳",18,"女","汉族","15640337169","沈阳市铁西区北二路 17 号"}};
     struct student s,*p;     /*定义结构体变量 s 和指针 p*/

     printf("结构体变量作为函数返回值，查找姓名为"赵子强"的学生信息：\n");
     s=search1(stu,3,"赵子强");              /*调用 search1 函数，返回值为结构体变量*/
     output1(s);

     printf("\n 结构体指针作为函数返回值，查找姓名为"赵子强"的学生信息：\n");
     p=search2(stu,3,"宋晓倩");              /*调用 search1 函数，返回值为结构体指针*/
     output2(p);
}
```

程序运行结果

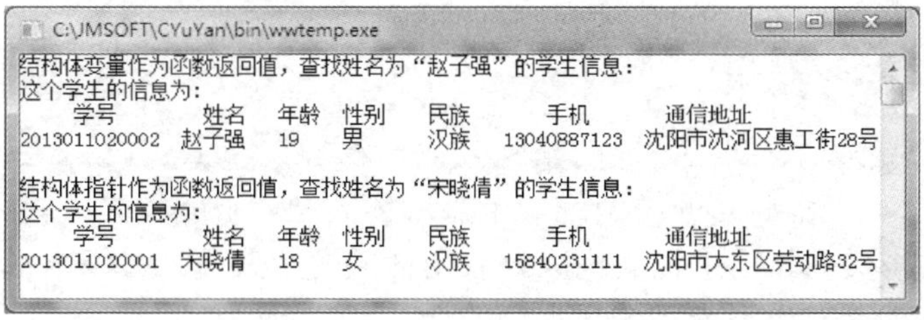

【练习 7-3】 以下程序的输出结果是______。

```c
#include<stdio.h>
struct   stu
{
    int num;
    char name[10];
    int age;
};
```

```
void fun(struct stu *p)
{   printf("%s\n", (*p).name);}
main()
{
    struct stu students[3]={{9801, "Zhang", 20}, {9802, "Wang", 19}, {9803, "Zhao", 18}};
    fun (students+2);
}
```

A）Zhang　　B）Zhao　　C）Wang　　D）18

解：在主函数中的“fun (students+2);”的实参应为数组 students 中的第 3 个元素，所以该元素的各成员为{9803, “Zhao”, 18}，在子函数形参指针 p 指向该元素，fun 中输出(*p).name，即输出 Zhao。所以答案为 B。

7.5　共用体、枚举和 typedef 类型定义

视频讲解

7.5.1　共用体

如果程序运行的内存空间很小，要求将不同的数据类型放在同一内存空间中，不同的时候使用不同的类型。该如何实现呢？C 语言提供了共用体数据类型，共用体也是一种构造数据类型，它将不同类型的数据项存放在同一个内存区域内，构成共用体的各个数据项也称为成员或域，**共用体**也称为**联合体**。

共用体与结构体的不同之处在于：结构体变量的各成员占用的是连续的单独的存储单元，而共用体变量的各成员占用的是同一个存储单元。

由于共用体类型将不同类型的数据在不同时刻存储到同一内存区域内，因此对于内存使用紧张的情况来说，使用共用体可以更好地利用存储空间。

1. 共用体类型的定义

共用体类型定义一般格式如下：

```
union  共用体类型名
{
      成员说明列表
};
```

其中，union 是关键字，表示后面的类型是一个共用体类型，不能省略。共用体类型名为合法的标识符，花括号内的成员列表用来说明构成该共用体的各个成员，对每个成员应进行类型说明。其成员定义方法与其他简单类型变量一致。

例如：

```
union    data          /*共用体类型名为 data*/
{
      char    a;
      int     b;
      float   c;
};
```

2. 共用体变量的定义

共用体变量的定义和结构体变量的定义方式相似，也有三种方法。

（1）先定义共用体类型后定义共用体变量。这种方法的格式如下：

```
union    共用体类型名
{
    成员说明列表
};
union    共用体类型名  变量名表;
```

例如：

```
union    data              /*共用体类型名为data*/
{
    char        a;
    int         b;
    float       c;
};
union   data   x;         /*定义 x 为 data 共用体类型变量*/
```

（2）在定义共用体类型的同时定义结构变量。这种方法是在定义出共用体类型的同时直接定义所需变量，好处是可以简化语句。例如上面的定义可改为：

```
union    data
{
    char        a;
    int         b;
    float       c;
}x;                            /*在定义共用体类型 data 时直接定义出变量 x*/
```

（3）直接定义共用体变量。这种方法是省略结构体类型名来定义一个结构体类型，例如上面的定义还可改为：

```
union                          /*此处省略了共用体类型名*/
{
    char        a;
    int         b;
    float       c;
}x;                            /*直接定义变量 x，此类型不能在别处再定义其他变量*/
```

这种方法可以不指明共用体类型名而直接定义出各个变量，但有一个缺点，只能在定义类型的同时直接定义出变量，在以后程序其他位置就因为没有共用体类型名而无法再定义其他变量。

3. 共用体成员的引用及初始化

对共用体变量的使用是通过对其成员的引用实现的，引用共用体变量成员一般格式如下：

```
共用体变量名.成员名
```

例如，给共用体变量 x 的 b 成员赋值为 10，语句为：

```
x.b=10;
```

但共用体变量与结构体变量不同的是，不能在定义的同时初始化，但可对第一个成员赋初值。

例如：下面的两个定义中，第一个是合法的，第二个是不合法的。

```
union   data   x={'A'};             /*合法，只为第一个成员赋初值*/
```

```
union  data  x={'A',10,23.5 };  /*非法，为全部成员赋值是错误的，因为各成员共用同一空间*/
```

应注意的是，对于一个共用体变量来说，每次只能给一个成员赋值，不能同时给多个成员赋值。共用体变量的所有成员的首地址都相同，并且等于共用体变量的地址。前面示例中的共用体变量 x 的存储单元如图 7-3 所示。

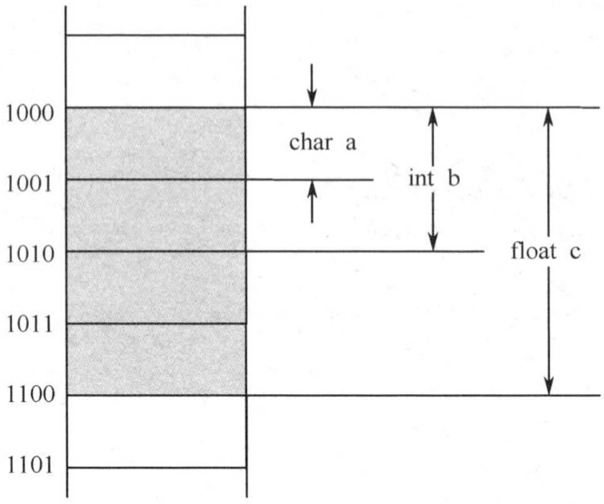

图 7-3 共用体变量存储单元示意图

对共用体任何一个成员赋值都会导致共享区域数据发生变化，所以共用体只能保证有一个成员的值是有效的。

【案例 7-5】共用体示例。设计一个教师与学生通用的结构体类型，教师信息有姓名、年龄、职业、教研室四项；学生信息有姓名、年龄、职业、班级四项。输入一个老师或学生信息并显示出来。

程序分析

因为学生和教师信息有共同的三个信息，只有最后一项不同，所以设计一个共用体 depart，里面有两个成员 class 和 office，分别表示学生的班级号和教师的教研室名。再设一个结构体类型 person，里面包括 name（姓名）、age（年龄）、job（职业）和 depa（部门，教师为教研室，学生为班级）。在主函数中通过职业的值为“教师”或“学生”来决定最后一项的值为学生的“班级”还是教师的“教研室”。最后循环输出这些信息。

编写程序代码

```
/* 案例 7-5 共用体示例 */
#include  "stdio.h"
#include  "string.h"

union  depart                /*共用体类型部门*/
{
    char   class[20];        /*学生的班级*/
    char   office[20];       /*教师的教研室*/
};
struct  person               /*结构体类型人员*/
{
    char   name[10];         /*姓名*/
    int    age;              /*年龄*/
    char   job[5];           /*职业*/
    union  depart  depa;     /*部门，可选班级或教研室*/

```

```
};

void main()
{
        int i;
        struct person per[2];

       for(i=0;i<2;i++)
       {
        printf("请输入第%d 个人的信息：\n",i+1);
        printf("请输入姓名、年龄、职业（“学生”或“教师”）和部门（班级号或教研室名）：\n");
            scanf("%s %d %s",per[i].name,&per[i].age,&per[i].job);
            if(strcmp(per[i].job,"学生")==0)                /*当输入的职业是“学生”时*/
                   scanf("%s",per[i].depa.class);
            else
                   scanf("%s",per[i].depa.office);
       }
       printf("\n 这两个人的相关信息为：\n");
       printf("姓名\t 年龄\t 职业\t\t 部门\n");
       for(i=0;i<2;i++)
       {
        if(strcmp(per[i].job,"学生")==0)                /*当该数组元素的职业是“学生”时*/
                 printf("%s\t%3d\t%s\t 班    级：%s\n",per[i].name,per[i].age,per[i].job,per[i].depa.class);
           else
                 printf("%s\t%3d\t%s\t 教研室：%s\n",per[i].name,per[i].age,per[i].job,per[i].depa.office);
       }
}
```

程序运行结果

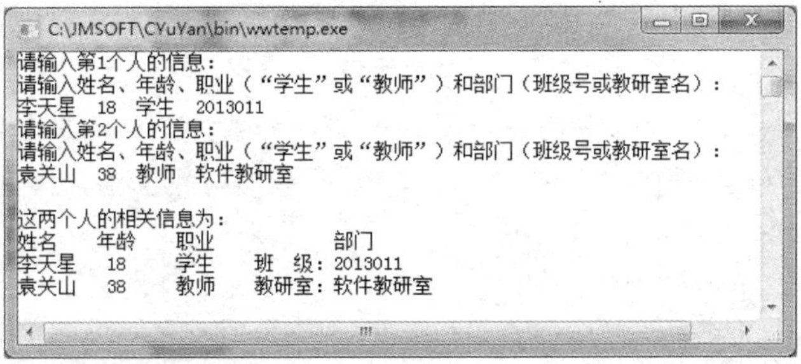

【练习 7-4】变量 a 所占内存字节数是________。

```
union  U
{   char   st[4];
    int    i;
    long   l;
};
struct  A
{
    int    c;
    union  U  u;
}a;
```

A）4　　　B）5　　　C）6　　　D）8

解：因为共用体各成员使用同一空间，所以所占内存空间为各成员所占空间的最大成员值，即 long 型 4 字节。而结构体所占空间为各成员所占空间之和，所以结构体类型 A 所占空间大小为 4+2 等于 6。答案为 C。

7.5.2 枚举

若某个变量只能取少数几个值，可否将其允许取值一一列出，定义后该类型的变量只能取列出的若干个值之一？例如一周 7 天，一年有 12 个月。这些信息如果想定义为一个变量，这个变量的值只能取有限的几个。C 语言提供了“枚举”类型，将变量的取值指定为若干值之一，其中每个值用一个名字标识。

1. 枚举类型的定义

枚举类型定义的一般格式如下：

```
enum  枚举类型名  { 枚举值表 };
```

或写为：

```
enum  枚举类型名
{
    枚举值表
};
```

其中，enum 为关键字，表示定义一个枚举类型。枚举类型名须为 C 语言合法的标识符。花括号内的标识符称为**枚举元素**或**枚举常量**，各枚举常量之间用逗号隔开。注意右花括号后的分号“;”不能省略。

例如，定义一个枚举类型 week 代表一周的 7 天，定义格式如下：

```
enum   week   { MON , TUE , WED , THU , FRI , SAT , SUN } ;
```

应注意的是，每个枚举常量对应着一个整数值。一般情况下，枚举类型中的枚举常量是从 0 开始顺序取值的。如上面语句中，从 MON 到 SUN 的取值分别为 0、1、2、3、4、5、6。

也可以显式指定各枚举常量的值，如：

```
enum   week   { MON=1 , TUE , WED , THU , FRI , SAT , SUN } ;
```

这时从 MON 到 SUN 的取值分别为 1、2、3、4、5、6、7，每个值顺序加 1。也可以分隔着定义各常量的值，这时在显式定义的值后面的各隐式的值是显式的值依次加 1，直到下一个显式的值改变，如：

```
enum   color   { red=0 , yellow , blue=3 , white , black } ;
```

此时，red=0，则 red 之后的 yellow 顺序增 1，yellow 为 1；同理 blue=3，则 white 为 4，black 为 5。

2. 枚举型变量的定义

（1）先定义枚举类型后定义枚举型变量。与结构体或共用体类型变量定义的基本方法相似，这种方法就是先定义枚举类型，然后使用“enum　枚举类型名”来定义这种类型的变量，例如：

```
enum   week   { MON , TUE , WED , THU , FRI , SAT , SUN } ;  /*定义 week 类型*/
enum   week    day;                                          /*定义 week 类型的枚举变量 day*/
```

（2）在定义枚举类型的同时定义枚举型变量。这种方法是在定义枚举类型的后面直接定义出该类型的变量，可以简化语句。例如：

enum week { MON , TUE , WED , THU , FRI , SAT , SUN } day ;　/*在定义 week 类型的同时定义变量 day*/

（3）直接定义枚举类型变量。这种定义方法可以省略枚举类型名，直接定义出枚举变量。但这种方法不能在其他位置再定义这种枚举类型的变量。例如：

enum　{ MON , TUE , WED , THU , FRI , SAT , SUN }　day;　/*在定义枚举类型时直接定义变量 day*/

3. 枚举变量的使用

枚举型变量只能取相应枚举类型列表中的各值，如：

```
enum   week { MON=1 , TUE , WED , THU , FRI , SAT , SUN } day;
/*定义枚举类型 week 和枚举变量 day */
day=WED;              /*枚举变量 day 赋值为 WED*/
```

提示：使用枚举类型注意事项

（1）在枚举类型定义中，枚举常量的命名规则与标识符相同，并且不能另作它用。

（2）枚举常量不是变量，不能在程序中用赋值语句对其赋值。例如：为常量 MON 赋值语句“MON=56;”是错误的。

（3）只能把枚举常量赋给枚举变量，不能把对应的整数直接赋给枚举变量，但可以用强制类型转换来进行转换。如“day=7;”是错误的，但“day=(enum　week)7;”是正确的。

（4）枚举常量不是字符常量也不是字符串常量，使用时不能加单、双引号。

（5）输出枚举常量或枚举变量的整数值时，应使用整型输出格式符。若要输出枚举常量名，需经过转换。可以用以下语句输出其常量名：

```
day=MON;
if(day==MON)      printf("MONDAY");
```

（6）枚举常量可以进行比较运算，由它们对应的整数参加比较。

【案例 7-6】从键盘中输入一个 1～7 之间的整数，并把它转换为星期一～星期日显示。注意枚举类型的定义及使用方法。

程序分析

因为只有 1～7 这几个数字是有效的，所以定义一个枚举类型为 week 的变量 day，然后从键盘输入一个整数，将其转换成 enum week 类型后赋给变量 day，再使用 switch 开关语句对 day 进行判断，并输出对应的星期值。若不是这 7 个正确的值，则输出错误提示信息。

编写程序代码

```
/*案例 7-6 从键盘中输入一个 1～7 之间的整数，并把它转换为星期一～星期日显示 */
#include "stdio.h"
void main()
{
    enum   week   {MON=1,TUE,WED,THU,FRI,SAT,SUN};
    enum   week    day;
    int   i;
    printf("请输入一个整数（1－7），将其转换为对应的星期；");
    scanf("%d",&i);
    day=(enum   week)i;      /*将整数 i 转换成枚举类型值赋给 day*/
    switch (day)
    {
        case    MON :    printf("输入的是%d，对应的是星期一。",i);   break;
        case    TUE :    printf("输入的是%d，对应的是星期二。",i);   break;
        case    WED :    printf("输入的是%d，对应的是星期三。",i);   break;
        case    THU :    printf("输入的是%d，对应的是星期四。",i);   break;
```

```
        case    FRI :    printf("输入的是%d，对应的是星期五。",i);   break;
        case    SAT :    printf("输入的是%d，对应的是星期六。",i);   break;
        case    SUN :    printf("输入的是%d，对应的是星期日。",i);   break;
        default :        printf("输入数字错误，请输入 1－7！");
    }
}
```

程序运行结果

当输入一个正确的数字 3 和一个错误的数字 9 时，程序运行结果如下：

7.5.3 typedef 重命名类型

C 语言提供给用户一个重新定义类型的语句，那就是 typedef 语句，使用它可以将复杂的构造类型重新声明为一个简单类型，书写时十分方便。

使用 typedef 重新声明一个类型名的格式如下：

```
typedef    原类型名    新类型名;
```

其中，typedef 为关键字，表示重新声明。原类型名是 C 语言提供的任一种数据类型，可以是简单数据类型，也可以是构造数据类型；新类型名是代表原类型名的一个别名。使用新类型名可以像使用原类型名那样定义变量了。例如：

```
typedef   int   Integer;          /*将 int 类型重新起别名为 Integer*/
Integer   x,y;                    /*使用 Integer 定义变量 x 和 y，与用 int 定义等价*/
```

再如，原来有一个结构体类型 birthday，其结构类型及变量定义如下：

```
struct   birthday                 /*定义结构体类型 birthday*/
{
    int   year,month,day;         /*定义年、月、日三个成员值*/
};
struct   birthday   date;         /*定义 birthday 结构体类型的变量 date*/
```

现在使用 typedef 语句就可以重定义为如下格式：

```
typedef   struct   birthday
{
    int   year,month,day;         /*定义年、月、日三个成员值*/
}Birth;                           /*定义 birthday 结构体类型并重命名为 Birth*/
Birth   date;                     /*使用 Birth 类型（birthday 的别名）定义变量 date*/
```

其中，“struct birthday day;”和“Birth day;”这两个语句是等价的。这样就简化了程序的书写，所以在大量使用结构体类型的程序中大多采用 typedef 语句对结构体类型进行重定义。

提示：typedef 类型定义的使用说明

（1）使用 typedef 只是为已经存在的类型定义一个别名，并没有产生一个新的类型，原来的类型名仍可用。

（2）使用 typedef 类型可以定义各种类型别名，但不能定义变量。

（3）typedef 与#define 比较，如：

```
typedef   char   CH;
#define   char   CH;
```

二者的作用都是用 CH 来代表 char，但 typedef 是在编译时处理的，不进行简单字符替换，而是采用新类型名定义变量。而#define 是在预编译时处理，只进行简单字符串替换。

【练习 7-5】 以下选项中，能定义 s 为合法的结构体变量的是__________。

A）
```
typedef   struct   abc
{   double a;
    char b[10];
}s;
```

B）
```
struct
{   double   a;
    char b[10];
}s;
```

C）
```
struct   ABC
{   double   a;
    char   b[10];
}
ABC   s;
```

D）
```
typedef   ABC
{   double   a;
    char   b[10];
}
ABC   s;
```

解：因为 typedef 为定义一个类型的别名，所以右括号后面是类型名而不是变量名，A、D 错误。B、C 的类型定义都是正确的，但 C 中若要使用类型 ABC 定义一个结构体类型的变量，必须要写为“struct   ABC   s”；所以 C 也错误。正确的为 B，表示在定义结构体类型的同时直接定义一个变量 s。答案为 B。

*7.6　链表

视频讲解

链表的知识对于复杂编程很有用处，在《数据结构》课程中还会继续深入学习，所以链表内容对于要求编程能力高的软件及相关专业的学生为必学内容，对于其他专业的学生为选学内容。

7.6.1　链表基础知识及动态分配函数

前面讲过，如果想将学生的信息存入计算机中，可以设一个结构体类型的数组，但在实际应用过程中，有时很难在开始时就确定要输入的信息数量。能不能有一种方法，可以不用事先确定存储容量的大小，随心地将每个学生的信息输入进去呢？

C 语言提供一种动态存储分配的数据结构，事先不必确定其长度，且各元素不必顺序存放，各元素之间以指针相互链接，称为单链表，其结点结构如图 7-4 所示。其中，data 部分称为数据域，用于存储一个数据元素的信息；next 部分称为指针域，用于存储其直接后继的存储地址的信息。

图 7-4　单链表结点结构图

如图 7-5 所示，head 为头指针，该指针指向链表的第一个结点，称为头结点，不存放任何信息。其中，“∧”表示空指针，在程序中可用常量 NULL 来表示，表示链表的结束。

单链表分为带头结点（其 next 域指向链表第一个结点的存储地址）和不带头结点两种类型。带头结点的链表中每个结点的存储地址均放在其前驱结点中，这样算法对所有的结点处理可一致化，因此，本书讨论的单链表均指带头结点的单链表。带头结点的空单链表如图 7-5（a）所示，带头结点的非空单链表如图 7-5（b）所示。

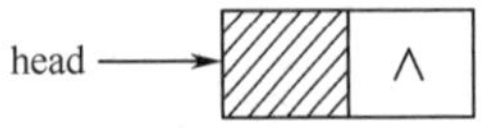

（a）带头结点的空单链表

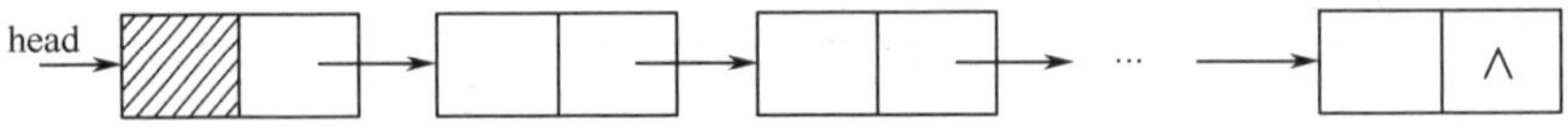

（b）带头结点的非空单链表

图 7-5　单链表

单链表的结构体类型及指针定义如下：

```
typedef struct  node
{
    int  data;                          /*定义数据域*/
    struct  node  *next;                /*定义指针域*/
}NODE;                                  /*定义单链表存储类型并重命名为 NODE*/
NODE  *head;                            /*定义结构体类型的头指针*/
```

C 语言提供了动态分配函数来实现变量的动态存储分配，常用的动态存储分配函数有 malloc 和 calloc。应注意的是在程序中若使用以下三个函数，应在程序的开始处用文件包含命令#include 包含头文件"stdio.h"或"malloc.h"，因版本不同而使用不同的包含文件。

1．分配一个内存空间函数 malloc

malloc 函数的调用格式如下：

```
指针名=(类型名 *）malloc( size );
```

功能：在内存中分配一个长度为 size 的连续存储空间，返回值是新分配存储空间的首地址，若内存不足，则返回 NULL。例如：

```
int *pt;
pt=(int *)malloc(sizeof(int));     /*动态生成一个整型变量并将 pt 指向它*/
```

该程序段表示分配了一个 int 型的内存空间，并将 pt 指向该空间的首地址。其中的(int *)强制将后面的变量转换为整型指针，赋给左边的指针变量 pt。

2．分配 n 个内存空间函数 calloc

calloc 函数的调用格式如下：

```
指针名=(类型名 *）calloc( n ,size );
```

功能：在内存中分配 n 块长度为 size 的连续存储空间，返回值是新分配存储空间的首地址，若内存不足，则返回 NULL。calloc 函数与 malloc 函数均用于动态分配存储空间，区别在于 calloc 函数可以一次分配 n 块区域。例如：

```
char *p;
p=(char *) calloc ( 5 , sizeof ( char ) );
```

表示分配 5 个且每个大小为 1 字节的连续空间，将其类型强制转换为字符类型并赋给 p，结果即让 p 指向该存储空间的首地址。

3. 释放内存空间函数 free

free 函数的调用格式如下：

```
free(指针名);
```

功能：释放该指针所指的一块存储空间，该空间系统可另作它用。注意这个指针所指的空间必须是由 malloc 函数分配的才行，free 函数无返回值。

例如：

```
int *pt;                              /*定义一个整型指针 pt*/
pt=(int *)malloc(sizeof(int));        /*动态生成一个整型变量并将 pt 指向它*/
free(pt);                             /*释放 pt 所指的内存单元*/
```

7.6.2 链表的操作

链表分为单链表、双向链表、循环链表等多种链表，下面主要介绍单链表的各种操作。单链表常用的操作有单链表的初始化、单链表的建立、求链表长度、元素的查找、元素的插入、删除操作等。

1. 单链表的初始化

单链表的初始化即构造一个仅包含头结点的空单链表。其过程是首先申请一个结点并让指针 head 指向该结点，然后将它的指针域赋为空（NULL），最后返回头指针 head。

2. 单链表的建立

设一个尾指针 last，使其指向当前链表的尾结点。每当读入有效的数据则申请一个结点 s，并将读取的数据存放到新结点 s 的数据域中，将 s 的尾指针设为空指针（NULL），然后将新结点插入当前链表尾部（last 指针所指的结点后面），直到循环结束为止。

3. 求链表长度操作

因为链表是链式结构，所以链表中元素个数不是已知的。想求表中元素个数还要设一个计数变量 j（初值为 0），将一个指针 p 先指向链表中的第一个元素，当 p 不为空时，循环将 p 指针后移，j 加 1，循环结束后 j 值即为链表长度。

4. 元素的按值查找操作

从链表的第一个元素结点开始，由前向后依次比较单链表中各结点数据域中的值，若某结点数据域中的值与给定的值 x 相等，则循环结束。否则继续向后比较直到表结束，然后判断指针 p，若 p 不为空表示单链表中有 x 结点，输出查找成功的信息并输出 x 所在表中的位置，否则输出查找失败的信息。

5. 插入操作

顺序表的插入操作需要移动大量的数据元素，而链表的插入只需修改指针而无需移动原来表中元素，那链表的插入操作是如何实现的呢？可以在指针所指的结点后插入新结点。例如，要在链表中指针 p 所指位置后面插入一个结点，则插入操作步骤如下。

（1）先将结点 s 的指针域指向结点 p 的下一个结点（执行语句 s->next=p->next）。

（2）再将结点 p 的指针域改为指向新结点 s（执行语句 p->next=s）。

6. 删除操作

顺序表的删除操作同样需要移动大量的数据元素，而链表的删除只需修改指针而无需移动原来表中元素，那链表的删除操作是如何实现的呢？

首先通过循环定位求出第 i 结点的前驱结点（第 i-1 结点）p 的地址，然后将指针 s 指向被删除结点，修改 p->next 指针，使其指向 s 后的结点，最后释放指针 s 所指结点。算法中注意 if(p->next!=NULL && j==i-1)语句，只有当第 i-1 结点存在（j==i-1）而 p 又不是终端结点，即（p->next!=NULL）时，才能确定被删除结点存在。

7. 单链表的输出操作

扫描单链表，输出各元素的值。

【案例 7-7】单链表的各种操作示例。

程序分析

在该案例中，编写单链表的初始化、单链表的建立、求链表长度、元素的按值查找、元素的插入和删除、单链表的输出等函数，并在主函数中调用相关函数，实现对应的功能。

编写程序代码

```
/*  案例 7-7  单链表的各种操作示例  */
#include "stdio.h"
#include "malloc.h"
typedef    struct node
{
      int        data;                                  /*定义结点的数据域*/
      struct node      *next;                           /*定义结点的指针域*/
}NODE;                                                  /*定义单链表存储类型并重命名为 NODE*/
/*初始化链表函数*/
NODE    *InitList()
{
      NODE    *head;
      head=(NODE    *)malloc(sizeof(NODE));             /*动态分配一个结点空间*/
      head->next=NULL;                                  /*头结点 head 指针域为空，表示空链表*/
      return head;
}
/*尾插法建立链表函数*/
void CreateListL(NODE    *head,int n)
{
    NODE    *s,*last;
    int i;
    last=head;                                          /*last 始终指向尾结点，开始时指向头结点*/
    printf("\t 请输入%d 个整数：",n);
    for(i=0;i<n;i++)
    {
        s=(NODE *) malloc(sizeof(NODE));                /*生成新结点*/
        scanf("%d",&s->data);                           /*读入新结点的数据域*/
        s->next=NULL;                                   /*新结点的指针域为空*/
        last->next=s;                                   /*将新结点插入表尾*/
        last=s;                                         /*将 last 指针指向表尾结点*/
    }
```

```
    printf("\t 建立链表操作成功！");
}
/*求链表长度函数*/
int  LengthList(NODE  *head)
{
     NODE  *p=head->next;
     int j=0;
     while(p!=NULL)                       /*当 p 不指向链表尾时*/
    {  p=p->next;
       j++;
    }
    return  j;
}
/*在链表中查找值为 x 的元素位置*/
void Locate(NODE  *head,int x)
{
    int  j=1;                            /*计数器*/
    NODE  *p;
    p=head->next;
    while(p!=NULL  &&  p->data!=x)       /*查找及定位*/
    {  p=p->next;
       j++;
    }
    if(p!=NULL)
       printf("\t 在表的第%d 位找到值为%d 的结点！",j,x);
    else
       printf("\t 未找到值为%d 的结点！",x);
}
/*按位置插入元素函数*/
void InsList(NODE  *head, int i, int x)
{
    int j=0;
    NODE  *p,*s;
    p=head;
    while(p->next!=NULL && j<i-1)        /*定位插入点*/
    {
       p=p->next;
       j++;
    }
    if(p!=NULL)                          /*p 不为空则将新结点插到 p 后*/
    {
        s=(NODE *)malloc(sizeof(NODE));  /*生成新结点 s*/
        s->data=x;                       /*将数据 x 放入新结点的数据域*/
        s->next=p->next;                 /*将新结点 s 的指针域与 p 结点后面元素相连*/
        p->next=s;                       /*将 p 与新结点 s 链接*/
        printf("\t 插入元素成功！");
    }
    else
        printf("\t 插入元素失败");
}
/*按位置删除链表中元素函数*/
void DelList(NODE  *head,int i)
{
```

```
    int j=0;
    int x;
    NODE   *p=head,*s;
    while(p->next!=NULL && j<i-1)          /*定位插入点*/
    {
        p=p->next;
        j++;
    }
    if (p->next!=NULL && j==i-1)
    {
        s=p->next;                         /*s 为要删除结点*/
        x=s->data;                         /*将要删除的数据放入指针变量 x 中*/
        p->next=s->next;                   /*将 p 结点的指针域与 s 结点后面元素相连*/
        free(s);
        printf("\t 删除第%d 位上的元素%d 成功！",i,x);
    }
    else
        printf("\t 删除结点位置错误，删除失败！");
}
/*显示输出链表函数*/
void DispList(NODE *head)
{
    NODE *p;
    p=head->next;
    printf("\t");
    while(p!=NULL)
    {
        printf("%5d",p->data);
        p=p->next;
    }
}
void main()
{
    int   n,x,i,len;
    NODE   *head;

    head=InitList();                        /*调用初始化空链表函数*/
    printf("1.建立链表\n");
    printf("\t 请输入要建立的链表长度：");
    scanf("%d",&n);
    CreateListL(head,n);                    /*调用建立 n 个元素的单链表函数*/
    printf("\n\t 已建立的链表各元素为：\n");
    DispList(head);
    len=LengthList(head);                   /*调用求链表长度函数*/

    printf("\n2.求链表长度\n");
    printf("\t 该链表的长度为%d。",len);

    printf("\n3.按值查找元素在链表中位置\n");
    printf("\t 请输入要查找的元素值：");
    scanf("%d",&x);
    Locate(head,x);                         /*调用按值查找元素在链表中位置函数*/

```

```
    printf("\n4.在链表中某位置插入一个元素\n");
    printf("\t 请输入要插入元素的位置:");
    scanf("%d",&i);
    printf("\t 请输入要插入元素的值：");
    scanf("%d",&x);
    InsList(head,i,x);                        /*调用插入元素函数*/
    printf("\n\t 插入元素后的新链表各元素为：\n");
    DispList(head);

    printf("\n5.在链表中删除某位置的元素\n");
    printf("\t 请输入要删除元素的位置：");
    scanf("%d",&i);
    DelList(head,i);                          /*调用删除元素函数*/
    printf("\n\t 删除该元素后的新链表各元素为：\n");
    DispList(head);
}
```

程序运行结果

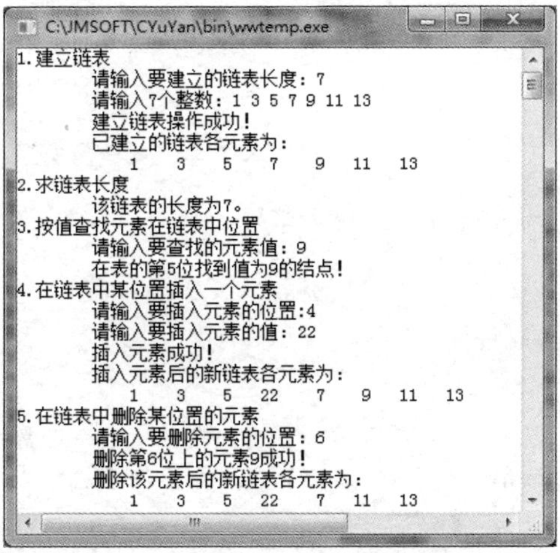

【练习 7-6】以下程序的输出结果是____________。

```
#include <malloc.h>
int a[3][3]={1, 2, 3, 4, 5, 6, 7, 8, 9}, *p;
main()
{
    p=(int *)malloc(sizeof(int));
    f(p, a);
    printf("%d\n",*p);
}
f(int *s, int p[][3])
{ *s=p[1][1]; }
```

A）1　　B）4　　C）7　　D）5

解：在主函数中语句“p=(int *)malloc(sizeof(int));”动态开辟了一个整型空间，p 指向该空间的首地址，而函数调用语句“f(p, a);”的功能是将 p 所指空间首地址赋给形参 s，则子函数“*s=p[1][1];”就相当于给 s 所指整型变量赋值为 p[1][1]（即主函数中的数组 a 中的 a[1][1]），其值为 5。答案为 D。

7.7 程序案例

7.7.1 典型案例——用“结构”统计学生成绩并排序

【案例 7-8】设计一个学生结构体类型，包括学号、姓名、五门课成绩、总成绩和名次。设计三个函数，分析实现输入学生信息、输出学生信息和对学生成绩按总成绩排序的功能。在主函数中调用这三个函数，实现学生成绩信息的输入、排序和输出功能。

程序分析

设计一个结构体类型 std，包括成员有学号、姓名、五门功课的成绩、总成绩、名次。定义这种类型的一个全局数组 students，然后设计 reads（输入 n 个学生信息函数）、sort（按名次进行冒泡法排序）和 writes（输出 n 个学生信息的函数），并在主函数中调用这三个函数，实现对应功能。

编写程序代码

```
/* 案例 7-8 用“结构”统计学生成绩，并对学生总成绩进行冒泡法排序，输出各成绩 */
#include "stdio.h"
#include "string.h"
#include "malloc.h"
struct   std                                    /*定义学生结构体类型*/
{
       char  no[10];                            /*学号*/
       char  name[20];                          /*姓名*/
       int   scores[5];                         /*五门功课的成绩*/
       int   total;                             /*总成绩*/
       int   order;                             /*名次*/
};
struct   std   students[20];                    /*定义结构体类型全局数组 students*/
void   reads(struct std s[],int n)              /*输入 n 个学生信息函数*/
{
      int   i,j;
      for(i=0;i<n;i++)
      {
            printf("\n 请输入第%d 个学生信息：\n",i+1);
            printf("请输入学号（不能超过 9 位数字）：   ");
            scanf("%s",s[i].no);                /*输入学号*/
            printf("请输入姓名：    ");
            scanf("%s",s[i].name);              /*输入姓名*/
            s[i].total=0;                       /*设总成绩为 0*/
            printf("请输入五门课成绩：  ");
            for(j=0;j<5;j++)
             {
                  scanf("%d",&s[i].scores[j]);  /*输入各门成绩*/
                  s[i].total+=s[i].scores[j];   /*将每门成绩加到总成绩上*/
             }
      }
}
void   sort(struct std s[],int n)               /*对学生按名次进行冒泡法排序*/
{
       int   i,j;
       struct   std   temp;
```

```
        for(i=0;i<n-1;i++)                    /*冒泡法排序*/
            for(j=0;j<n-1-i;j++)
                if(s[j].total<s[j+1].total)   /*当前一个元素总成绩小于后一个元素时，交换这两个元素*/
                {
                    temp=s[j];
                    s[j]=s[j+1];
                    s[j+1]=temp;
                }
        for(i=0;i<n;i++)                      /*按排好序的各元素顺序为其设置名次*/
            s[i].order=i+1;
}
void   writes(struct std s[],int n)           /*输出 n 个学生信息的函数*/
{
        int   i,j;
        printf("\n 这%d 个学生的成绩信息为：\n",n);
        printf("     学号          姓名   成绩 1  成绩 2  成绩 3  成绩 4  成绩 5  总成绩  名次\n");
        for(i=0;i<n;i++)
        {
            printf("%s",s[i].no);                       /*输出学号*/
            printf("%9s",s[i].name);                    /*输出姓名*/
            for(j=0;j<5;j++)
                printf("%4d    ",s[i].scores[j]);       /*输出五门成绩*/
            printf("%6d    ",s[i].total);               /*输出总成绩*/
            printf("%3d    ",s[i].order);               /*输出名次*/
            printf("\n");
        }
}
void   main()
{
        int n;
        printf("学生成绩信息输入和输出示例。\n");
        printf("请输入学生人数：");
        scanf("%d",&n);
        reads(students,n);                              /*调用读入 n 个学生成绩的函数*/
        sort(students,n);                               /*调用对 n 个学生成绩排序的函数*/
        writes(students,n);                             /*调用输出 n 个学生成绩的函数*/
}
```

程序运行结果

输入 3 个学生信息，程序运行结果如下：

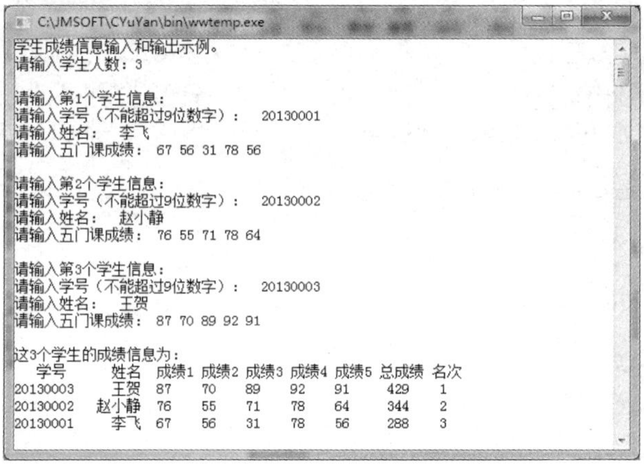

```
C:\JMSOFT\CYuYan\bin\wwtemp.exe
学生成绩信息输入和输出示例。
请输入学生人数：3

请输入第1个学生信息：
请输入学号（不能超过9位数字）：  20130001
请输入姓名：  李飞
请输入五门课成绩：67 56 31 78 56

请输入第2个学生信息：
请输入学号（不能超过9位数字）：  20130002
请输入姓名：  赵小静
请输入五门课成绩：76 55 71 78 64

请输入第3个学生信息：
请输入学号（不能超过9位数字）：  20130003
请输入姓名：  王贺
请输入五门课成绩：87 70 89 92 91

这3个学生的成绩信息为：
    学号       姓名 成绩1 成绩2 成绩3 成绩4 成绩5 总成绩 名次
20130003     王贺  87    70    89    92    91    429    1
20130002   赵小静  76    55    71    78    64    344    2
20130001     李飞  67    56    31    78    56    288    3
```

7.7.2 典型案例——枚举示例，输出 52 张扑克牌

【案例 7-9】枚举示例，输出 52 张扑克牌。

程序分析

设置扑克的 4 种花色的枚举类型：草花 CLUBS、方块 DIAMONDS、红桃 HEARTS 和黑桃 SPADES，再设每张扑克上的数值 A、2、3、4、5、6、7、8、9、10、J、Q、K，用二维字符数组存储。然后设一个结构体类型 card，有两个成员 suit 和 value，分别存储牌的花色和数值。再定义该结构体类型的数组 deck[52]，用于存储 52 张扑克牌。

因为扑克牌是 4 张一个数值，4 种不同花色的牌，所以在主函数中首先为每张牌设置对应位置的花色，即每隔 4 位是相同的花，然后为每张牌赋数值。

完成赋值后，再用循环从 0 到 51 输出对应的每张扑克值的内容。使用 switch 判断是哪个花色，在输出函数中输出对应的汉字和数值，完成整副扑克牌的输出。

编写程序代码

```
/*  案例 7-9  枚举示例，扑克牌的结构表示  */
#include "stdio.h"
#include "string.h"

enum    suits    {CLUBS,DIAMONDS, HEARTS, SPADES};
/*枚举类型定义，扑克花色：草花、方块、红桃和黑桃*/
char   cardval[][3]={"A","2","3","4","5","6","7","8","9","10","J","Q","K"};
/*数组存储每个扑克上的数值*/
struct   card                                   /*扑克结构体类型定义*/
{
      enum   suits   suit;                      /*枚举变量，表示每张牌上的花色*/
      char   value[3];                          /*字符数组，表示每张牌上的数值*/
};
struct   card   deck[52];                       /*定义全局结构体数组 deck，存储 52 张扑克牌*/

void   main()
{
      int    i,j;
      enum   suits   s;
      for(i=0;i<=12;i++)                        /*扑克上的数值从 0 到 12*/
            for(s=CLUBS;s<=SPADES;s++)          /*从草花 CLUBS 为 0 到黑桃 SPADES 为 3*/
            {
                  j=i*4+s;                      /*计算对应的扑克位置值，因为每个数值有 4 个花色*/
                  deck[j].suit=s;               /*将 j 位置上的扑克牌花色设为 s 值，即对应花色*/
                  strcpy(deck[j].value,cardval[i]);  /*将对应的扑克数值字符串赋给该张扑克牌*/
            }
     printf("一副扑克牌的所有牌如下：\n");
      for(j=0;j<52;j++)
      {
            switch   (deck[j].suit)
            {
                  case    CLUBS :      printf("草花%-3s%c",   deck[j].value,   j%4==3?'\n':'\t'); break;
                  case    DIAMONDS : printf("方块%-3s%c",   deck[j].value,   j%4==3?'\n':'\t'); break;
                  case    HEARTS     : printf("红桃%-3s%c",   deck[j].value,   j%4==3?'\n':'\t'); break;
```

```
                case    SPADES    : printf("黑桃%-3s%c",    deck[j].value,    j%4==3?'\n':'\t'); break;
            }
        }
}
```

程序运行结果

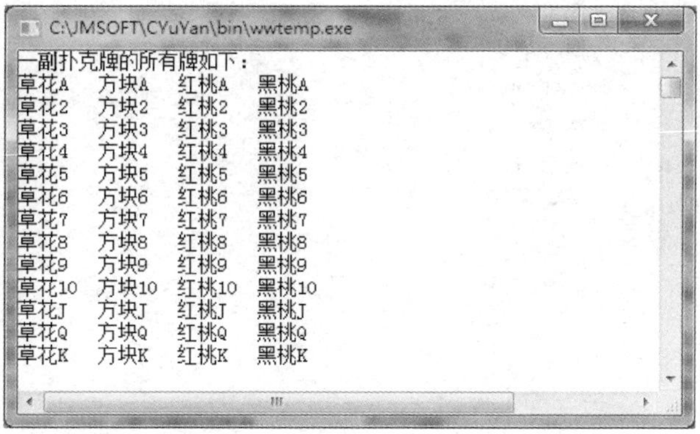

本章小结

本章主要介绍了结构体、共用体和枚举类型，这些都是复合的数据类型，通过这些类型的学习，使读者掌握较复杂的数据结构。还介绍了用 typedef 类型定义的语句，它可以使程序简化，方便编程。

结构体类型将不同类型的数据组合在一起，可以方便数据的处理。使用结构体类型时，必须先定义类型，再定义结构体变量后才能使用。

通过直接成员运算符“.”或间接引用成员运算符“->”来引用结构体变量的各个成员，其成员的使用与同类型普通变量相同。结构体变量可以作为一个整体参加赋值运算，但不能作为一个整体进行输入/输出。

可以将结构体变量作为函数参数传递，也可以作为函数的返回值，其使用方式与其他数据类型相似，实参与形参类型应保持一致。

共用体也是一种构造类型，它的各个成员占有同一段存储空间。共用体变量所占的空间大小等于其成员中所占存储空间的最大数。使用共用体类型的目的是节省内存。

枚举类型是一种用户自定义的数据类型，在枚举类型的定义中列举出所有可能的取值，被声明为该枚举类型的变量其取值不能超过定义的范围。

typedef 类型定义只是定义了一个数据类型的别名，而不是定义一种新的数据类型，所以原来的类型名仍可以使用，不能使用 typedef 定义变量。

学生自我完善练习

【上机 7-1】设计一个通信录结构体类型，包括序号、姓名、性别、年龄、电话和地址。输入一个人的信息，并在屏幕中显示出来。

解：分析该结构体类型中的每个成员，可以将序号（no）定义为整型，姓名（name）定义为字符数组，性别（sex）为字符类型（其中 f 代表女，m 代表男），年龄（age）为整型，电话（phone）为字符数组，地址（address）为字符数组。

编写程序代码

```
/* 上机 7-1 设计一个通信录结构体类型，输入一个人信息并在屏幕中显示出来 */
#include "stdio.h"
struct   message               /*结构体类型定义*/
{
      char   no[10];           /*学号*/
      char   name[20];         /*姓名*/
      char   sex[3];           /*性别*/
      int    age;              /*年龄*/
      char   phone[20];        /*电话*/
      char   address[30];      /*地址*/
};
void   main()
{
      struct   message   p;
      printf("请输入一个人的通信录信息:");
      printf("\n   学号      姓名  性别  年龄    电话\n");
      scanf("%s%s%s%d%s",p.no,p.name,p.sex,&p.age,p.phone);
      getchar();                        /*接收上行输入的回车符*/
      printf("地址：");
      gets(p.address);                  /*因为地址中可能有空格，所以用 gets 函数接收*/
      printf("\n 这个人的通信信息如下：");
      printf("\n 学号：  %s",p.no);
      printf("\n 姓名：  %s",p.name);
      printf("\n 性别：  %s",p.sex);
      printf("\n 年龄：  %d",p.age);
      printf("\n 电话：  %s",p.phone);
      printf("\n 地址：");
      puts(p.address);
}
```

程序运行结果

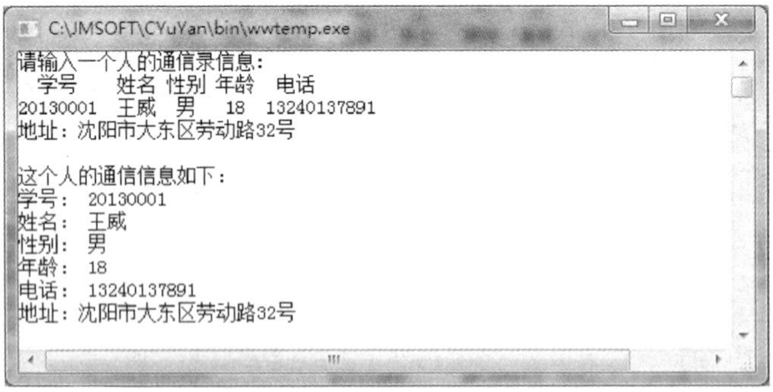

【上机 7-2】从键盘输入一个十六进制数，交换该十六进制数的高位和低位，并显示交换后的结果。

解：由题意可知要交换十六进制数的高位和低位，最好采用的是共用体类型，一个成员是整型，占用 2 字节。因为字符型变量在内存中占用 1 字节，且存放的是字符的 ASCII 码，所以另一个成员设为结构体类型成员，结构体类型中有 2 个字符型变量即可。

编写程序代码

```
/* 上机 7-2 输入一个四位十六进制数，交换该十六进制数高位和低位，并显示结果 */
#include  "stdio.h"
void  main()
{
      union   u                              /*定义一个共用体类型*/
      {
            struct   byte                    /*定义一个结构体类型*/
            {
                  unsigned   char   l;
                  unsigned   char   h;
            }byte;                           /*定义结构体变量 byte，包括两个无符号字符成员*/
            unsigned   short   data;         /*定义无符号短整型变量*/
      }u1,u2;                                /*定义两个共用体变量 u1 和 u2*/
      printf("请输入一个四位的十六进制整数：");
      scanf("%x",&u1.data);
      /*将 u1 的高位存入 u2 的低位，将 u1 的低位存入 u2 的高位*/
      u2.byte.l=u1.byte.h;
      u2.byte.h=u1.byte.l;
      printf("原始数值为：%x，交换高低位后数值为：%x",u1.data,u2.data);
}
```

程序运行结果

习题七

一、选择题

1．当说明一个结构体变量时，系统分配给它的内存是__________。

A）各成员所需内存量的总和　　　　B）结构中第一个成员所需内存量

C）成员中占内存量最大者所需的容量　　　　D）结构体中最后一个成员所需内存量

2．设有以下语句：

```
struct   stu
{   int    a;
    float   b;
}stutype;
```

则下面的叙述不正确的是__________。

A）struct 是结构体类型的关键字　　　　B）struct　stu 是用户定义的结构体类型

C）stutype 是用户定义的结构体类型名　　　　D）a 和 b 都是结构体成员名

3．以下程序的输出结果是__________。

```
struct   student
```

```
{   char   name[20];
    char   sex;
    int    age;
}
stu[3]={"Li Lin", 'M', 18, "Zhang Fun", 'M', 19, "Wang Min", 'F', 20};
main()
{   struct   student   *p;
    p=stu;
    printf("%s, %c, %d\n", p->name, p->sex, p->age);
}
```

A）Wang Min,F,20　　B）Zhang Fun,M,19　　C）Li Lin,F,19　　D）Li Lin,M,18

4．以下程序的运行结果是__________。

```
#include   "stdio.h"
main()
{   struct   date
    {   int   year,month,day;
    }today;
    printf("%d\n",sizeof(struct date));
}
```

A）6　　B）8　　C）10　　D）12

5．设有如下定义：

```
struct   sk
{   int   n;
    float   x;
}data,*p;
```

若要使 p 指向 data 中的 n 域，正确的赋值语句是__________。

A）p=&data.n;　　B）*p=data.n;

C）p=(struct   sk *)&data.n;　　D）p=(struct   sk *)data.n;

6．若有以下说明和语句：

```
struct   student
{   int   age;
    int   num;
}std,*p;
p=&std;
```

则以下对结构体变量 std 中成员 age 的引用方式不正确的是__________。

A）std.age　　B）p->age　　C）(*p).age　　D）*p.age

7．以下程序的输出结果是__________。

```
#include   "stdio.h"
void fun(float *p1,float *p2, float *s)
{   s=(float *)calloc(1, sizeof(float));
    *s=*p1+*(p2++);
}
main()
{   float   a[2]={1.1, 2.2}, b[2]={10.0, 20.0}, *s=a;
    fun (a, b, s);
    printf("%f\n", *s);
}
```

A）11.100000　　B）12.100000　　C）21.100000　　D）1.100000

8．以下程序的输出结果是__________。

```
struct  stu
{  int  x;
   int  *y;
}*p;
int  dt[4]={10,20,30,40};
struct  stu  a[4]={50,&dt[0],60,&dt[1],70,&dt[2],80,&dt[3]};
main()
{  p=a;
   printf("%d",++p->x);
   printf("%d",(++p)->x);
   printf("%d\n",++(*p->y));
}
```

A）10,20,20　　B）50,60,21　　C）51,60,21　　D）60,70,31

9．有如下定义：

```
struct person
{  char  name[9];
   int  age;
};
struct  person  class[10]={"Johu", 17, "Paul", 19 ,"Mary", 18, "Adam",16};
```

根据上述定义，能输出字母 M 的语句是__________。

A）prinft("%c\n",class[3].mane);　　B）pfintf("%c\n",class[3].name[1]);

C）prinft("%c\n",class[2].name[1]);　　D）printf("%c\n",class[2].name[0]);

10．以下程序的输出结果是__________。

```
struct  abc
{  int  a,b,c; };
main()
{  struct  abc  s[2]={{1,2,3},{4,5,6}};
   int  t;
   t=s[0].a+s[1].b;
   printf("%d \n",t);
}
```

A）5　　B）6　　C）7　　D）8

11．以下对 C 语言中共用体类型数据的叙述正确的是__________。

A）可以对共用体变量直接赋值

B）一个共用体变量中可以同时存放其所有成员

C）一个共用体变量中不能同时存放其所有成员

D）共用体类型定义中不能出现结构体类型的成员

12．设有如下枚举类型定义：

```
enum  language { Basic=3,Assembly,Ada=100,COBOL,Fortran};
```

则枚举量 Fortran 的值为__________。

A）4　　B）7　　C）102　　D）103

13．以下各选项为说明一种用户自定义类型名，其中正确的是__________。

A）typedef　v1　int;　　B）typedef　v2=int;

C）typedef　int　v3;　　D）typedef　v4:int;

14．下面对 typedef 的叙述中不正确的是__________。

A）用 typedef 可以定义各种类型名，但不能用来定义变量

B）用 typedef 可以增加新类型

C）用 typedef 只是将已存在的类型用一个新标识符来代表

D）使用 typedef 有利于程序的通用和移植

15．以下程序的运行结果是__________。

```
typedef  union
{  long   a[2];
   int  b[4];
   char  c[8];
}TY;
TY  our;
main()
{  printf("%d\n",sizeof(our)); }
```

A）32　　B）16　　C）8　　D）24

二、填空题

1．以下程序的运行结果是________________________。

```
struct  n
{  int  x;
   char  c;
};
main()
{  struct  n  a={10,'x'};
   func(a);
   printf("%d,%c",a.x,a.c);
}
func(struct  n  b)
{  b.x=20;
   b.c='y';
}
```

2．以下程序的运行结果是________________________。

```
main()
{  struct  EXAMPLE
   {
      struct
      {
         int  x;
         int  y;
      }in;
       int  a;
       int  b;
   }e;
   e.a=1;e.b=2;
   e.in.x=e.a*e.b;
   e.in.y=e.a+e.b;
   printf("%d,%d",e.in.x,e.in.y);
}
```

3．以下程序用以输出结构体变量 bt 所占内存单元的字节数，请填空。

```
struct  ps
{  double  i;
   char  arr[20];
};
main()
```

```
{  struct  ps  bt;
   printf("bt  size:%d\n",________________________);
}
```

4．设有三个人的姓名和年龄存在结构数组中，以下程序输出三人年龄居中者的姓名和年龄，请在________内填上正确内容。

```
static  struct  man
{  char  name[20];
   int  age;
}person[]={ "li-ming",18,"wang-hua",19,"zhang-ping",20 };
main()
{  int  i,j,max,min;
   max=min=person[0].age;
   for(i=1;i<3;i++)
     if(person[i].age>max)   _______ ;
     else  if(person[i].age<min)   _______ ;
   for(i=0;i<3;i++)
     if(person[i].age!=max  ________  person[i].age!=min)
      {  printf("%s %d\n",person[i].name,person[i].age);
         break;
      }
}
```

5．以下程序的输出结果是________________________。

```
enum  coin{penny,nickel,dime,quarter,half_dollar,dollar};
char *name[]={"penny","nickel","dime","quarter","hal_fdollar","dollar"};
main()
{   enum  coin  money1,money2;
    money1=dime;
    money2=dollar;
    printf("%d,%d\n",money1,money2);
    printf("%s,%s\n"),name[(int)money1],name[(int)money2]);
}
```

6．以下程序段用于构成一个简单的单向链表，请填空。

```
struct  STRU
{   int  x, y ;
    float  rate;
    _________________ p;
} a, b;
a.x=0; a.y=0; a.rate=0; a.p=&b;
b.x=0; b.y=0; b.rate=0; b.p=NULL;
```

7．建立并输出 100 个同学的通信录，每个通信录包括同学的姓名、地址、邮政编码。请填空。

```
#include  <stdio.h>
#define  N  100
struct  communication
{  char  name[20];
   char  address[80];
   long  int  post_code;
}commun[N];
main()
{  int  i;
   for(i=0; i<100; i++)
   {  set_record(commun+i);
      print_record(commun+i);
```

```
        }
    }
    set_record(struct   communication    *p)
    {     printf("Set a communication record\n");
          scanf("%s    %s    %ld", ______________ , p->address, ______________);
    }
    print_record ( ______________  p)
    {   printf("Print a communication record\n");
        printf("Name: %s\n", p->name);
        printf("Address: %s\n", p->address);
        printf("Post_code: %ld\n", ________________);
    }
```

8．以下函数 creatlist 用来建立一个带头结点的单链表，新的结点总是插入在链表的末尾。链表的头指针作为函数值返回，链表最后一个节点的 next 成员中放入 NULL，作为链表结束标志。读入时以字符#表示输入结束（#不存入链表）。请填空。

```
    struct   node
    {   char    data;
        struct   node    * next;
    };
    ___________________    creatlist( )
    {   struct   node    * h， * s， * r； char ch;
        h=(struct   node *)malloc(sizeof(struct node)) ;
        r=h;
        ch=getchar( ) ;
        while(ch!= '#')
        {     s=(struct node *)malloc(sizeof(struct node)) ;
              s->data=_____________;
              r->next=s; r=s;
              ch=getchar( ) ;
        }
              r->next= ________________  ;
              return h;
    }
```

三、编程题

1．试利用结构体类型设计一个程序，实现输入一名学生数学的期中成绩和期末成绩，计算并输出其平均成绩。

2．有一个 unsigned long 型整数，现要分别将其前 2 个字节和后 2 个字节作为 2 个 unsigned int 型整数输出（设一个 int 型数据占 2 字节），试设计一函数 partition 实现上述要求。要求在主函数中输入该 long 型整数，在函数 partition 中输出结果。

3．请定义枚举类型 money，用枚举元素代表人民币的面值，包括 1、2、5 分；1、2、5 角；1、2、5、10、20、50、100 元。

习题七参考答案

第8章 文件

本章简介 需要长期保存程序运行所需的原始数据或程序运行产生的结果，就必须以文件形式存储到外部存储介质上。为了提高数据的处理效率，一般高级语言都能对文件进行操作。文件可以是自己编制的，也可以是系统已有的。无论是程序或数据，都是以文件方式存储的。

本章主要介绍文件的一般概念，文件指针以及文件的打开、关闭、读、写、定位等操作。

知识点		
	1．文件的概念	2．文件的打开和关闭
	3．文件的读和写	4．文件的定位

8.1 文件的概念和基本操作

视频讲解

8.1.1 文件的概念

所谓文件，是指存储在外部介质上的数据的集合。前面已经多次使用了文件，例如，源程序文件（.c）、目标文件（.obj）、可执行文件（.exe）、库文件（.lib）和头文件（.h）等。计算机把所有外部设备都当作文件来对待，这样的文件称为设备文件。例如，键盘是输入文件，显示器和打印机是输出文件，可以用 scanf 函数输入键盘文件，printf 函数输出显示屏和打印机文件。实际上，外部设备的输入、输出操作就是读、写设备文件的过程，对设备文件的读、写与对一般磁盘文件的读、写方法完全相同。

操作系统是以文件为单位对数据进行管理的。每个文件都有一个唯一的“文件标识”来定位，即文件路径和文件名。例如：C:\TC\tc.exe，则 C:\TC 就是文件路径，tc.exe 就是文件名，文件路径和文件名结合起来系统就能找到该文件所在。当需要使用文件的时候，需要将文件调入到内存中。

1．文件的分类

文件可以从不同的角度进行分类。

（1）根据文件的内容：可分为源程序文件、目标文件、可执行文件和数据文件等。

（2）根据文件的组织形式：可分为顺序存取文件和随机存取文件。

（3）根据文件的存储形式：可分为 ASCII 码文件（又称文本文件）和二进制文件。

ASCII 码文件是每一个字节存储一个 ASCII 码（代表一个字符）。二进制文件是把内存中的数据，原样输出到磁盘文件中。

有一个整数 100，如果按二进制形式存储，2 字节就够用；如果按 ASCII 码形式存储，由于每位数字都占用 1 字节，所以共需要 3 字节空间，每个字节空间中存储的是该数字的 ASCII 码值，如图 8-1 所示。

用 ASCII 码形式存储，一个字节存储一个字符，便于对字符进行逐个处理，但一般占用存储空间较多，而且要花费转换时间（二进制与 ASCII 码之间的转换）。

用二进制形式存储，可以节省存储空间和转换时间，但一个字节并不对应一个字符，不能直接输出字符形式。

2．读文件与写文件

所谓读文件，是指将磁盘文件中的数据传送到计算机内存的操作；所谓写文件，是指从计算机内存向磁盘文件中传送数据的操作，如图 8-2 所示。

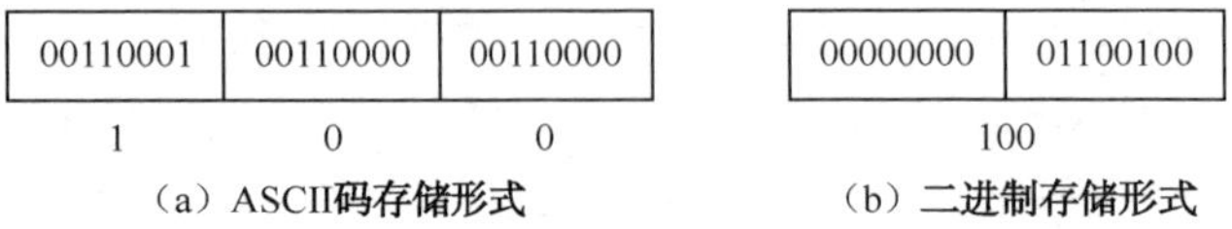

图 8-1　数值的存储形式示意图

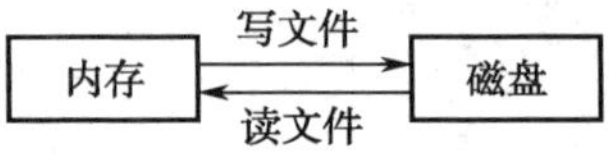

图 8-2　读写文件操作示意图

3．缓冲文件系统（标准 I/O）

所谓缓冲文件系统，是指系统自动地在内存区为每个正在使用的文件开辟一个缓冲区。

从磁盘文件向内存读入数据时，首先将一批数据读入到文件缓冲区中，再从文件缓冲区将数据逐个送到程序数据区。从内存向磁盘输出数据时，则正好相反：必须先将一批数据输出到缓冲区中，待缓冲区装满后，再一起输出到磁盘文件中，如图 8-3 所示。

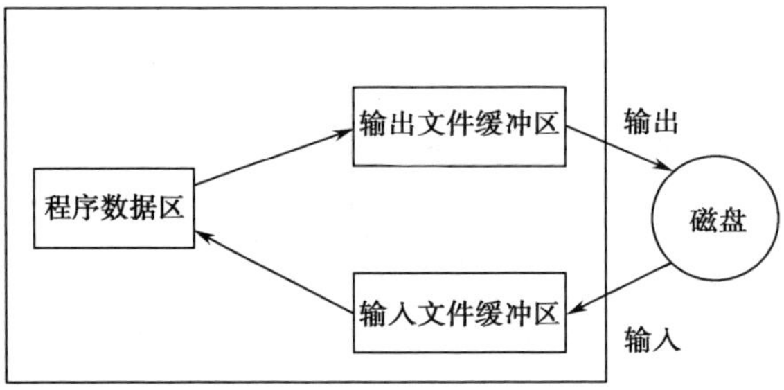

图 8-3　从磁盘文件向内存读入数据和内存输出数据

4．文件类型

系统给每个打开的文件都在内存中开辟一个区域，用于存放文件的有关信息（如文件名、文件位置等）。这些信息保存在一个结构类型变量中，该结构类型由系统定义，取名为 FILE（“FILE”必须大写），并放在“stdio.h”头文件中。有的 C 版本在 stdio.h 文件中有以下的文件类型声明：

```
typedef   struct
{
        short                 level;          /*缓冲区“满”或“空”的程度*/
        unsigned              lags;           /*文件状态标志*/
        char                  fd;             /*文件描述符*/
        unsigned   char       hold;           /*无缓冲区不读取字符*/
        short                 bsize;          /*缓冲区大小*/
        unsigned   char       *buffer;        /*数据缓冲区位置指针*/
        unsigned   char       *curp;          /*当前指针指向*/
        unsigned              istemp;         /*临时文件指示器*/
        short                 token;          /*用于有效性检查 */
```

```
}FILE;                                    /*定义一个文件类型*/
```

有了 FILE 类型之后，就可以定义一个指向 FILE 类型的指针变量，并通过该指针访问文件。文件类型指针的定义格式为：

```
FILE    *文件指针名;
```

例如：

```
FILE    *fp,*fp1,*fp2;                  /*定义三个文件指针 fp、fp1 和 fp2 */
```

其中，fp、fp1、fp2 是三个指向 FILE 类型结构体的指针变量。可以使 fp 指向某一个文件的结构体变量，从而能够通过该结构体变量中的文件信息去访问该文件。也就是说，通过文件指针变量能够找到与它相关的文件。

C 语言标准设备文件是由系统控制的，由系统自动打开和关闭，其文件结构指针由系统命名，用户无须说明即可直接使用。例如：

stdin 　　**标准输入文件（键盘）**

stdout 　　**标准输出文件（显示器）**

stderr 　　**标准错误输出文件（显示器）**

对文件进行操作之前必须“打开”文件，打开文件的作用实际上是建立该文件的信息结构，并且给出指向该信息结构的指针以便对文件进行访问。文件使用结束之后应该“关闭”该文件。文件的打开和关闭是通过调用 fopen 和 fclose 函数来实现的。

8.1.2　文件的打开和关闭

1. 文件的打开

ANSI C 规定了标准输入/输出函数库，用 fopen 函数来实现文件的打开，其调用的一般格式如下：

```
FILE    *fp;
fp=fopen( 文件名 , 文件使用方式 ) ;
```

例如：

```
fp=fopen("example.txt", "r") ;          /*以只读的方式打开文件 example.txt */
```

该语句的含义是要打开名字为 example.txt 的文件，文件使用的方式为“只读”。fopen 函数返回指向 example.txt 文件的指针并赋给 fp，这样 fp 就与 example.txt 相联系了，或者说 fp 指向了 example.txt 文件。

文件的使用方式规定了打开文件的目的，如表 8-1 所示。

表 8-1　fopen 函数中的文件使用方式

文件使用方式	含　义	说　明
"r"（只读）	打开文本文件，只读	如果指定文件不存在，则出错
"w"（只写）	打开文本文件，只写	新建一个文件，如果指定文件已存在，则删除它，再新建
"a"（追加）	打开文本文件，追加	如果指定文件不存在，则创建该文件
"rb"（只读）	打开二进制文件，只读	如果指定文件不存在，则出错
"wb"（只写）	打开二进制文件，只写	新建一个文件，如果指定文件已存在，则删除它，再新建

文件使用方式	含　义	说　明
"ab"（追加）	打开二进制文件，追加	如果指定文件不存在，则创建该文件
"r+"（读写）	打开文本文件，读、写	如果指定文件不存在，则出错
"w+"（读写）	打开文本文件，读、写	新建一个文件，如果指定文件已存在，则删除它，再新建
"a+"（读追加）	打开文本文件，读、追加	如果指定文件不存在，则创建该文件
"rb+"（读写）	打开二进制文件，读、写	如果指定文件不存在，则出错
"wb+"（读写）	打开二进制文件，读、写	新建一个文件，如果指定文件已存在，则删除它，再新建
"ab+"（读追加）	打开二进制文件，读、追加	如果指定文件不存在，则创建该文件

注：各字符含义如下：r 为 read，w 为 write，a 为 append，b 为 binary，+为读写。

如果文件名中包括文件的路径，则用双反斜线表示路径（双反斜线“\\”中的第一个表示转义字符，第二个表示路径分隔符“\”）。例如：

```
FILE   *fp;
fp=fopen("c:\\user\\abc.txt","w");        /*以只写文件打开 c 盘 user 文件夹下的文件 abc.txt */
```

其意义是以只写方式打开 C 驱动器磁盘下文件夹 user 中的文件 abc.txt，并使文件指针 fp 指向该文件。

说明：

（1）用以上方式可以打开文本文件或二进制文件，这是 ANSI C 的规定，即用同一种文件缓冲系统来处理文本文件和二进制文件。但目前有些 C 编译系统可能不完全提供所有这些功能，有的 C 版本不用"r+" "w+" "a+"而用"rw" "wr" "ar"等。请大家注意所用 C 系统的规定。

（2）如果文件“打开”不能实现，fopen 函数值将会返回一个错误信息。出错的原因可能是：用"r"方式打开一个并不存在的文件、磁盘出故障、磁盘已满无法建立新文件等。此时 fopen 函数将返回一个空指针值 NULL（NULL 在 stdio.h 文件中已被定义为 0）。

常用下列方法打开一个文件：

```
if((fp=fopen("file1","r"))==NULL)        /*当以只读方式打开文件 file1 失败时*/
{
    printf("打开文件失败！ \n");
    exit(0);                              /*在 C 及 C++实验系统中可去掉该语句*/
}
```

即先检查打开文件（file1）有无出错，如果有错就在终端上输出“打开文件失败！”。exit(0)函数的作用是关闭所有文件，终止正在调用的进程。

（3）在读取文本文件时，会自动将回车、换行两个符号转换为一个换行符；在写入时会自动将一个换行符转换为回车和换行两个字符。在用二进制文件时，不会进行这种转换，因为在内存中的数据形式与写入到外部文件中的数据形式完全一致，一一对应。

2．文件的关闭

文件使用后应将它关闭，以保证本次文件操作的有效。“关闭”就是使文件指针变量不再指向该文件，也就是文件指针变量与文件“脱钩”。此后不能再通过该指针对原来关联的文件进行操作。

用 fclose 函数关闭文件，其一般形式为：

```
fclose (文件指针名);
```

例如：

```
fclose(fp);                    /*关闭文件指针 fp 所指向的文件*/
```

在前面例子中，把 fopen 函数带回的指针赋给了 fp，现在通过 fp 关闭该文件，即 fp 不再指向该文件。

在程序终止之前应关闭所有使用的文件，否则将会丢失数据。这是因为在向文件写数据时，是先将数据写入缓冲区，等缓冲区写满后才真正输出给文件。如果缓冲区未满而程序结束运行，就会将缓冲区中的数据丢失。用 fclose 函数关闭文件，可以避免这一问题的发生。

如果文件关闭成功，fclose 函数返回值为 0，否则返回 EOF(−1)。这可以用 ferror 函数来测试。

8.2 文件的读和写

视频讲解

8.2.1 字符的读、写函数

1. 字符输入函数 fgetc

fgetc 函数用来从指定文件中读取一个字符。它的一般调用格式如下：

```
ch=fgetc(fp);
```

说明：fp 为文件指针，ch 为字符型变量。

功能：从指定的文件读取一个字符，并赋给字符型变量 ch。如果读取成功，函数返回读取的字符；如果遇到文件结束符，则返回文件结束标志 EOF(-1)。当形参为标准输入文件指针 stdin 时，则读文件字符函数 fgetc(stdin)与终端输入函数 getchar 具有完全相同的功能。

例如：

```
char   ch;                /*定义一个字符变量 ch */
ch=fgetc(fp);             /*从指针 fp 所指文件中读取一个字符赋给变量 ch */
```

2. 字符输出函数 fputc

fputc 函数是把一个字符输出（写入）到磁盘文件上。它的一般调用形式为：

```
fputc(ch,fp);
```

说明：fp 为文件指针，ch 为要输出的字符，它可以是一个字符常量，也可以是一个字符变量。

功能：将字符 ch 的值输出到 fp 所指向的文件上。如果输出成功，函数的返回值是输出的字符；如果输出失败，则返回文件结束标志 EOF。EOF 是在 stdio.h 中定义的符号常量，值为−1，十六进制表示为 0xFF。

例如：

```
char   ch ='W';           /*定义一个字符变量 ch 并将其初始化值为字符常量'W'*/
fputc(ch,fp);             /*将字符变量 ch 的值存入 fp 所指文件中*/
```

下面通过一个案例来了解文件的打开、关闭和字符的读写操作的使用。

【案例 8-1】设计一个程序，将字符 A、B、C 和文件结束标志 EOF 写入文件"c:\file1.txt"中，再从文件"c:\file1.txt"中读出所有的字符显示到屏幕上。

程序分析

因为是先将字符写入文件中，所以要使用只写（w）方式打开文件，然后使用字符输出函数

fputc，操作结束后关闭文件。再使用只读（r）方式打开文件，使用字符输入函数 fgetc 从文件中读取所有内容，用标准字符输出函数 putchar 输出到屏幕上，最后关闭该文件，完成整个操作。

编写程序代码

```
/*  案例 8-1  将字符 A、B、C 和文件结束标志 EOF 写入文件中，然后从文件读取并显示到屏幕  */
#include "stdio.h"
void main()
{
    char    a='A' , b='B' , c='C' , filename[20] ;
    FILE    *fp;
    printf("请输入要写入的文件路径和文件名：");
    scanf("%s",filename);                      /*从键盘读入文件路径和文件名*/
    if((fp=fopen(filename,"w"))==NULL)         /*以只写方式打开该文件*/
    {
        printf("只写方式打开文件失败！\n");
        exit(0);                               /*在 C 及 C++实验系统中可去掉该语句*/
    }
    fputc(a,fp);                               /*将字符变量 a 的值存入文件*/
    fputc(b,fp);                               /*将字符变量 b 的值存入文件*/
    fputc(c,fp);                               /*将字符变量 c 的值存入文件*/
    fputc(0xff,fp);                            /*将文件结束标志 EOF 存入文件*/
    fclose(fp);                                /*关闭该文件*/
    /*以下为从文件中读取并显示文件内容*/
    if((fp=fopen(filename,"r"))==NULL)         /*以只读方式打开该文件*/
    {
        printf("只读方式打开文件失败！\n");
        exit(0);                               /*在 C 及 C++实验系统中可去掉该语句*/
    }
    printf("%s 中的内容为：",filename);
    while((a=fgetc(fp))!=EOF)                 /*当文件指针没到文件尾部时读文件中的每个字符*/
        putchar(a);                            /*输出每个字符*/
    fclose(fp);                                /*关闭该文件*/
}
```

程序运行结果

当输入文件路径和文件名为 e:\file1.txt 时，程序运行结果为：

8.2.2　字符串的读、写函数

1．读文件字符串函数 fgets

fgets 函数是从指定文件读入一个字符串，该文件必须是以读或读写方式打开的。fgets 函数的一般调用格式如下：

```
fgets(str,n,fp);
```

说明：str 为一个字符型数组名或指向字符串的指针，n 为读取的最多字符个数，fp 为要读取的文件指针。

功能：从指定文件中读取一个长度不超过 **n-1** 个字符的字符串，并将该字符串存入字符数组 str 中。读取成功，函数返回字符数组 str 的首地址；如果文件结束或出错，则返回 NULL。

读取时遇到以下情况之一时结束：已经读取了 n-1 个字符；当前读取到的字符为回车符；已读取文件末尾。

例如：

```
while((fgets(str,10,fp))!=NULL) /*当文件没结束时，每次读取长度为 9 的字符串并赋给数组 str*/
```

提示：使用 fgets 函数注意事项

因为在字符串尾部还需自动追加一个字符串结束符'\0'，所以读取的字符串在内存缓冲区中正好占有 n 个字符。

fgets 函数在使用 stdin 作为参数时，与 gets 函数功能有所不同：gets 把读取到的回车符转换成'\0'字符，而 fgets 所读取到的回车符作为字符存储，然后在末尾追加'\0'字符。

2. 写文件字符串函数 fputs

fputs 函数是把一个字符串输出到磁盘文件中，fputs 函数的一般调用格式如下：

```
fputs(str,fp);
```

说明：str 为一个字符型数组名或指向字符串的指针，fp 为要写入的文件指针。

功能：将 str 指向的字符串写入 fp 所指文件中，同时将读写位置指针向前移动字符串长度 strlength(str)个字节。如果输出成功，则函数返回值为 0；否则，为非 0 值。

提示：使用 fputs 函数注意事项

在成功将字符串写入文件时，字符串末尾的结束标志'\0'将自动舍去。

fputs 函数在使用 stdout 作为 fp 参数时，与 puts 函数功能有所不同：fputs 舍弃输出字符串末尾加入的'\0'字符，而 puts 把它转换成回车字符输出。

【案例 8-2】设计一个程序，将字符串"Hello," "all□" "the□" "world□" "people!"（其中□表示空格）写入文件"c:\file2.txt"中，再从文件"c:\file2.txt"中读出所有的字符串并显示在屏幕上。

程序分析

因为是先将字符串写入文件中，所以要使用只写（w）方式打开文件，然后使用字符串输出函数 fputs 将所有字符串输出到文件中，操作结束后关闭文件。再使用只读（r）方式打开文件，使用字符串输入函数 fgets 从文件中读取所有字符串，用标准字符串输出函数 printf 输出到屏幕上，最后关闭该文件，完成整个操作。

编写程序代码

```
/* 案例 8-2 将多个字符串写入文件中，再从文件读取并显示到屏幕 */
#include "stdio.h"
void main()
{
    char  a[][9]={"Hello,","all ","the ","world ","people!"};
    char  filename[20],str[9];
    int   i;
```

```
    FILE   *fp;
    printf("请输入要写入的文件路径和文件名：");
    scanf("%s",filename);                      /*从键盘读入文件名*/
    if((fp=fopen(filename,"w"))==NULL)         /*以只写方式打开文件*/
    {
        printf("只写方式打开文件失败！ ");
        exit(0);                               /*在 C 及 C++实验系统中可去掉该语句*/
    }
    for(i=0;i<=4;i++)
        fputs(a[i],fp);                        /*将字符串存入文件*/
    fclose(fp);
    /*以下为从文件中读出各字符串并显示在屏幕上*/
    if((fp=fopen(filename,"r"))==NULL)         /*以只读方式打开该文件*/
    {
        printf("只读方式打开文件失败！ \n");
        exit(0);
    }
    printf("%s 中的内容为：",filename);
    while((fgets(str,9,fp))!=NULL)             /*当 fp 指针没到文件尾部，取出一字符串*/
        printf("%s",str);
    fclose(fp);                                /*关闭该文件*/
}
```

程序运行结果

当输入文件路径和文件名为 e:\file2.txt 时，程序运行结果为：

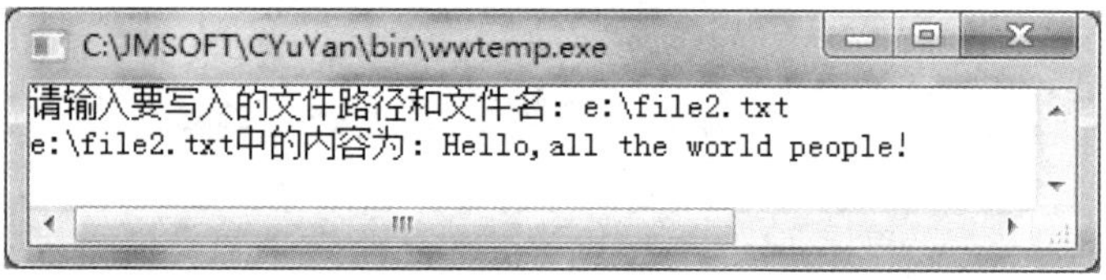

8.2.3 数据块的读、写函数

1．文件数据块读函数 fread

fread 函数用来从指定文件中读取一个指定字符的数据块，fread 函数的一般调用格式如下：

```
fread( buffer , size , count , fp );
```

说明： buffer 为读入数据在内存中存放的起始地址；size 为每次要读取的字符数；count 为要读取的次数；fp 为文件类型的指针。

功能： 从 fp 所指的文件中，读取长度为 **size** 字节的数据项 **count** 次，存放到 **buffer** 所指的内存单元中，所读取的数据块大小为 **size*count** 字节。

当文件以二进制形式打开时，fread 函数可以读出任何类型的信息。函数执行成功时，返回值为实际读出的数据项个数，否则返回值小于实际需要读出数据项的个数 count。

例如，若 a 为一个实型数组名，则：

```
fread(a,4,6,fp);          /*从 fp 所指文件中读取 6 次 4 个字节的实型数据，存储到数组 a 中*/
```

2. 文件数据块写函数 fwrite

fwrite 函数用来向指定文件中写入数据块，fwrite 函数的一般调用格式如下：

```
fwrite( buffer , size , count , fp );
```

说明： buffer 为被写入数据在内存中存放的起始地址，可以是数组名或指向数组的指针；size 为每次要写入的字节数；count 为要写入的次数；fp 为文件指针。

功能： 从 **buffer** 所指向的内存区域取出 **count** 个数据项写入 fp 指向的文件中，每个数据项的长度为 **size**，也就是写入的数据块大小为 **size*count** 个字节。

如果函数执行成功，返回值为实际写入数据项的个数，否则返回值小于实际需要写入数据项的个数 count。当文件以二进制形式打开时，fwrite 函数可以写入任何类型的信息。

【案例 8-3】设计一个程序，从键盘输入一批学生数据，存储到磁盘文件上，再将磁盘文件中的学生数据显示到屏幕上。注意成块输入 fread 函数和成块输出 fwrite 函数的使用方法。

程序分析

因为是先将结构体学生信息写入文件中，所以要使用只写（wb，二进制）方式打开文件，然后循环使用数据块写函数 fwrite，将所有结构体学生数据写到文件中，操作结束后关闭文件。再使用只读（rb，二进制）方式打开文件，使用数据块读函数 fread 从文件中读取所有结构体学生数据，用标准输出函数 printf 输出到屏幕上，最后关闭该文件，完成整个操作。

编写程序代码

```
/* 案例 8-3 将多个学生结构体信息写入文件中，然后从文件读取并显示到屏幕 */
#include "stdio.h"
#include "string.h"

struct  student                              /*定义学生结构体类型*/
{  char    num[10];                          /*定义学号*/
   char    name[20];                         /*定义姓名*/
   int     chinese,math,english;             /*定义语文、数学、英语成绩*/
};

void main()
{
     FILE  *fp;
     int   i;
     char  ch,filename[30];
     struct student  stu[30],st;             /*定义结构体类型的变量*/

     printf("请输入要写入的文件路径和文件名：");
     scanf("%s",filename);                   /*从键盘读入文件名*/
     if((fp=fopen(filename,"wb"))==NULL)     /*以只写二进制方式打开文件*/
     {
      printf("写方式打开文件失败！ \n",filename);
         exit(0);                            /*在 C 及 C++实验系统中可去掉该语句*/
     }
     /*循环读入一批学生信息，当输入 n 或 N 时结束输入*/
     i=0;
```

```
        do
        {
            printf("请输入第%d 个学生信息：",i+1);
            printf("\n 学号（9 位数字）姓名   语文  数学  英语\n");
            scanf("%s%s%d%d%d",stu[i].num,stu[i].name,&stu[i].chinese,&stu[i].math,&stu[i].english);
            fwrite(&stu[i],sizeof(stu[i]),1,fp);          /*每次将一个 stu 学生信息写入文件中*/
            i++;
            printf("是否还有下一个学生信息(请输入 y/n)?");
            getchar();
            ch=getchar();
        }while(ch=='y'||ch=='Y');                      /*当输入 y 或 Y 时继续输入*/
        fclose(fp);
        /*以下功能为将学生成绩读出并显示到屏幕上*/
        if((fp=fopen(filename,"rb"))==NULL)            /*以只读二进制方式打开该文件*/
        {
            printf("不能打开%s 文件!\n",filename);
            exit(0);
        }
        printf("\n%s 中的学生信息为：",filename);
        printf("\n    学号        姓名    语文    数学    英语");
        while(fread(&st,sizeof(st),1,fp)==1)           /*当从文件中读取结构体学生信息并存到st中成功时*/
              printf("\n%9s%9s%6d%6d%6d",st.num,st.name,st.chinese,st.math, st.english);
        if(!feof(fp))
            printf("\n 读文件错误！");
        fclose(fp);
}
```

程序运行结果

当输入文件路径和文件名为 e:\file3.txt 时，程序运行输入两个学生信息，运行结果如下：

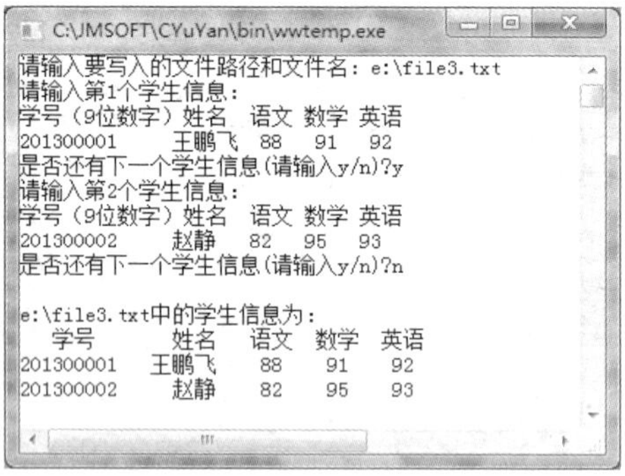

8.2.4 格式化输入/输出文件函数

1. 格式化输入文件函数 fscanf

fscanf 函数与 scanf 函数作用相似，都是格式化读取函数，只不过不是从终端读取而是从文件读取。fscanf 函数的一般调用格式为：

```
fscanf( fp ,格式字符串 ,输入列表 );
```

功能：从文件指针 fp 所指向的文本文件中读出数据，按格式字符串的格式存入输入列表各变量中。注意，输入列表为变量的地址，除字符串输入（用字符数组名接收该字符串）不加“&”符号外，其他变量名前必须加“&”符号。例如：

```
fscanf(fp,"%d,%f",&i,&t);    /*从 fp 所指文件中读取一个整型和实型数分别存入变量 i 和 t 中*/
```

如果文件中有如下字符：

```
3,4.5
```

则文件中的数据 3 送给变量 i，4.5 送给变量 t。函数执行成功，返回值为实际读取的数据项的个数，否则为 EOF 或 0。

使用 fscanf 函数需要注意的是，fscanf 从文件中读取数据时，以制表符、空格字符、回车符作为数据项的结束标志。因此，在用 fprintf 函数写入文件时，也要注意在数据项之间留有制表符、空格字符和回车符。

2．格式化输出文件函数 fprintf

fprintf 函数与 printf 函数作用相仿，都是格式化写入函数，只不过写入对象不是终端而是文件。其调用格式为：

```
fprintf( fp ,格式字符串 ,输出列表 );
```

功能：按格式字符串的格式，将输出列表的值写入文件指针所指向的文本文件中。注意，输出列表为变量名，不是变量的地址，不能在变量前加“&”符号。例如：

```
fprintf(fp,"%d,%6.2f",i,t);   /*将整型和占 6 位宽度小数点后 2 位数字的实型数存入 fp 所指文件*/
```

它的作用是将整型变量 i 和实型变量 t 的值按%d 和%6.2f 格式写入 fp 所指向的文件中。如果 i=3，t=4.5，则写入到文件中的是以下字符串（“□”表示空格）：

```
3,□□4.50
```

该函数执行成功，返回值为实际写入的字符个数，否则为负数。

【案例 8-4】设计一个程序，从键盘输入一批学生信息并写入到一个二进制文件中，再从磁盘文件中读取该文件中的所有学生信息并显示到屏幕上。注意格式化输入 fprintf 函数和格式化输出 fscanf 函数的使用方法。

程序分析

因为是先将结构体学生信息写入文件中，所以使用只写（wb+，二进制追加）方式打开文件，然后循环读入每个学生信息，再在循环中使用格式化输出函数 fprintf，将所有结构体学生数据写到文件中，操作结束后关闭文件。然后使用只读（rb，二进制）方式打开文件，使用格式化输入函数 fscanf 从文件中读取所有结构体学生数据，用标准输出函数 printf 输出到屏幕上，最后关闭该文件，完成整个操作。

编写程序代码

```
/* 案例 8-4 输入一批学生信息存入文件中，再从文件中读取所有学生信息并显示在屏幕上 */
#include "stdio.h"
struct  student
{
      char  num[10];         /*学号*/
      char  name[10];        /*姓名*/
      int   age;             /*年龄*/
      char  addr[40];        /*住址*/
}boy[2],*bp;
```

```
void main()
{
      FILE  *fp;
      char    filename[20];
      int      i;
      printf("请输入要写入的文件路径和文件名：");
      gets(filename);                                              /*读取文件名*/
      bp=boy;                                                      /*bp 指针指向结构体数组首地址*/
      if((fp=fopen(filename,"wb+"))==NULL)                        /*以写追加方式打开该文件*/
      {
           printf("打开文件错误！");
           exit(1);                                                /*在 C 及 C++实验系统中可去掉该语句*/
      }
      printf ("请输入两个学生信息：\n\n");
      for(i=0;i<2;i++,bp++)
      {
           printf("请输入第%d 个学生信息：",i+1);
           printf("\n 学号（9 位）    姓名   年龄    住址\n");
           scanf("%s%s%d%s",bp->num,bp->name,&bp->age,bp->addr);
      }
      bp=boy;                                                      /*重新将指针 bp 指向结构数组首地址*/
      for(i=0;i<2;i++,bp++)                                        /*依次将学生信息存入文件中*/
            fprintf(fp,"%s %s %d %s\n",bp->num,bp->name,bp->age,bp->addr);
      fclose(fp);
      /*以下语句功能是将信息显示到屏幕上*/
      if((fp=fopen(filename,"rb"))==NULL)                          /*以只读方式打开该文件*/
      {
            printf("不能打开文件%s！\n",filename);
            exit(0);
      }
      bp=boy;                                                      /*bp 指针重新指向结构体数组首地址*/
      printf("\n 文件%s 中的学生信息为：",filename);
      printf("\n     学号        姓名      年龄            住址\n");
      for(i=0;i<2;i++,bp++)
      {
            fscanf(fp,"%s %s %d %s\n",bp->num,bp->name,&bp->age,bp->addr);
                                              /*将文件中信息读到 bp 所指的 boy 数组每个元素中*/
            printf("%s%8s%6d     %s\n",bp->num,bp->name,bp->age,bp->addr);
                                              /*输出该学生信息到屏幕上*/
      }
      fclose(fp);
}
```

程序运行结果

当输入文件路径和文件名为 e:\file4.txt 时，程序运行输入两个学生信息，运行结果如下：

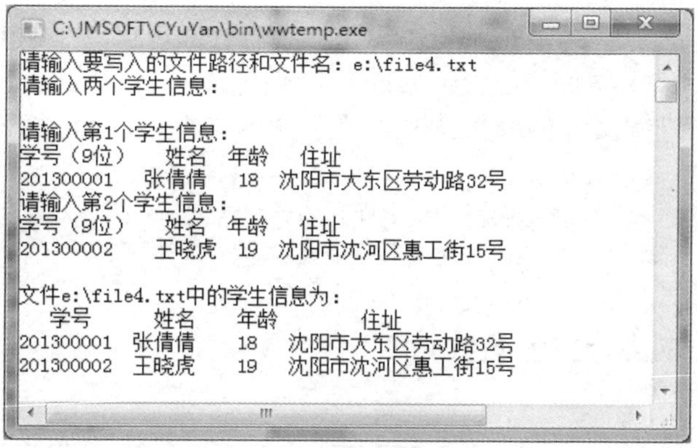

8.3 文件的定位和检测

视频讲解

文件中有一个位置指针，指向当前读写的位置。如果顺序读写一个文件，每次读写一个字符，则读写完一个字符后，位置指针自动移动，指向下一个字符位置。在实际问题中，常要求读写文件中某些指定的部分。为了避免不必要的读或写的操作，可先移动文件的位置指针到需要读写的位置，再进行读写，这种读写操作方式称为**随机读写**。移动文件位置指针的操作称为**文件的定位**。实现随机读写的关键是要按指定的条件进行文件的定位操作。文件定位操作是通过库函数的调用来完成的。

8.3.1 文件的定位

1. 文件指针重返到文件头部函数 rewind

rewind 函数调用格式如下：

```
rewind(fp);
```

说明： fp 为由 fopen 函数打开的文件指针。

功能： 使位置指针 fp 重新返回文件的开始位置（文件头），此函数没有返回值。

2. 移动文件指针到指定位置 fseek 函数

fseek 函数调用格式如下：

```
fseek(fp ,offset,whence);
```

说明： fp 为指向当前文件的指针。offset 为文件位置指针的位移量，指以起始位置为基准值向后移动的字节数，要求位移量 offset 为 long 型数据，位移量可正可负。位移量为正数时，位置指针向后移动；位移量为负数时，位置指针向前移动。whence 为起始位置，用整型常量表示，ANSI C 规定它必须是 0（文件开始）、1（文件当前位置）或 2（文件末尾）三个值之一，它们表示三个符号常数，其值含义如表 8-2 所示。

表 8-2 指针起始位置表示法

符号名	数　字	含　义
SEEK_SET	0	文件开头
SEEK_CUR	1	文件指针当前位置
SEEK_END	2	文件末尾

功能：将文件指针指到由起始位置（**whence**）开始，位移量为 **offset** 个字节后的位置处。如果文件定位成功，则 fseek 返回 0，否则返回一个非 0 值。

fseek 函数常用于二进制文件的随机读写，用于文本文件时，因字符转换问题，常出现定错位问题。例如：

```
fseek(fp,58L,0);          /*文件指针从文件开始处向后移动 58 字节*/
fseek(fp,30L,1);          /*文件指针从当前位置向后移动 30 字节*/
fseek(fp,-15L,2);         /*文件指针从文件末尾处向前移动 15 字节*/
```

3. 返回文件当前指针位置函数 ftell

ftell 函数调用格式如下：

```
ftell(fp);
```

说明：fp 为指向当前文件的指针。

功能：返回文件指针的当前位置。

由于在文件的随机读写过程中，位置指针不断移动，往往不容易搞清当前位置，这时就可以使用 ftell 函数得到文件指针的当前位置。ftell 函数的返回值为一个长整型数，表示当前位置相对文件头的字节数，出错时返回**-1L**。例如：

```
long  i;
if((i=ftell(fp))==-1L)                        /*当文件指针返回值为-1L 时出错*/
     printf("文件错误发生在%ld 位置。\n",i);
```

该程序可通知用户文件在什么位置出现了文件错误。

【案例 8-5】如果想输出案例 8-3 的程序生成的"c:\file3.txt"文件中所有奇数位上学生的信息，应该怎样实现？

程序分析

因为案例 8-3 是先将结构体学生信息写入文件中，所以使用只写（wb，二进制）方式打开文件，然后循环使用数据块写函数 fwrite，将所有结构体学生数据写到文件中，操作结束后关闭文件。再使用只读（rb，二进制）方式打开文件，因为要读取奇数位上的学生记录，所以使用 fseek 进行定位，然后使用数据块读函数 fread 从文件中读取所有奇数位上的结构体学生数据，用标准输出函数 printf 输出到屏幕上，最后关闭该文件，完成整个操作。

编写程序代码

```
/*  案例 8-5 将多个学生结构体信息写入文件中，然后从文件读取奇数个信息显示到屏幕  */
#include "stdio.h"
#include "string.h"
struct   student                          /*定义学生结构体类型*/
{   char   num[10];                       /*定义学号*/
    char   name[20];                      /*定义姓名*/
    int   chinese,math,english;           /*定义语文、数学、英语成绩*/
};
void main()
{
     FILE      *fp;
     int       i,n;
     char      ch,filename[30];
     struct   student   stu[30];          /*定义结构体类型的变量*/
```

```
    printf("请输入要写入的文件路径和文件名：");
    scanf("%s",filename);                  /*从键盘读入文件名*/
    if((fp=fopen(filename,"wb"))==NULL)    /*以写二进制方式打开文件*/
    {
        printf("写方式打开文件失败！ \n",filename);
        exit(0);                           /*在 C 及 C++实验系统中可去掉该语句*/
    }
    /*循环读入一批学生信息，当输入 n 或 N 时结束输入*/
    i=0;                                   /*设数组下标初值为 0*/
    do
    {
        printf("请输入第%d 个学生信息：",i+1);
        printf("\n 学号（9 位数字）姓名   语文  数学  英语\n");
        scanf("%s%s%d%d%d",stu[i].num,stu[i].name,&stu[i].chinese,&stu[i].math,&stu[i].english);
        fwrite(&stu[i],sizeof(stu[i]),1,fp);   /*每次将一个 stu 学生信息写入文件中*/
        i++;
        printf("是否还有下一个学生信息(请输入 y/n)?");
        getchar();                         /*接收上次的回车符*/
        ch=getchar();                      /*读入判断是否输入下一条学生信息的字符*/
    }while(ch=='y'||ch=='Y');              /*当输入 y 或 Y 时继续输入*/
    fclose(fp);
    n=i;                                   /*存储已录入的学生总数*/
    /*以下功能为将学生成绩读出并显示到屏幕上*/
    if((fp=fopen(filename,"rb"))==NULL)    /*以只读二进制方式打开该文件*/
    {
        printf("不能打开%s 文件!\n",filename);
        exit(0);
    }
    printf("\n%s 中的学生信息为：",filename);
    printf("\n     学号       姓名       语文     数学     英语");
    for(i=0;i<=n;i+=2)                     /*读取奇数位上的学生记录并输出*/
    {
        fseek(fp,i*sizeof(struct student),0);          /*对文件指针重定位*/
        fread(&stu[i],sizeof(struct student),1,fp);    /*读出第奇数个学生信息*/
        printf("\n%9s%8s%7d%7d%7d",stu[i].num,stu[i].name,stu[i].chinese,stu[i].math,stu[i].english);
    }
    fclose(fp);
}
```

程序运行结果

当输入文件路径和文件名为 e:\file5.txt 时，程序运行输入 3 个学生信息，运行结果如下：

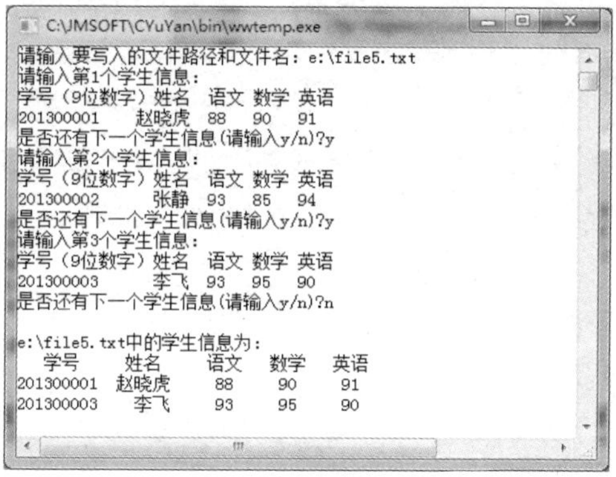

8.3.2 文件的检测

C 标准中有一些检测输入/输出函数调用中的错误的函数，主要有文件结束检测函数 feof、文件出错检测函数 ferror，以及文件出错标志和文件结束标志置 0 函数 clearerr 三个。

1. 文件结束检测函数 feof

函数调用格式如下：

```
feof(fp);
```

说明：fp 为指向当前文件的指针。

功能：feof 函数用来判断“文件指针”指向的文件是否处于文件结束位置，如文件结束，则返回值为 1，否则为 0。

2. 文件出错检测函数 ferror

大多数输入/输出函数不具有明确的出错信息返回，在调用各种输入/输出函数（如 fputc、fgetc、fread、fwrite 等）时，如果出现了错误，除了函数返回值有所反映外，还可以用 ferror 函数检测。

ferror 函数调用格式如下：

```
ferror(fp);
```

说明：fp 为指向当前文件的指针。

功能：ferror 函数用来检查文件 fp 在使用各种输入、输出函数进行读、写时是否出错，若出错，返回值为 1，否则返回 0。

提示：使用 ferror 函数注意事项

（1）ferror 函数的返回值为 0，则表示未出错；如果返回非零值，表示出错。

（2）在调用 fopen 函数时，会自动使相应文件的 ferror 函数的初值为零。

（3）每调用一次输入/输出函数，都有一个 ferror 函数值与之对应，如果想检查调用输入/输出函数是否出错，应该在调用该函数后立即测试 ferror 函数的值，否则该值会丢失。

（4）ferror 函数反映的是最后一个函数调用的出错状态。

（5）在执行 fopen 函数时，ferror 函数的初值自动置为 0。

3. 文件出错标志和文件结束标志置 0 函数 clearerr

clearerr 函数调用格式如下：

```
clearerr(fp);
```

说明：fp 为指向当前文件的指针。

功能：clearerr()函数用来使文件的错误标志和文件结束标志置为 0。假设在调用一个输入、输出函数时出现错误，ferror 函数值为一个非零值，在调用 clearerr(fp)后，ferror(fp)的值变成 0。

8.4 程序案例

8.4.1 典型案例——文件的字符串读写程序实现人员登录功能

【案例 8-6】设计一个程序实现人员登录功能，即每当从键盘接收一个姓名时，便在文件"c:\member.dat"中进行查找。若此姓名已存在，则显示已存在该人员的信息，若文件中没有该姓名，则将其存入文件（若文件"c:\member.dat"不存在，应在磁盘上建立一个新文件）。当输入姓名按<回车>键或处理过程中出现错误时程序结束。

程序分析

首先通过追加方式打开登录的文件，要求用户输入用户名，然后在文件中从头至尾查找该姓名字符串。当输入名字正确且从文件中未查找到该姓名时，将该姓名存入文件，否则若文件中已有该姓名时，提示该姓名已存在，重新输入。当输入回车时结束操作。

编写程序代码

```
/*  案例 8-6  文件的字符串读写程序实现人员登录功能  */
#include    "stdio.h"
#include    "string.h"
void main()
{
    FILE    *fp;
    int     flag;
    char    name[20],data[20];
    if((fp=fopen("c:\\member.dat","a+"))==NULL)    /*以追加方式打开文件*/
    {
        printf("打开登录人员名单文件错误！\n");
        exit(0);
    }
    do
    {
        printf("请输入登录人员姓名（当直接输入回车时结束）：");
        gets(name);                         /*读入字符串*/
        if(strlen(name)==0)                 /*当输入名字为空时跳出循环*/
            break;
        strcat(name,"\n");                  /*为字符串加一个回车符*/
        rewind(fp);                         /*文件指针重新回到文件头*/
        flag=1;
        while(flag && fgets(data,20,fp)!=NULL)
        /*当输入名字正确且从文件中读数据正确时*/
            if(strcmp(data,name)==0)        /*若输入名字与已存名字相同*/
                flag=0;
        if(flag)
            fputs(name,fp);                 /*将该人员的姓名存入文件中*/
        else
            printf("这个姓名已存在！请重新输入姓名。\n");
    }while(ferror(fp)==0);                  /*当文件指针不出错时*/
    fclose(fp);
}
```

程序运行结果

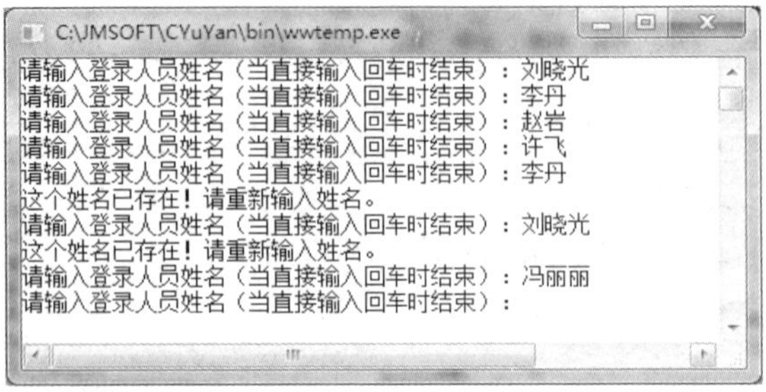

8.4.2　典型案例——文件中的字数统计程序

【案例 8-7】编程实现统计一个或多个文件的行数、字数和字符数。一行由一个换行符限定，一个字由一个空格分隔（包括空白符、制表符和换行符），字符是指文件中的所有字符。要求程序另设 3 个任选的参数，让用户指定所要统计的内容。l——统计文件行数；w——统计文件字数；c——统计文件字符数。若用户未指定任选的参数，则表示 3 个统计都要。运行本程序时参数按以下格式给出：

-l-w-c 文件 1　文件 2　… 文件 n

其中，前 3 个任选参数 l、w、c 的出现与否和出现顺序任意，或任意组合在一起出现，如-lwc、-cwl、-wl、-cl、-cw 等。

程序分析

为实现程序的功能，程序引入 3 个计数器，分别用于统计行数 lcount、字数 wcount 和字符数 ccount。行计数器 lcount 在遇到字符行的第一个字符时增 1，字计数器 wcount 在遇到每个字时增 1，字符计数器 ccount 在遇到每个字符时增 1。为标识一行的开始和结束，引入一个标志变量 inline，遇换行符时，该标志符变量置 0，遇其他字符时，行计数器增 1，并置标志变量为 1；为表示一个字的开始和结束，也引入一个标志变量 inword，遇空白类字符时，该标志变量置 0，遇其他字符时，字计数器增 1，并置标志变量为 1。程序另引入 3 个标志变量分别用于区别程序要统计的内容。

编写程序代码

```
/* 案例 8-7　统计一个或多个文件的行数、字数和字符数*/
#include <stdio.h>
void    main(int argc, char **argv)
{
        FILE *fp;
        int   lflg,wflg,cflg;              /* l、w、c 3 个参数标志 */
        int   inline,inword;               /* 行标志和字标志 */
        int   ccount,wcount,lcount;        /* 字符、字、行计数器 */
        int   c;
        char *s;
        lflg=wflg=cflg=0;
        if(argc<2)
            printf("运行该程序并带参数，输入格式为（命令名  -l -w -c  文件名 1  文件名 2  … 文件
```

```
名n）：\n");
    while(--argc>=1&&(*++argv)[0]=='-')          /*若程序运行参数值大于等于1，说明有参数*/
    {
        for(s=argv[0]+1;*s!='\0';s++)
        {
            switch(*s)
            {
                case  'l':                       /*统计文件中的行数标志值置1*/
                    lflg=1;
                    break;
                case  'w':                       /*统计文件中的字数标志值置1*/
                    wflg=1;
                    break;
                case  'c':                       /*统计文件中的字符数标志值置1*/
                    cflg=1;
                    break;
                default:
                    puts("运行该程序并带参数，输入格式为（命令名  -l -w -c 文件名1 文件名2  … 文件名n）：");
            }
        }
    }
    if(lflg==0 && wflg==0 && cflg==0)             /*若统计标志值全为0，说明三项全部统计，都置为1*/
        lflg=wflg=cflg=1;
    lcount=wcount=ccount=0;                       /*统计三项的计数变量全置初值0*/
    while(--argc>=0)                              /*若程序运行参数值大于等于0，说明要统计*/
    {
        if((fp=fopen(*argv++,"r"))==NULL)         /* 以只读方式打开文件 */
        {
            fprintf(stderr,"不能打开文件：%s。\n",*argv);
            continue;
        }
        inword=inline=0;                          /*设字数和行数初值为0*/
        while((c=fgetc(fp))!=EOF)                 /*当从文件中读取字符不是文件结束标志时*/
        {
            if(cflg)                              /*若统计字符数参数为真*/
                ccount++;                         /*字符数增1*/
            if(wflg)                              /*若统计字数参数为真*/
                if(c=='\n'||c==' '||c=='\t')      /*若字符为回车符、空格或是制表符*/
                    inword=0;                     /*行数值增1*/
                else if(inword==0)                /*若字标志值为0，则说明为新的字*/
                {
                    wcount++;                     /*字数值增1*/
                    inword=1;                     /*字标志置1*/
                }
            if(lflg)                              /*若统计行数参数为真*/
                if(c=='\n')                       /*若字符为回车符*/
                    inline=0;                     /*行标志置0*/
                else if(inline==0)                /*若行标志值为0，则说明是新行*/
                {
                    lcount++;                     /*行数值增1*/
                    inline=1;                     /*行标志置1*/
                }
```

```
            }
            fclose(fp);                                  /*关闭文件*/
        }
        if(lflg)
            printf("该文件中行数为：  %d\n",lcount);
        if(wflg)
            printf("该文件中字数为：  %d\n",wcount);
        if(cflg)
            printf("该文件中字符数为：%d\n",ccount);
}
```

程序运行结果

设在 e:\word.txt 文档中，有如下信息：

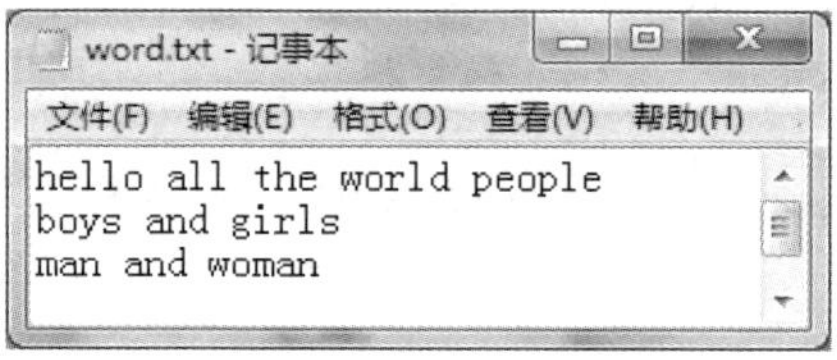

程序运行时，输入带参数的命令：

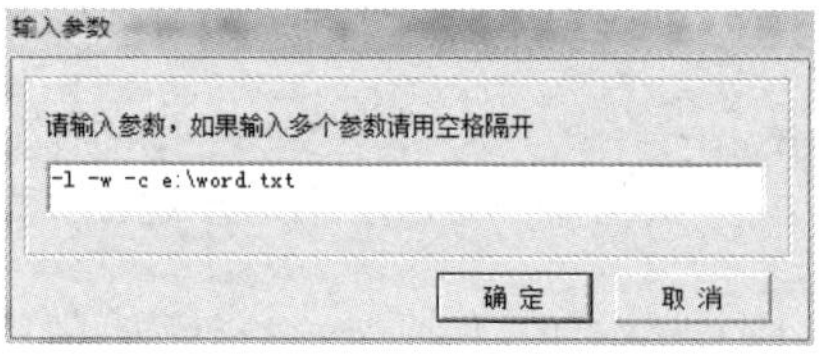

程序运行结果为：

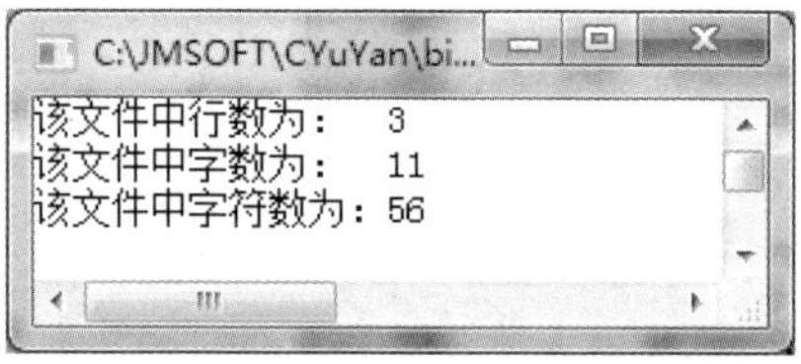

本章小结

本章着重介绍了文件、文件系统、文件指针的概念，文件的打开和关闭，文件的基本操作、文件的定位、文件的检测等内容。特别是文件的字符级、字符串级、数据块级的输入/输出函数，在文件操作中非常重要。

磁盘文件可以分为文本文件和二进制文件两种存储方式，每个磁盘文件都有一个文件结束符标记文件结束位置。无论是文本文件还是二进制文件，在访问它之前都要先打开文件，然后才能访问该文件，对文件操作结束后，再关闭该文件。

对文件的访问操作包括输入和输出两种操作，输入操作是指从外部文件向内存变量输入数据，输出操作是指把内存变量或表达式的值写入到外部文件中。

通过学习，读者应全面掌握以上内容，结合前几章所学的各种算法，熟练地编写各种文件类型的程序。

学生自我完善练习

【上机 8-1】以只读的方式打开 D 盘的"d:\abc.txt"文件，语句应该怎么写？

解：打开文件函数为 fopen，第一个参数为文件名；第二个为打开文件的方式，只读方式的模式为"r"，所以语句写为：

```
FILE  *fp;
fp=fopen("d:\\abc.txt","r");
```

【上机 8-2】以读写的方式打开 D 盘的"d:\abc.txt"文件，语句应该怎么写？（注意假设 D 盘中有该文件和没有该文件的两种情况。）

解：打开文件函数为 fopen，第一个参数为文件名，注意文件名两侧用双引号引上，并将单个的斜线“\”改为双斜线“\\”即可。第二个为打开文件的方式，读写的方式为"r+"或"w+"。使用"r+"的情况是在不删除原有文件时（没有该文件时会出错）；而"w+"则会删除原有文件，然后新建一个该名的文件。所以语句写为：

```
FILE  *fp;
fp=fopen("d:\\abc.txt ","r+");  /*不删除原有文件时*/
```

或：

```
fp=fopen("d:\\abc.txt ","w+");  /*删除后新建该文件*/
```

【上机 8-3】编写一个程序，实现从键盘输入一个字符串，将其中的小写字母全部转换成大写字母，输出到磁盘文件"c:\upper.txt"中保存。输入的字符串以“!”结束。然后将文件"c:\upper.txt"中的内容读出显示在屏幕上。

编写程序代码

```
/* 上机 8-3 从键盘输入一个字符串，将其中的小写字母全部转换成大写字母存入文件，并重新读取
显示到屏幕上 */
#include  "stdio.h"
#include  "string.h"
void main()
{
    FILE  *fp;
    char  str[100];
    int  i=0;
    if((fp=fopen("c:\\upper.txt","w"))==NULL)  /*以只写方式打开该文件*/
        printf("不能打开该文件！ \n");
    printf("请输入一个字符串，以"!"结束：\n");
    gets(str);
    while(str[i]!='!')
    {  if(str[i]>='a'&&str[i]<='z')              /*若该字符为小写字母，则将其转换为大写字母*/
            str[i]=str[i]-32;
        fputc(str[i],fp);                         /*将该字符存到文件中*/
        i++;
    }
    fclose(fp);
    if((fp=fopen("c:\\upper.txt","r"))==NULL)     /*以只读方式打开该文件*/
        printf("不能打开该文件！ \n");
    printf("将字符串中小写字母转换成大写字母后，文件中的字符串为：\n");
    fgets(str,strlen(str)+1,fp);                  /*使用字符串读取函数读出文件中的字符串*/
    printf("%s\n",str);                           /*将该字符串输出到屏幕上*/
    fclose(fp);
}
```

程序运行结果

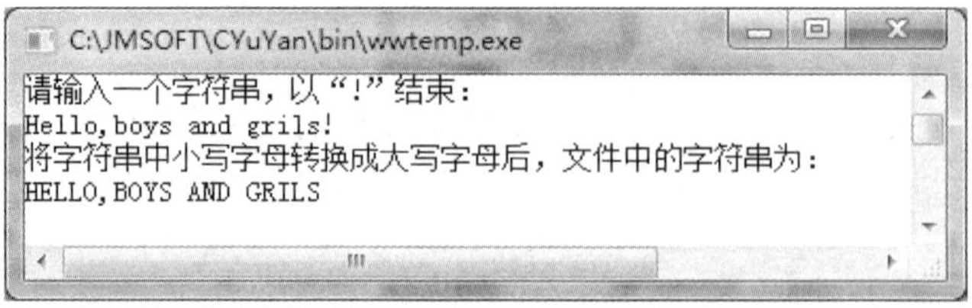

习题八

一、选择题

1．系统的标准输入文件是指__________。

A）键盘　　B）显示器　　C）软盘　　D）硬盘

2．若执行 fopen 函数时发生错误，则函数的返回值是__________。

A）地址值　　B）0　　C）1　　D）EOF

3．若要用 fopen 函数打开一个新的二进制文件，该文件要既能读也能写，则文件方式字符串应是________。

A）"ab+"　　B）"wb+"　　C）"rb+"　　D）"ab"

4．当顺利执行了文件关闭操作时，fclose 函数返回值是__________。

A）-1　　B）TURE　　C）0　　D）1

5．已知函数的调用形式“fread(buffer,size,count,fp);”，其中 buffer 代表的是__________。

A）一个整型变量，代表要读入的数据项总数

B）一个文件指针，指向要读的文件

C）一个指针，指向要读入数据的存放地址

D）一个存储区，存放要读的数据项

6．rewind 函数的作用是__________。

A）重新打开文件

B）使文件位置指针重新回到文件末尾

C）使文件位置指针重新回到文件开始

D）返回文件长度值

7．标准函数 fgets(s,n,f)的功能是__________。

A）从文件 f 中读取长度为 n 的字符串存入指针 s 所指的内存

B）从文件 f 中读取长度不超过 n-1 的字符串存入指针 s 所指的内存

C）从文件 f 中读取 n 个字符串存入指针 s 所指的内存

D）从文件 f 中读取长度为 n-1 的字符串存入指针 s 所指的内存

8．若 fp 是指向某文件的指针，且已读到文件末尾，则库函数 feof(fp)的返回值是__________。

A）EOF　　B）-1　　C）非零值　　D）NULL

9．若要打开 A 盘上 user 子目录下名为 abc.txt 的文本文件进行读、写操作，下面符合此要求的函数调用是_____。

A）fopen("A:\user\abc.txt","r")　　B）fopen("A:\\user\\abc.txt","r+")

C）fopen("A:\user\abc.txt","rb")　　D）fopen("A:\\user\\abc.txt","w")

10．以数据块为单位对数据进行整体读/写时，如果 ptr 是指向内存中数据块的首地址，fp 是文件指针，那么数据块中每个数据项的大小为__________。

A）sizeof(*ptr)　　B）*ptr　　C）sizeof(ptr)　　D）sizeof(*fp)

11．利用 fseek 函数可实现的操作是__________。

A）改变文件的位置指针　　B）文件的顺序读/写

C）文件的随机读/写　　D）以上答案均正确

12．函数调用语句“fseek(fp,20L,2);”的含义是__________。

A）将文件位置指针移动距离文件头 20 字节处

B）将文件位置指针从当前位置向后移动 20 字节

C）将文件位置指针从文件末尾向后退 20 字节

D）将文件位置指针移到离当前位置 20 字节处

13．函数 ftell 的作用是__________。

A）得到流式文件中的当前位置　　B）移动流式文件的位置指针

C）初始化流式文件的位置指针　　D）以上答案均正确

14．在执行 fopen 函数时，ferror 函数的初值是__________。

A）TURE　　B）-1　　C）1　　D）0

15．设有以下结构体类型：

```
struct   st
{   char    name[8];
    int      num;
    float    s[4];
}student[50];
```

并且结构体数组 student 中的元素都有值，若要将这些元素写到硬盘文件 fp 中，以下不正确的形式是________。

A）fwrite(student,sizeof(struct st),50,fp);

B）fwrite(student,50*sizeof(struct st),1,fp);

C）fwrite(student,25*sizeof(struct st),25,fp);

D）for(i=0;i<50;i++)

　　fwrite(student+i,sizeof(struct st),1,fp);

二、填空题

1．在 C 程序中，文件可以用__________方式存取，也可以用__________方式存取。

2．在 C 程序中，数据可以用__________和__________两种代码形式存放。

3．在 C 语言中，文件的存取是以__________为单位的，这种文件被称为__________文件。

4．函数调用语句“fgets(buf,n,fp);”从 fp 指向的文件中读入______个字符放到 buf 字符数据中，函数值为______。

5．下面程序用变量 count 统计文件中字符的个数，请在空白处填入适当的内容。

```
#include    "stdio.h"
main()
{   FILE    *fp;
    long    count=0;
    if((fp=fopen("letter.dat", ________ ))==NULL)
    { printf("can not open file!\n");    exit(0);}
    while(!feof((fp))
    {__________ ; ________;}
```

```
    printf("count=%ld\n",count);
    fclose(fp);
}
```

三、编程题

1．设文件 number.dat 中存放了一组整数。请编程统计并输出文件中的正整数、零和负整数的个数。

2．设文件 student.dat 中存放着一年级学生的基本情况，这些情况由以下结构体来描述：

```
struct   student
{   long      int   num;          /*学号*/
    char      name[10];           /*姓名*/
    int       age;                /*年龄*/
    char      sex;                /*性别*/
    char      speiality[20];      /*专业*/
    char      addr[40];           /*住址*/
};
```

请编写程序，输出学号在 970101～970135 之间的学生学号、姓名、年龄和性别。

习题八参考答案

第9章 综合训练项目

本章简介 在前面学习完 C 语言的各章知识后，可以对 C 语言编程有一个总体的认识。本章通过两个实训项目来加深对所学知识的理解和掌握，编写出较实用的 C 应用程序。

知识点
1. 小型项目开发流程
2. 如何设计和划分项目模块
3. 项目各模块的具体实现
4. 程序的设计与实现

9.1 不带图形界面的综合项目——管理信息系统

9.1.1 项目功能介绍与系统结构分析

编制一个统计存储在文件中的学生考试分数的管理程序。设学生成绩以一个学生一条记录的形式存储在文件中，每个学生记录包含的信息有姓名、学号和各门功课的成绩。要求编制具有以下几项功能的程序：求出各门课程的总分、平均分，按姓名、按学号寻找其记录并显示，浏览全部学生成绩和按总分由高到低显示学生信息等。管理信息系统项目结构如图 9-1 所示。

9.1.2 各功能模块功能简介

（1）从指定文件读入一个记录 readrecord 函数。

该函数原型如下：

```
int readrecord(FILE *fpt , struct record *rpt);
```

功能：从文件中读取一条记录，若读取成功，则依次将学生的姓名、学号、各门课程成绩分别存到 rpt 指针所指各成员中。操作成功返回 1，失败返回 0。

（2）对指定文件写入一个记录 writerecord 函数。

该函数原型如下：

```
void writerecord(FILE *fpt , struct record *rpt);
```

功能：将 rpt 指针所指各成员中的学生姓名、学号、各门课程成绩保存到文件中。

（3）显示学生记录 displaystu 函数。

该函数原型如下：

```
void displaystu(struct record *rpt);
```

功能：将 rpt 指针所指各成员中的学生姓名、学号、各门课程成绩显示到屏幕上。

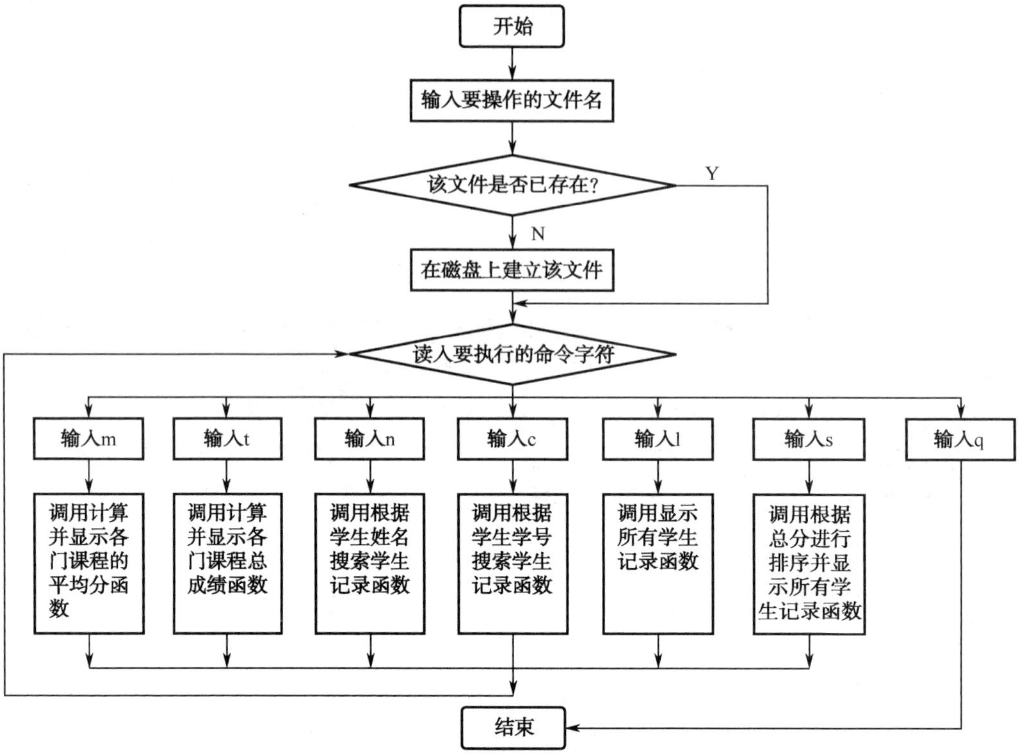

图 9-1　管理信息系统项目结构图

（4）计算各单科总分 totalmark 函数。

该函数原型如下：

```
int totalmark(char *fname);
```

功能：若不能成功打开操作文件，则给出错误信息，否则读取每个记录的各门课程分数，并计算该门课程总分，最后返回记录数。

（5）列表显示学生信息 liststu 函数。

该函数原型如下：

```
void liststu(char *fname);
```

功能：若打开文件失败，则给出错误信息，否则循环从文件中读取每条记录，调用 displaystu 函数显示学生记录到屏幕上，直到读取并显示文件中所有的记录结束。

（6）构造链表 makelist 函数。

该函数原型如下：

```
struct node *makelist(char *fname);
```

功能：采用在链表尾插入新元素的方式建立一个新链表，每个元素都是一个学生记录。

（7）顺序显示链表各表元 displaylist 函数。

该函数原型如下：

```
void displaylist(struct node *h);
```

功能：从链表第一个元素开始依次显示所有学生的记录。

（8）按学生姓名查找学生记录 retrievebyn 函数。

该函数原型如下：

```
int retrievebyn(char *fname , char *key);
```

功能：以只读方式打开文件，循环读取文件中的每条记录到临时变量 s 中，若 s 的姓名和要查找的 key 相同，则调用 displaystu 函数显示该学生记录到屏幕上。若不同，则读取下一条记录，直到文件尾部。若一直没有相同的记录，则给出“学生不在文件中！”的错误信息。

（9）按学生学号查找学生记录 retrievebyc 函数。

该函数原型如下：

```
int   retrievebyc(char   *fname, char   *key);
```

功能：以只读方式打开文件，循环读取文件中的每条记录到临时变量 s 中，若 s 的学号和要查找的 key 相同，则调用 displaystu 函数显示该学生记录到屏幕上。若不同，则读取下一条记录，直到文件尾部。若一直没有相同的记录，则给出“学生不在文件中！”的错误信息。

（10）main 主函数。

功能：在主函数中首先读取要操作的文件名，若该文件不存在，则在磁盘上建立该文件；若已存在，则直接显示菜单，允许用户输入一个命令字符进行各种操作。每项操作后，会再次显示菜单，允许用户反复执行各种操作，直到用户输入 q 命令退出该程序。

9.1.3 源程序及运行结果

根据上面的项目分析，了解了该项目的各模块功能，下面给出实现各功能的源程序和运行结果。

编写程序代码

```
/*  项目 9.1  学生成绩管理程序。*/
#include    "stdio.h"
#include    "string.h"
#include    "malloc.h"

#define     SWN           3         /*课程数*/
#define     NAMELEN       20        /*姓名最大字符数*/
#define     CODELEN       10        /*学号最大字符数*/
#define     FNAMELEN      80        /*文件名最大字符数*/
#define     BUFLEN        80        /*缓冲区最大字符数*/
/*课程名称表*/
char schoolwork[SWN][NAMELEN+1] = {"语文","数学","英语"};
struct record
{
       char  name[NAMELEN+1];       /*姓名*/
       char  code[CODELEN+1];       /*学号*/
       int   marks[SWN];            /*各课程成绩*/
       int   total;                 /*总分*/
}stu;

struct node
{
       char  name[NAMELEN+1];       /*姓名*/
       char  code[CODELEN+1];       /*学号*/
       int   marks[SWN];            /*各课程成绩*/
       int   total;                 /*总分*/
       struct node *next;           /*后续表元指针*/
}*head;                             /*链表首指针*/
```

```

int total[SWN];                         /*各课程总分*/
FILE  *stfpt;                           /*文件指针*/
char stuf[FNAMELEN];                    /*文件名*/

/*从指定文件读入一个记录*/
int  readrecord(FILE  *fpt , struct  record  *rpt)
{
        char buf[BUFLEN];
        int  i;
        if(fscanf(fpt,"%s",buf)!=1)
                return 0;               /*文件结束*/
        strncpy(rpt->name,buf,NAMELEN);
        fscanf(fpt,"%s",buf);
        strncpy(rpt->code,buf,CODELEN);
        for(i=0;i<SWN;i++)
                fscanf(fpt,"%d",&rpt->marks[i]);
        for(rpt->total=0,i=0;i<SWN;i++)
                rpt->total+=rpt->marks[i];
        return 1;
}
/*对指定文件写入一个记录*/
void  writerecord(FILE  *fpt , struct  record  *rpt)
{
        int i;
        fprintf(fpt,"%s\n",rpt->name);
        fprintf(fpt,"%s\n",rpt->code);
        for(i=0;i<SWN;i++)
                fprintf(fpt,"%d\n",rpt->marks[i]);
        return ;
}

/*显示学生记录*/
displaystu(struct  record  *rpt)
{
        int  i;
        printf("  姓名: %s\n",rpt->name);
        printf("  学号: %s\n",rpt->code);
        printf("  各课程成绩:\n");
        for(i=0;i<SWN;i++)
                printf("%10s:%4d\n",schoolwork[i],rpt->marks[i]);
        printf("        总分  :%4d\n",rpt->total);
}

/*计算各单科总分*/
int  totalmark(char  *fname)
{
        FILE  *fp;
        struct record s;
        int count,i;
        if((fp=fopen(fname,"r"))==NULL)
        {
                printf("不能打开文件%s。\n",fname);
```

```
            return 0;
        }
        for(i=0;i<SWN;i++)
            total[i]=0;
        count=0;
        while(readrecord(fp,&s)!=0)
        {
            for(i=0;i<SWN;i++)
                total[i]+=s.marks[i];
            count++;
        }
        fclose(fp);
        return count;       /*返回记录数*/
}

/*列表显示学生信息*/
void   liststu(char   *fname)
{
        FILE   *fp;
        struct   record   s;
        if((fp=fopen(fname,"r"))==NULL)
        {
            printf("不能打开文件%s。\n",fname);
            return ;
        }
        while(readrecord(fp,&s)!=0)
            displaystu(&s);
        fclose(fp);
        return;
}

/*构造链表*/
struct   node   *makelist(char   *fname)
{
        FILE   *fp;
        struct   node   *p,*u,*v,*h;
        if((fp=fopen(fname,"r"))==NULL)
        {
            printf("不能打开文件%s。\n",fname);
            return NULL;
        }
        h=NULL;
        p=(struct node *)malloc(sizeof(struct node));
        while(readrecord(fp,(struct record *)p)!=0)
        {
            v=h;
            while(v&&p->total<=v->total)
            {
                u=v;
                v=v->next;
            }
            if(v==h)
                h=p;
```

```
            else
                u->next=p;
            p->next=v;
            p=(struct node *)malloc(sizeof(struct node));
        }
        free(p);
        fclose(fp);
        return h;
}

/*顺序显示链表各表元*/
void    displaylist(struct    node    *h)
{
        while(h!=NULL)
        {
            displaystu((struct record *)h);
            h=h->next;
        }
        return;
}
/*按学生姓名查找学生记录*/
int    retrievebyn(char    *fname , char    *key)
{
        FILE *fp;
        int c;
        struct record s;
        if((fp=fopen(fname,"r"))==NULL)
        {
            printf("不能打开文件%s。\n",fname);
            return 0;
        }
        c=0;
        while(readrecord(fp,&s)!=0)
        {
            if(strcmp(s.name,key)==0)
            {
                displaystu(&s);
                c++;
            }
        }
        fclose(fp);
        if(c==0)
            printf("%s 学生不在文件%s 中。\n",key,fname);
        return 1;
}

/*按学生学号查找学生记录*/
int    retrievebyc(char    *fname , char    *key)
{
        FILE *fp;
        int c;
        struct record s;
        if((fp=fopen(fname,"r"))==NULL)
```

```
	{
		printf("不能打开文件%s。\n",fname);
		return 0;
	}
	c=0;
	while(readrecord(fp,&s)!=0)
	{
		if(strcmp(s.code,key)==0)
		{
			displaystu(&s);
			c++;
			break;
		}
	}
	fclose(fp);
	if(c==0)
		printf("%s 学生不在文件%s 中。\n",key,fname);
	return 1;
}

void  main()
{
	int    i,j,n;
	char   c;
	char   buf[BUFLEN];
	FILE   *fp;
	struct  record   s;
	printf("请输入学生记录文件名:");
	scanf("%s",stuf);
	if((fp=fopen(stuf,"r"))==NULL)
	{
		printf("%s 文件不存在,你是否想创建该文件(Y/N):",stuf);
		getchar();
		c=getchar();
		if(c=='Y'||c=='y')
		{
			fp=fopen(stuf,"w");
			printf("请输入要写入文件中的学生记录数:");
			scanf("%d",&n);
			for(i=0;i<n;i++)
			{
				printf("\n 请输入学生姓名:");
				scanf("%s",&s.name);
				printf("请输入学生学号:");
				scanf("%s",&s.code);
				for(j=0;j<SWN;j++)
				{
					printf("请输入%s 门课程的成绩: ",schoolwork[j]);
					scanf("%d",&s.marks[j]);
				}
				writerecord(fp,&s);
			}
			fclose(fp);
```

```
            }
        }
        fclose(fp);
        getchar();
        while(1)
        {
            //printf("\n");
            puts("****************************************");
            puts("*   请选择下面一个命令显示学生记录:        *");
            puts("*    m—— 计算并显示各门课程的平均分。  *");
            puts("*    t —— 计算并显示各门课程的总分。    *");
            puts("*    n —— 根据姓名搜索学生记录。         *");
            puts("*    c —— 根据学号搜索学生记录。         *");
            puts("*    l —— 显示所有记录。                 *");
            puts("*    s —— 根据总分进行排序并显示。       *");
            puts("*    q —— 退出。                         *");
            puts("****************************************");
            printf("请输入要执行的命令:");
             scanf(" %c",&c);        /*输入选择命令*/
             if(c=='q'||c=='Q')
             {
                 puts("\n 感谢使用本程序！ ");
                 break;              /*q，结束程序运行*/
             }
             switch(c)
             {
                 case 'm':           /*计算平均分*/
                 case 'M':
                     if((n=totalmark(stuf))==0)
                     {
                         puts("错误！ ");
                         break;
                     }
                     printf("所有学生各门课程的平均分如下:\n");
                     for(i=0;i<SWN;i++)
                         printf("%8s 课程的平均分为:%.2f。\n",schoolwork[i],(float)total[i]/n);
                         printf("\n");
                     break;
                 case 't':           /*计算总分*/
                 case 'T':
                     if((n=totalmark(stuf))==0)
                     {
                         puts("错误！ ");
                         break;
                     }
                     printf("所有学生各门课程的总分如下:\n");
                     for(i=0;i<SWN;i++)
                         printf("%8s 课程的总成绩为:%d。\n",schoolwork[i],total[i]);
                         printf("\n");
                     break;
                 case 'n':           /*按学生的姓名寻找记录*/
                 case 'N':
                     printf("请输入要查询的学生的姓名:");
```

```
                    scanf("%s",buf);
                    retrievebyn(stuf,buf);
                    break;
                case 'c':           /*按学生的学号寻找记录*/
                case 'C':
                    printf("请输入要查询的学生的学号:");
                    scanf("%s",buf);
                    retrievebyc(stuf,buf);
                    break;
                case 'l':           /*列出所有学生记录*/
                case 'L':
                    printf("文件中所有学生记录为：\n");
                    liststu(stuf);
                    break;
                case 's':           /*按总分从高到低排列显示*/
                case 'S':
                    printf("按总分从高到低排列显示学生记录如下：\n");
                    if((head=makelist(stuf))!=NULL)
                        displaylist(head);
                    break;
                default: break;
            }
        }
}
```

程序运行结果

运行程序时，首先提示输入学生记录文件名，如果该文件名不存在，则新建该文件。如果存在，则直接提示输入各命令字符。当新建文件时，输入写入的文件学生记录数为 2，输入这两个学生的记录。当输入命令为 m 时，显示学生各门课程的平均分。程序运行结果如下：

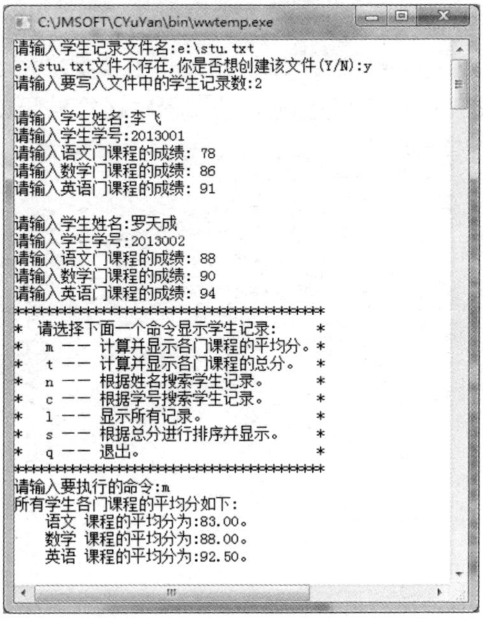

当输入命令 t 时，显示所有学生的每门课程总分。当输入命令 n 时，根据输入姓名搜索学生记录。输入一个学生姓名，如“罗天成”，则显示该学生的所有信息。程序运行结果如下：

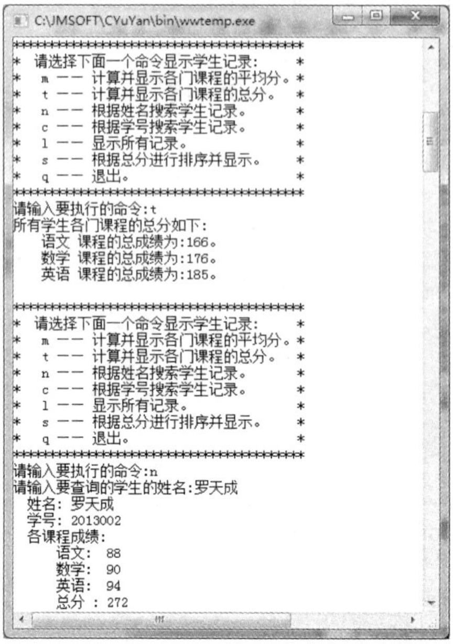

当输入命令 c 时，根据输入学号搜索学生记录。输入一个学生学号，如“2013001”，则显示该学生的所有信息。程序运行结果如下：

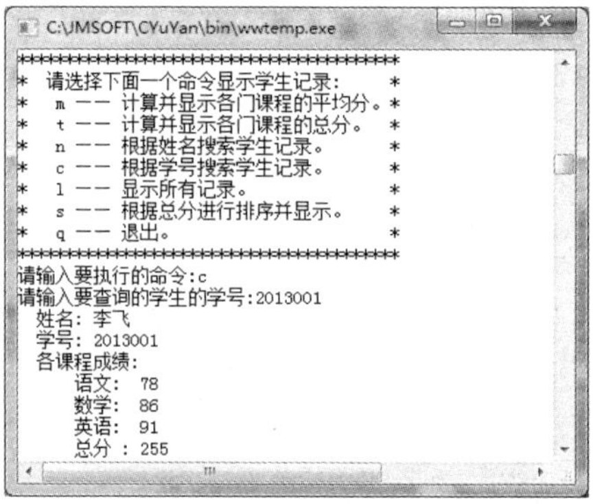

当输入命令 l 时，显示文件中所有学生的记录。程序运行结果如下：

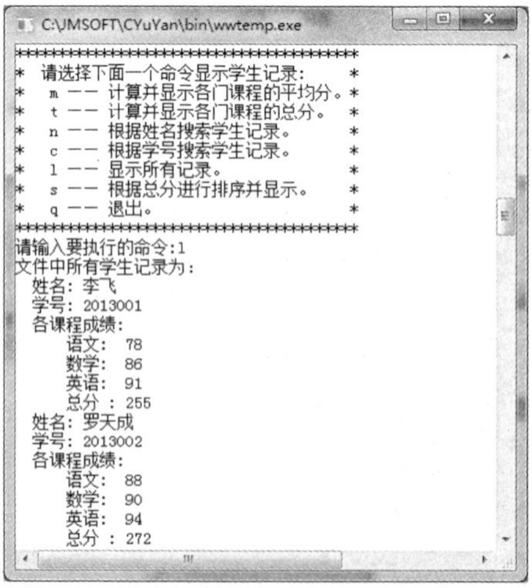

当输入命令 q 时，退出程序。程序运行结果如下：

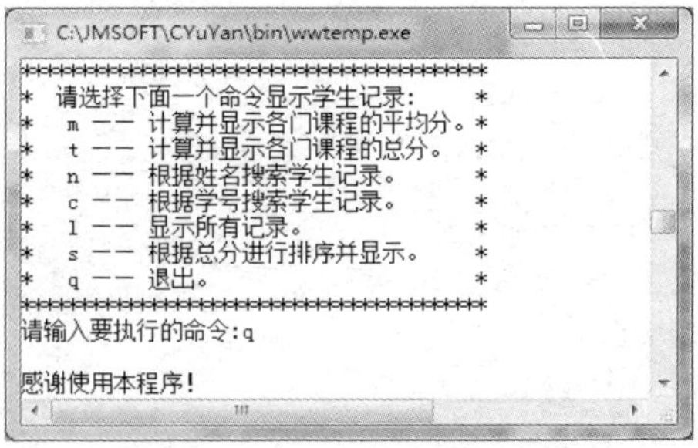

*9.2 图形界面综合项目——迷宫探险游戏

9.2.1 项目功能介绍与系统结构分析

本项目实现的是图形界面迷宫探险游戏的设计。图形界面的基础知识因为篇幅有限，放在配套资源中，有兴趣的读者可下载学习后完成本节的项目练习。本项目主要是完成小人从左上角闯过迷宫到达右下角的路径探险。开始时，按 M 键进入人工控制模式；按其他键则由计算机演示自动走迷宫的功能。在人工模式下，按 W、S、A、D 分别代表上、下、左、右方向，按 Q 键可退出游戏。

一个走迷宫的诀窍：顺着墙一侧走（一直沿着左侧或一直沿着右侧）。本程序实现了这一思想，在由计算机演示自动走迷宫时，小人一直沿左侧走碰到不能走，则返回，直到到达出口为止。程序的迷宫是随机生成的，没有固定的模式，每次都不同。程序设计思路如下。

宏定义 M、N 用于设定迷宫的大小（长和宽），程序中定义为 22×22 方块。

全局变量数组 bg[M][N]用于存储迷宫的信息，1 代表墙壁，0 代表通道。

程序主要控制在 main 函数中。首先，main 函数对一些全局变量进行初始化，接着调用 makebg 随机生成迷宫的地图。然后初始化图形方式，并在迷宫地图的旁边输出提示信息（因为是文本模式下的 printf，所以其坐标是行号和列号），接着设定写模式为 XOR_PUT，设置填充色和背景色，设置填充模式，调用 drawbg 对迷宫地图进行判断，调用 drawman 在指定位置画一个小人，然后从键盘读入一个字符，若是 M 键则进入人工控制模式，若是 C 键则进入计算机自动演示模式。

人工控制时，对输入的按键进行判断，有效的键是 W、S、A、D 为方向键，Q 为退出键。若为方向键，则根据迷宫地图进行判断，是通道前进一步，否则，只能在当前位置。若走出迷宫，则显示提示信息，按任意键退出。

在计算机演示模式下，按靠墙的左侧一直走，进行探险，如果碰到“死胡同”则返回，这样可以一直走到出口，按任意键退出游戏。

9.2.2 各功能模块功能简介

（1）随机生成代表迷宫地图的数组 makebg 函数。

该函数原型如下：

```
void   makebg(int,int);
```

功能：随机生成迷宫的数组。

（2）绘制迷宫地图 drawbg 函数。

该函数原型如下：

```
void drawbg(int[][],int,int,int,int,int);
```

功能：根据迷宫的二维数组绘制生成迷宫地图图形。

（3）绘制小人 drawman 函数。

该函数原型如下：

```
void drawman(int,int,int);
```

功能：绘制走出迷宫的小人图像。

（4）绘制实心矩形 rect 函数。

该函数原型如下：

```
void rect(int,int,int,int);
```

功能：因为在绘制小人图像和迷宫地图时，都需要绘制实心矩形，所以将该功能设计成一个函数，方便编程。

（5）main 主函数。

功能：在主函数中首先初始化屏幕，初始化小人和迷宫地图。然后允许用户输入 M 或 C 来决定是人工控制还是计算机自动控制小人走迷宫。若输入 M，则进入人工控制模式，可以按 A、D、W、S 键控制小人向左、右、上、下移动，直到走出迷宫为止。若时输入 C 时，进入计算机自动演示模式，小人一直沿左侧走，直到不能走返回，最终走出迷宫为止。

9.2.3 源程序及运行结果

根据上面的项目分析，了解了该项目的各模块功能，下面给出实现各功能的源程序和运行结果。

编写程序代码

```
/* 项目 9.2  迷宫探险游戏 */
#include  <stdio.h>
#include  <stdlib.h>
#include  <time.h>
#include  <math.h>
#include  <graphics.h>
#define   N    22
#define   M    22
int       bg[M][N];

void  makebg(int,int);                         /*随机生成代表迷宫地图的数组函数原型*/
void  drawbg(int[][],int,int,int,int,int);     /*绘制迷宫地图函数原型*/
void  drawman(int,int,int);                    /*绘制小人函数原型*/
void  rect(int,int,int,int);                   /*绘制实心矩形函数原型*/

void  main()
{
      int gdriver=VGA,gmode=VGAHI;
      int direc;
      char ch,ch2;
      int step,len,size,x,y,i,j;
      initgraph(&gdriver,&gmode,"C:\\JMSOFT\\DRV");    /*初始化屏幕*/
```

```
Startgame:
    step=20;                              /*步骤变量赋初值 20*/
    len=10;                               /*长度赋初值 10*/
    size=20;                              /*大小赋初值 20*/
    x=0;
    y=0;
    i=0;
    j=0;
    makebg(M,N);                          /*初始化地图的二维数组*/
    cleardevice();                        /*清屏*/
    setbkcolor(LIGHTBLUE);                /*设置背景色为淡蓝色*/
    setwritemode(XOR_PUT);                /*设置写模式*/
    settextstyle(1,0,3);                  /*设定文本输出模式*/
    setcolor(RED);                        /*设置绘图色为红色*/
    setfillstyle(LINE_FILL,RED);          /*设置填充色为红色和填充效果*/
    drawbg(bg,M,N,size,0,0);              /*调用绘制地图函数绘制地图*/
    setcolor(WHITE);                      /*设置绘图色为白色*/
    x+=len;y+=len;                        /*设置绘制小人的 x 和 y 值*/
    drawman(x,y,len);                     /*调用绘制小人函数绘制小人*/
    gotoxy(60,3);                         /*将光标移动到指定位置 3 行 60 列*/
    printf("M-by Manual");                /*输入字符为 M 时，为人工控制模式*/
    gotoxy(60,6);                         /*将光标移动到指定位置 6 行 60 列*/
    printf("C-by Computer");              /*输入字符为 C 时，为计算机自动演示模式*/
    gotoxy(60,9);                         /*将光标移动到指定位置 9 行 60 列*/
    printf("Please choice:");             /*输入选择值*/
    setcolor(WHITE);                      /*设置绘图色为白色*/
    while(1)
    {
        ch=getch();                       /*读入用户输入的字符选项*/
        if(ch=='M'||ch=='m')              /*当为 M 或 m 时，进入人工控制模式*/
        {
            /*人工控制模式*/
            gotoxy(60,3);                 /*将光标移动到指定位置 3 行 60 列*/
            printf("A-Left        ");     /*输出提示信息 A 键为向左*/
            gotoxy(60,6);                 /*将光标移动到指定位置 6 行 60 列*/
            printf("D-Right        ");    /*输出提示信息 D 键为向右*/
            gotoxy(60,9);                 /*将光标移动到指定位置 9 行 60 列*/
            printf("W-Up               ");/*输出提示信息 W 键为向上*/
            gotoxy(60,12);                /*将光标移动到指定位置 12 行 60 列*/
            printf("S-Down");             /*输出提示信息 S 键为向下*/
            gotoxy(60,15);                /*将光标移动到指定位置 15 行 60 列*/
            printf("Q-Quit");             /*输出提示信息 Q 键为退出*/
            while(1)
            {
                ch=getch();               /*读入用户按键*/
                drawman(x,y,len);         /*调用绘制小人函数绘制小人*/
                if(ch=='Q'||ch=='q')      /*当按下 Q 或 q 时*/
                {
                    /*若按了 Q 键，退出游戏，给出提示信息，询问是否退出？*/
                    gotoxy(60,18);
                    printf("You have press");
                    gotoxy(60,19);
                    printf("Q key! Do you");
```

```
                        gotoxy(60,20);
                        printf("Want to quit?");
                        gotoxy(60,21);
                        printf("OK?[Y/N]");
                        while(1)
                        {
                            ch2=getch();                /*读入用户按键*/
                            if(ch2=='Y'||ch2=='y')      /*当输入为 Y 或 y 时，表示要退出程序*/
                            {
                                closegraph();           /*关闭绘图模式*/
                                clrscr();               /*清屏*/
                                exit(0);                /*结束返回*/
                            }
                            else if(ch2=='N'||ch2=='n')   /*当输入为 N 或 n 时，不想退出程序*/
                                goto Startgame;           /*转到标号 Startgame 所在处重新开始*/
                        }

                    }
                    switch(ch)
                    {
                        case 'a':
                        case 'A':               /*当按键为 a 或 A 键时，表示小人向左移动*/
                                if(j>0&&bg[i][j-1]==0)
                                {
                                    if(x>step)
                                    {
                                        x-=step;
                                        j--;
                                    }
                                }
                            break;
                        case 's':
                        case 'S':               /*当按键为 s 或 S 键时，表示小人向下移动*/
                                if(i<M-1&&bg[i+1][j]==0)
                                {
                                    if(y<479-step)
                                    {
                                      y+=step;
                                      i++;
                                    }
                                }
                                break;
                        case 'd':
                        case 'D':               /*当按键为 d 或 D 键时，表示小人向右移动*/
                                if(j<N-1&&bg[i][j+1]==0)
                                {
                                    if(x<639-step)
                                    {
                                      x+=step;
                                      j++;
                                    }
                                }
                                break;
```

```
                    case 'w':
                    case 'W':                  /*当按键为 w 或 W 键时，表示小人向上移动*/
                            if(i>0&&bg[i-1][j]==0)
                            {
                                if(y>step)
                                {
                                  y-=step;
                                  i--;
                                }
                            }
                            break;
                    default :break;
                }
                drawman(x,y,len);                              /*调用绘制小人函数绘制小人*/
                delay(100);                                    /*延时 0.1 秒*/
                if(i>=M-1&&j>=N-1)                             /*当小人已走出迷宫时*/
                {
                setcolor(LIGHTGREEN);                          /*设置绘图颜色为淡绿色*/
                    rectangle(450,300,620,380);                /*绘制矩形*/
                setfillstyle(SOLID_FILL,LIGHTGRAY);            /*设置图形填充模式*/
                    floodfill(480,360,LIGHTGREEN);             /*淡绿色填充图形*/
                settextstyle(0,0,1);
                setcolor(MAGENTA);                             /*设置绘图色为淡灰色*/
                    outtextxy(455,325,"You won the game!");    /*输出你获胜的信息*/
                    outtextxy(455,355,"Press Q to quit...");   /*输出按 Q 键退出提示信息*/
                while(1)
                {
                        ch2=getch();
                        if(ch2=='Q'||ch2=='q')
                            break;
                    }
                    closegraph();
                    clrscr();
                    exit(0);
                }
            }
        }/*人工控制结束*/

        else if(ch=='C'||ch=='c')           /*当按键为 C 或 c 时，进入计算机演示模式*/
        {
            /*计算机自动演示模式*/
            /*direc 表示上一步运动方向*/
            /*以及下一步运动方向*/
            /*0、1、2、3 分别表示 西、北、东、南*/
            gotoxy(60,3);                   /*在屏幕右侧输出程序运行状态信息*/
            printf("Computer now");
            gotoxy(60,6);
            printf("Run the maze");
            gotoxy(60,9);
            printf("Automatically...");
            direc=2;
            i=j=0;
            while(i<M-1||j<N-1)
```

```
{
    delay(200);
    drawman(x,y,len);
    switch(direc)
    {
        case 0:                                    /*向西试验运动*/
            /*以 3、0、1 的次序尝试*/
            if(i<M-1&&bg[i+1][j]==0)
            {
                    y+=step;i++;
                    direc=3;
            }
            else if(j>0&&bg[i][j-1]==0)
            {
                    x-=step;j--;
                    direc=0;
            }
                else if(i>0&&bg[i-1][j]==0)
                {
                    y-=step;i--;
                    direc=1;
                }
                else {
                    x+=step;j++;
                    direc=2;
                }
                break;
        case 1:                                    /*向北试验运动*/
                if(j>0&&bg[i][j-1]==0)
                {
                    x-=step;j--;
                    direc=0;
                }
                else if(i>0&&bg[i-1][j]==0)
                {
                    y-=step;i--;
                    direc=1;
                }
                else if(j<N-1&&bg[i][j+1]==0)
                {
                    x+=step;j++;
                    direc=2;
                }
                else
                {
                    y+=step;i++;
                    direc=3;
                }
                break;
        case 2:                                    /*向东试验运动*/
                if(i>0&&bg[i-1][j]==0)
                {
                    y-=step;i--;
```

```
                        direc=1;
                    }
                    else if(j<N-1&&bg[i][j+1]==0)
                    {
                        x+=step;j++;
                        direc=2;
                    }
                    else if(i<M-1&&bg[i+1][j]==0)
                    {
                        y+=step;i++;
                        direc=3;
                    }
                    else
                    {
                        x-=step;j--;
                        direc=0;
                    }
                    break;
                case 3:                                 /*向南试验运动*/
                    if(j<N-1&&bg[i][j+1]==0)
                    {
                        x+=step;j++;
                        direc=2;
                    }
                    else if(i<M-1&&bg[i+1][j]==0)
                    {
                        y+=step;i++;
                        direc=3;
                    }
                    else if(j>0&&bg[i][j-1]==0)
                    {
                        x-=step;j--;
                        direc=0;
                    }
                    else
                    {
                        y-=step;i--;
                        direc=1;
                    }
                    break;
                default :break;
            }
            drawman(x,y,len);               /*绘制小人*/
        }
        gotoxy(60,12);
        printf("Finished!");
        gotoxy(60,15);
        printf("Press any");
        gotoxy(60,18);
        printf("Key to quit...");
        getch();
        closegraph();
        clrscr();
```

```
                exit(0);
            }/*计算机控制结束*/
        }
}/*main()结束*/

/*绘制小人函数*/
void drawman(int x,int y,int len)
{
    int r=len/4;                              /*r 为四分之一高度和宽度*/
    rect(x-r,y-len,x+r,y-len+2*r);            /*调用 rect 函数绘制实心矩形*/
    line(x,y-len+2*r,x,y);                    /*下面 4 个 line 函数绘制小人的身体和手脚*/
    line(x-len,y,x+len,y);
    line(x,y,x-len,y+len);
    line(x,y,x+len,y+len);
}

/*绘制迷宫地图函数*/
void drawbg(int bg[][N],int a,int b,int size,int x,int y)
{
    int startx=x;
    int i,j;
    for(i=0;i<a;i++)
    {
        for(j=0;j<b;j++)
        {
            if(bg[i][j]==1)
                rect(x,y,x+size-1,y+size-1);  /*调用绘制实心矩形函数绘制墙壁*/
            x+=size;
        }
        x=startx;
        y+=size;
    }
    rectangle(0,0,size*b,size*a);
    line(0,0,size,0);line(0,0,0,size);        /*绘制迷宫的边框*/
    line(size*b,size*(a-1),size*b,size*a);
    line(size*(b-1),size*a,size*b,size*a);
}
/*绘制实心矩形函数*/
void rect(int x0,int y0,int x1,int y1)
{
    int i,j;
    for(i=x0;i<=x1;i++)
        line(i,y0,i,y1);
}

/*随机生成代表迷宫地图的数组函数*/
void makebg(int a,int b)
{
    int i,j;
    int ran;
    int direc;
    /*初始化迷宫地图*/
    for(i=0;i<a;i++)
```

```
            for(j=0;j<b;j++)
                bg[i][j]=1;

        /*随机生成迷宫通路*/
        randomize();                    /*初始化随机数发生器*/
        i=j=0;direc=2;
        while(1){
            bg[i][j]=0;
            if(i>=M-1&&j>=N-1)break;
            ran=(int)rand()*4;
            if(ran<1)
            {
                if(direc!=1&&i<a-1)
                {
                    i++;
                    direc=3;
                }
            }
            else if(ran<2)
            {
                if(direc!=2&&j>0)
                {
                    j--;
                    direc=0;
                }
            }
            else if(ran<3)
            {
                if(direc!=3&&i>0)
                {
                    i--;
                    direc=1;
                }
            }
            else
            {
                if(direc!=0&&j<b-1)
                {
                    j++;
                    direc=2;
                }
            }
        }
        /*随机生成迷宫其余部分*/
        for(i=0;i<a;i++)
            for(j=0;j<b;j++)
                if(bg[i][j]==1)
                {
                    ran=(int)rand()*10;
                    if(ran<7)bg[i][j]=0;
                }
}
```

程序运行结果

初始运行时，可输入 M 或 C 选择人工控制模式或计算机演示模式，效果如下：

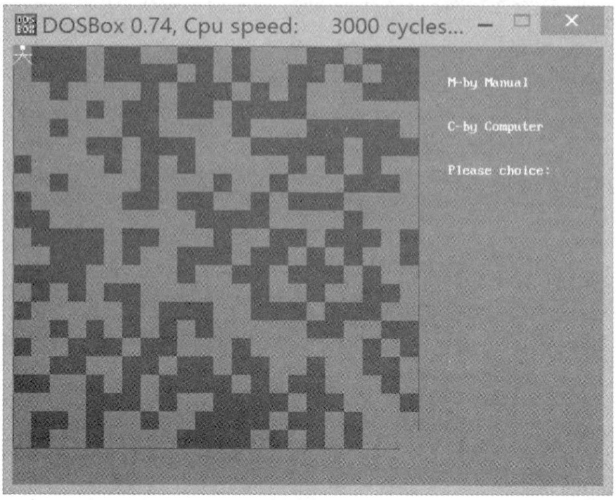

人工控制模式下的运行中效果：

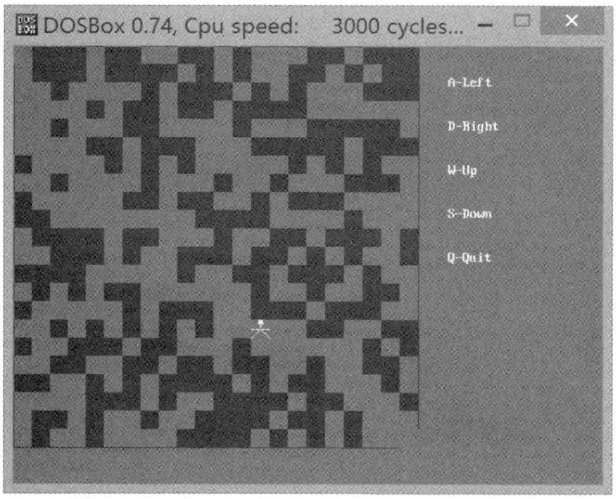

人工控制模式下的走出迷宫效果：

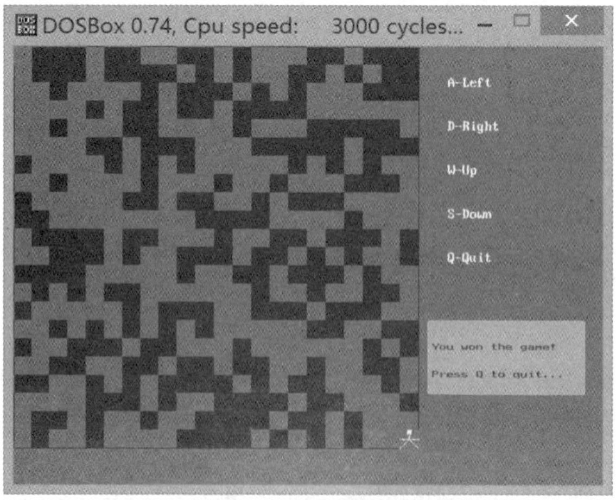

计算机演示模式下的运行中效果：

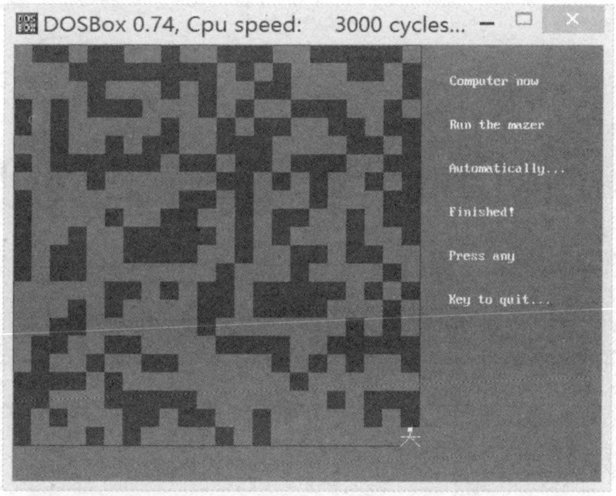

计算机演示模式中小人走出迷宫效果：

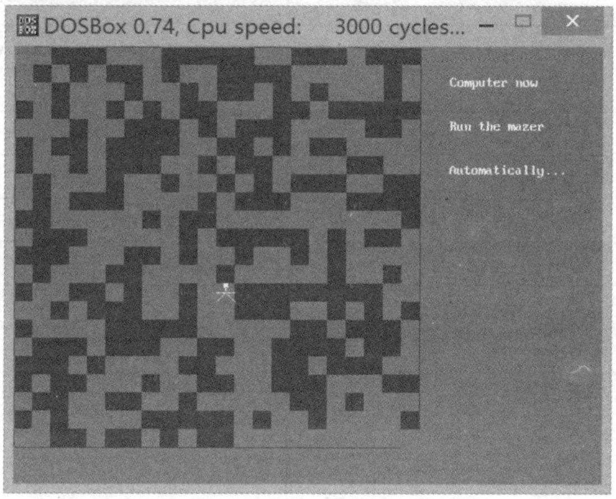

附录A 常用字符与ASCII码对照表

ASCII 值	控制字符	ASCII 值	控制字符	ASCII 值	控制字符	ASCII 值	控制字符
0	NUT	32	(space)	64	@	96	、
1	SOH	33	!	65	A	97	a
2	STX	34	”	66	B	98	b
3	ETX	35	#	67	C	99	c
4	EOT	36	$	68	D	100	d
5	ENQ	37	%	69	E	101	e
6	ACK	38	&	70	F	102	f
7	BEL	39	’	71	G	103	g
8	BS	40	(	72	H	104	h
9	HT	41	)	73	I	105	i
10	LF	42	*	74	J	106	j
11	VT	43	+	75	K	107	k
12	FF	44	,	76	L	108	l
13	CR	45	-	77	M	109	m
14	SO	46	.	78	N	110	n
15	SI	47	/	79	O	111	o
16	DLE	48	0	80	P	112	p
17	DCI	49	1	81	Q	113	q
18	DC2	50	2	82	R	114	r
19	DC3	51	3	83	S	115	s
20	DC4	52	4	84	T	116	t
21	NAK	53	5	85	U	117	u
22	SYN	54	6	86	V	118	v
23	TB	55	7	87	W	119	w
24	CAN	56	8	88	X	120	x
25	EM	57	9	89	Y	121	y
26	SUB	58	:	90	Z	122	z
27	ESC	59	;	91	[	123	{
28	FS	60	<	92	/	124	|
29	GS	61	=	93	]	125	}
30	RS	62	>	94	^	126	~
31	US	63	?	95	—	127	DEL

上表中的控制字符含义如下：

NUL	空	VT	垂直制表	SYN	空转同步
SOH	标题开始	FF	走纸控制	ETB	信息组传送结束
STX	正文开始	CR	回车	CAN	作废
ETX	正文结束	SO	移位输出	EM	纸尽
EOY	传输结束	SI	移位输入	SUB	换置
ENQ	询问字符	DLE	空格	ESC	换码
ACK	承认	DC1	设备控制 1	FS	文字分隔符
BEL	报警	DC2	设备控制 2	GS	组分隔符
BS	退一格	DC3	设备控制 3	RS	记录分隔符
HT	横向列表	DC4	设备控制 4	US	单元分隔符
LF	换行	NAK	否定	DEL	删除

参 考 文 献

[1] 谭浩强．C 语言程序设计（第四版）．北京：清华大学出版社，2010
[2] 丁亚涛．C 语言程序设计（第二版）．北京：中国水利水电出版社，2011
[3] 许洪军．C 语言程序设计技能教程．北京：中国铁道出版社，2011